读行者

从阅读走进现实
knowledge·power

knowledge-power

读行者

正义从哪里来

熊逸 著

民主与建设出版社
·北京·

·致 谢·

感谢毛晓雯女士不但为本书提供了珍贵的素材,并在一些重要的思辨理路上给了我极有益的启发。感谢徐戈先生在神学方面对本书所赐予的专业性的帮助,希望我们在观点上的分歧永远不会减损我们的友谊。

熊逸

正义 从哪里来

Zhengyi Cong Nali Lai

表面上似乎同人们的实际生活和表面利益相去甚远的思辨哲学,其实是世界上最能影响人们的东西。

——约翰·斯图亚特·穆勒

目录
Contents

序言
似是而非种种 ———— 001

·第一章·
要幸福还是要公正？ ———— 001

> 人们如此渴求着正义，而所谓正义只是一种约定俗成的观念，并且总是混沌的、模糊的，屡屡经不起合乎逻辑的追问；任何建立一整套清晰的理论体系的企图都将是徒劳的，至多可以被看作一种动机良好的呼吁罢了。

·第二章·
何谓正义，是具体的目标还是抽象的准则？ ———— 015

> 从古代中国的百家争鸣到现当代西方世界里功利主义、自由主义、社群主义的喋喋不休，对正义的困惑就像圣奥古斯丁对时间的困惑："如果没人问我，我是明白的；如果我想给问我的人解释，那么我就不明白了。"

正义
从哪里来

·第三章·
高贵的谎言 ———— 021

卢梭创立"天赋人权"（natural rights）的观念，成为法国《人权宣言》、美国宪法等西方社会纲领性文件的思想奠基，对人类福祉的增进不可不谓居功至伟，但就这一概念本身来说，仍不过是一个"高贵的谎言"，谁也证明不出人为什么会"天然地"享有某些权利，即便诉诸神学也很难自圆其说。

·第四章·
作为社群主义者的上帝 ———— 043

所多玛城里可能存在的寥寥可数的义人该不该为同城恶人们的罪行负责呢？或者，那些恶人该不该因为义人的存在而受到宽恕？全能的上帝当然有能力实施精确打击，所以他的一体看待的做法一定是有道理的。

·第五章·
从奥米拉斯的孩子到巴厘岛的王妃 ———— 063

许多人吃肉，不觉得这有什么不道德的。即便是宣扬三世因果、六道轮回的佛教徒，也只会说吃肉是你在造恶业，会使你在轮回之中饱尝恶果——这关乎你的切身利益，但无关于你的道德。而诺齐克为我们设想过这样一种境况：有某些比我们高级得多的外星人（譬如他们和我们的差别至少不小于我们和牛的差别），为了自身利益准备杀掉我们，这是否也不存在道德问题？

·第六章·
自由意志的两难 ——— 119

> 康德在纯粹理性上悬置了自由意志，但为了捍卫道德，在实践理性上不得不预设了自由意志以作为道德的前提。是的，自由意志问题在学理上确实可以悬置，但很现实的问题是，我们的道德和法律却不可能有哪怕一分钟的闲置。那么可想而知的问题是，我们不再可以对善与恶的责任人理直气壮地加以表彰或谴责，法律判决更会失去扎实的正义根据。

·第七章·
原罪的两难 ——— 141

> 在信仰的表达上，风雨晦暝、生老病死愈是无法把握，生活的不可控感也就愈强，祭祀和崇拜也就愈是程式化。而一旦生活的可控感变强了，祭祀和崇拜的程式化自然就会放松。所以，对于那些希望以宗教信仰来维护社会公平的主张者来说，这是一个难解的悖论。宗教信仰可以维护社会稳定，但难以追求社会公平。

·第八章·
康德的失误 ——— 157

> 事实上，任何一种经过理性的审慎权衡而得到履行的责任，都是一种偏好，一种"情感上的"偏好，因而也都是逐利的——换句话说，是追求幸福的，而道德价值与幸福无关的说法是不可能成立的。康德的谬误就在于把道德问题当作了理性问题，而道德是本该属于情感范畴的。

·第九章·
正义的两个来源：强者的利益与人性的同情 _____ 189

> 然而在强弱悬殊的关系当中，强者对弱者的"绝对腐败"在强者看来往往并不是恶，而是理所当然的事情。譬如在柏拉图和亚里士多德这般卓然的智者看来，有些人天生就该是做奴隶的，他们和家畜只有极其微小的区别。

·第十章·
人的真实与必然的处境：不自由，不独立，不平等 _____ 227

> 我们这里所考察的所谓"天赋人权"的种种内涵——独立、自由、平等——都不是人类天然具有的，反而是不独立、不自由、不平等的层级秩序才真的称得上"天赋"。

·第十一章·
伟大的嫉妒心 _____ 253

> "平等"的出处一点都不高贵，似乎完全体现不出人作为人的道德尊严，所以霍尔姆斯才说"我一点也不敬重追求平等的热情，在我看来，它似乎只是将妒忌理想化而已"。

参考资料 _____ 266

后记 _____ 274

序言
似是而非种种

一

[因果]《吕氏春秋·审己》有这样一则故事：越王授有一个叫豫的弟弟，还有四个儿子。豫是一个很有野心的人，一心想把哥哥的四个儿子全部除掉，以便自己继承王位。于是他进献谗言，唆使越王杀掉了三位王子。但阴谋至此遇到了阻力，因为这般狂悖的举动致使群情为之激愤，越王遭到了国人的一致谴责。所以，当豫处心积虑地构陷最后一位王子的时候，越王终于没有采纳他的意见。这位王子为了自保，在国人的支持下把豫逐出了国境，然后率兵包围了王宫。——以下是故事的精髓所在：深陷重围的越王深深叹息道："恨我没听弟弟的话，才酿成了今日的灾祸！"

[原点]美德是不是一种值得追求的东西呢？答案似乎是不言而喻的。在亚里士多德看来，国家——或任何形式的政治社会——终归是为了促进美德而存在的，而不仅仅是简单地使人们共处。

那么，看来每个人都会同意，一个国家如果具有更多的美德，总要好过只有较少的美德。在某种程度上，亚里士多德正是基于这个理由反对柏拉图的理想国的。在柏拉图的理想国里，家庭被彻底地废除掉了，人们过着一种共产共妻的生活，这就自然取消了传统意义上的夫妻关系。而在亚里士多德看来，正是由于财产私有，人们才可以克制贪欲，从而表现出慷慨慈善的美德；同样地，正是由于情欲上的自制，人们才不至于淫乱他人的妻子。如果私有制和传统的婚姻关系不复存在，那么自制与慈善这类美德也会令人惋惜地随之消亡。[1]

这种看似荒谬绝伦的论调在思想史上绝非鲜见，就在亚里士多德不久之后的斯多葛学派那里，克吕西普提出过一个颇合中国道家哲学的观点：善与恶是一体的两面，如果没有恶，善也就同样不复存在了。

这种二元论盛行于古代世界，从古希腊的斯多葛学派到中国的道家与《易经》哲学，再到波斯的拜火教，甚至今天仍然不乏信徒，但它在逻辑上究竟可以严格成立吗？——譬如"光明"与"黑暗"这一组经典的二元对立，若在巴门尼德和圣奥古斯丁看来，所谓"黑暗"并不是与"光明"相对立的一个实体，而只是"光明"的缺失罢了。那么，善与恶、美德与罪行，彼此是不是有着同样的关系呢？

美德的性质究竟是什么，是顺应人性还是克制人性，或者是顺应与克制的某种比例的组合？在中国儒家看来，一个人对父母的爱天然胜过对远亲的爱，对远亲的爱天然胜过对陌生人的爱，这就是"仁"，是天伦之道，理想的社会就是贯彻这种仁爱精神的社会，而所谓"良知"，尤其在心学系统里，正是"不离日用常行内，直造先天未画前"[2]；然而在西方基督教的伦理观里，不但要"爱人如己"，还要爱自己的仇敌，尤其是要使自己对上帝的爱超越于血缘天伦之上。

---

[1] [古希腊]亚里士多德《政治学》，吴寿彭译，商务印书馆，1983：55-56。

[2] [明]王阳明《别诸生》，《王阳明全集》，上海古籍出版社，1992：791。

东西方这两种价值体系，在人伦关系的问题上，一个以顺应为主，一个以克制为主，哪个更抓住了美德的本质呢？——以近现代的社会思潮来看，顺应之道属于自然主义，主张道德应当以人的自然本性为基础，代表人物如洛克和边沁；克制之道则站在自然主义的对立面上，这一派的主要见解可以用穆勒的一句话加以概括："人类几乎所有令人尊敬的特性都不是天性自然发展的结果，而是对天性的成功克服。"

中国儒家也会部分地赞同穆勒的看法，譬如孔子主张的"克己复礼"正是这个道理。这就很容易使人对美德的理解陷入一种混合论：在某些事情上（譬如贪欲、淫欲）应当克制人性，而在另一些事情上（譬如父子天伦）则应当顺应人性。[1]这就意味着，任何政治哲学与伦理学所应当做出的努力无非都是某种列表的工作，在"顺应人性"与"克制人性"这两个栏目里一项项地罗列出五花八门的具体内容，而任何抽象原则都不该在哲人们的考虑之列。也就是说，像亚里士多德那样开列一个"德性表"的工作才是找对了方向，于是在关乎正义的一切问题上，我们只能一个个地处理特殊问题，而无力处理一般性的问题。

但这是不是也就意味着，从孔子的"己所不欲，勿施于人"到康德的"定言令式"，乃至罗尔斯的"无知之幕"，都找错了方向呢？如果不是的话，是否意味着"人性"不该作为探讨美德问题的出发点呢？

---

[1]建立于父子天伦之上的孝道是否真有足够的人性依据，这并不是一个毫无争议的话题。蒙田谈及各地民风时举过这样一个例子："有人遇见一个人在打父亲，那打父亲的人回答说，这是他家的惯例，他的父亲也是这样打他的祖父，而他的祖父也这样打他的曾祖父。那人还指着他的儿子说：'他到我这般年纪也会打我的。'那父亲被儿子在大街上拖来拽去，倍加虐待，但到了一个门口，他命令儿子停下来，因为从前他也只把自己的父亲拖到那个门口，那是他们家的孩子们虐待父亲的世袭界限。"（[法]蒙田《蒙田随笔全集》上册，潘丽珍等译，译林出版社，1996：128）遗憾的是，蒙田并未给出这个故事的可靠出处，我们也只好带着疑惑的心态小心参照了。

[逻辑]《庄子·内篇·大宗师》讲到子来、子犁等几个志同道合的朋友谈论生死问题，他们认为生死存亡浑然一体，就算身体生了重病，有了严重的残疾，也无所谓。如果左臂变成了鸡，就用它来报晓；如果右臂变成了弹弓，就拿它打斑鸠吃。生为适时，死为顺应，安时而处顺，就不会受到哀乐情绪的侵扰。

后来，子来病得快要死了，妻子围着他哭泣，子犁却让子来的妻子走开，以免惊动这个将要变化的人。然后他又对子来说："了不起啊，不知道造物主这回要把你变成什么东西呢，要把你送到哪里去呢？会把你变成老鼠的肝脏吗，还是把你变成虫子的臂膀呢？"

庄子在这里试图解决的问题是，人之所以成为人，并非出于造物主的特殊安排，只不过是一种偶然罢了，没什么值得骄傲的。人和蝴蝶、虫子、老鼠等等没有什么本质的不同；只要我们能想通这点，就可以无惧于死亡。当然，生离死别的人情与病痛的折磨就不在庄子的考虑之内了。

哲学皇帝马可·奥勒留写在《沉思录》里的一段内容可以看作对庄子上述见解的一则注释："最后，以一种欢乐的心情等待死亡，把死亡看作不是别的，只是组成一切生物的元素的分解。而如果在一个事物不断变化的过程中元素本身并没有受到损害，为什么一个人竟忧虑所有这些元素的变化和分解呢？因为死是合乎本性的，而合乎本性的东西都不是恶。"[1]

我们在叹服东西方这两位大哲的豁达之余，不妨依照同样的逻辑设想这样一个问题：当你因为一场灾难而倾家荡产的时候，你的钱财本身并没有受到任何损害，只是被分解掉了而已——有些落入了骗子的手里，有些落入了强盗的手里，总之都变成了别人账目上的数字，但你应该以欢乐的心情接受这个事实，因为这些钱财非但一点没有减少，更何况流通聚散分明就是合乎钱财的本

---

[1][古罗马]马可·奥勒留《沉思录》，何怀宏译，三联书店，2002：17。

性的[1]，而我们已经晓得，任何合乎本性的东西都不是恶。也就是说，你其实并不曾遭遇任何恶事。

这也许会引起我们的困惑：一个人要丧失何等程度的理智才可能接受如此这般的美妙说辞呢？万事万物的因缘聚合的确称得上是古代智者的一项伟大发现，但由这一"自然科学"的认识推衍到"人生哲学"的高度，其强词夺理的荒谬似乎是显而易见的。[2]但是，无论是庄子还是马可·奥勒留，他们这一共通的见解在两千年的人类历史上不可不谓脍炙人口。这或许有助于社会稳定和心灵平和，至少会使人们能够以审美的情趣悠然吟诵18世纪英国大诗人亚历山大·蒲柏《人论》中的名句——那是以古雅的英雄双韵体为上述玄奥的哲学境界所做的高度概括："一切的不和谐，只是你所不了解的和谐；一切局部的灾祸，无不是整体的福祉。……凡存在的都合理，这是千真万确的道理。"

人们欣赏并渴慕这种达观的态度，并不会去认真思考这一态度背后的那种貌似合理的解释究竟有几分能够站得住脚。——这正是人类最经典的认知模式之一，对于社会与文化问题是很有解释力的。

二

武侠小说在中国近现代蔚为大观，而当时的文人学者大多对此不以为然，只是冷嘲一下小市民的低级趣味罢了。但也有一些人把武侠热当作一种大众文化现象加以考察，进而探究这一现象的成因及其社会功能。

---

[1] 即便从文字训诂的角度来看，"泉"为"钱"的异名，清人徐灏《说文解字注笺》谓："泉，借为贷泉之名，取其流布也。"

[2] 仅在自然科学与哲学的层面上，这一认识确实得到了相当程度的重视与发展。譬如宋儒张载提出的气一元论正是在此基础上解释了宇宙的本原与万物的生灭；以今天的物理学知识，我们也同样可以把宇宙万物的迁流不息理解成基本粒子的聚散以及质量与能量的转换。

一种相当有代表性的看法是，因为正义在现实世界里屡屡得不到伸张，人们看到的永远都是"杀人放火金腰带，修桥补路无尸骸"，总是有心抗争却总是怯于抗争，于是只有借助武侠的白日梦来对沉伏已久的正义做出替代性的伸张。

稍受西学浸染的国人至此很自然地会推衍出这样一个结论：武侠小说的兴盛正说明了中国人法制意识的淡漠——我们总是冀望于侠客从天外飞来主持公道，却不肯冀望于一个完善的法制世界，由法制来伸张正义。

1904年，周桂笙为《歇洛克复生侦探案》（今译《福尔摩斯探案集》）撰写弁言，向国人推荐西方侦探小说，文中特别强调了侦探小说最重人权，即便是伟大的侦探也只能把自己一展身手的范围限制在侦破的领域里，不能私自充当法官和刽子手的角色。

这样说来，西方的侦探小说和中国本土的武侠小说似乎形成了一个鲜明的对照，前者重人权、尚法制，后者不但毫无人权和法制的观念，而且——尤其要不得的是——崇尚暴力。而今已是百年之后，看看中国的图书市场，侦探小说依然冷寂，武侠文学则有金庸、古龙、梁羽生带起的新的高峰，其盛况比之还珠楼主的时代有过之而无不及。

所以到了今天，武侠热作为一个大众文化现象依然是一个值得思考的问题，但学者们思考所得的结论往往只是印证了百年前的那些说法。陈平原的《千古文人侠客梦》把武侠文学堂堂正正地纳入了专业研究领域，书中谈道，"整个民族对武侠小说的偏爱，确实不是一件十分美妙的事情。说'不美妙'，是因为武侠小说的风行，不只无意中暴露了中国人法律意识的薄弱，更暴露了其潜藏的嗜血欲望"[1]。

这样的意见被不断地转引和称道，以至于成为当今中国文人对武侠小说的一种相当主流的认识。的确，武侠小说唯独在中国风行，这是事实；中国人的法律意识确实薄弱，潜藏的嗜血欲望也确实存在，这些也是事实；所有的环节

---

[1]陈平原《千古文人侠客梦》，新世界出版社，2002：129。

看上去都是那么合情合理，但是，它们之间的因果关系当真存在吗？

事实上，现当代美国的文艺作品里也有许多可以称之为侠的角色，譬如钢铁侠、闪电侠、蜘蛛侠、神奇四侠，当然，还有超人及其家族。虽然在上述称谓之中，"侠"的字眼其实出自中译者的手笔，但毋庸置疑的是，这些美国侠客完全符合中国的"武侠"标准：他们有着远超常人的非凡本领，游离于常规世界之外，到处行侠仗义、铲恶锄奸、定人生死。值得留意的是，他们之断定是非，凭的是各自的良知，而不是系统的法律知识和规范的法律程序。但是，要说现当代美国人"法制意识薄弱"，这恐怕是说不通的。

至于"嗜血欲望"，这更不是国人独有的，任何一部武侠小说在这一点上的表现显然都远远不及《电锯惊魂》这样的系列电影和《生化危机》这样的系列游戏，甚至相形之下，武侠小说纯洁得有如童话。

在我看来，武侠小说并不是一种中国特有的地方性文学，而是一种具有普世意义的"白日梦小说"，其核心阅读趣味不是"行侠"，而是获得一种操纵性的能力，让人体验那种为所欲为的快感以及成功的喜悦。只不过因为伸张正义是人类的一种本能的追求，并且现实社会必不可免的不公永远刺激着人们对正义的渴望，所以"行侠"才会成为主人公的必修功课之一，成为一种如此令人愉悦的阅读体验，却算不得武侠小说的本质特征。

是"武"而非"侠"才是武侠小说的本质特征，人们可以很容易地接受一些有武而无侠的文艺作品（可以是成长、竞技、复仇或魔幻类型），而较难接受的是有侠而无武的作品。是"武"，而不是"侠"，提供了武侠小说的核心阅读趣味，所以，任何在"侠"的一面煞费苦心的思考都是从一开始就走错了道路。

三

宗教也是一种武侠，宗教的世界也是一种武侠的世界。

修炼出一身惊人武功的侠客其实与神祇无异，我们完全可以把高手论剑的华山想象成古希腊人眼里的奥林匹斯，把屠龙刀、倚天剑想象成宙斯收藏的雷电和波塞冬掌中的三叉戟。

如果我们对"侠"的精神更为关注的话，那么上帝就可以说是侠客的终极形式——他拥有最高的武功（全知全能）、最好的品格（至善）以及完美的侠义精神（至公）。尽管渊博睿智的神学家们一千多年来始终对此存在争议，但就凭信徒对基督教义的一般理解来说，"全知全能、至善至公"毋庸置疑就是上帝的核心特质。比之侠客，上帝才是伸张正义的最佳人选，因为侠客会犯错，而上帝不会。

如果说沉迷于武侠小说意味着国人法制意识的淡漠，那么我们同样看到，对上帝的信仰并不曾昭示出基督教世界也存在着同样的法制意识淡漠的情形。1931年，瞿秋白撰文讥讽武侠小说是大众的精神鸦片，徒然令人宽慰于"济贫自有飞仙剑，尔且安心做奴才"；同样，宗教也被无神论者视为精神鸦片或弱者的拐杖——以基督教为例，教义要求信徒把全副身心交托上帝，以求获得进天堂、得永生的资格。

在上帝脚下做奴才算不得什么丢脸的事，当今国内有许多有识之士呼吁建立中国的宗教信仰，以期中国可以像西方那些以宗教立国的发达国家一样，走上繁荣、富强、自由、法制之路。看来对"飞仙剑"的渴慕并不必然导致瞿秋白所担忧的"尔且安心做奴才"的可耻结果，至善至公的"最后审判"并不曾使人们放弃了对现实利益的锱铢必较，不曾使人们放弃了对现世正义的一点一滴的尽力伸张。

所以，看来以上推理一定是哪里出现了错误——当我们耽于理性思辨的时候，很容易从教义本身而不是从大众文化的角度来理解宗教，然而，我们只要设想有这样一个人，他具有中等的智力水平，自幼在一个封闭的场所里研读宗教典籍，直到可以倒背如流之后才走入社会，那么可想而知的是，如果他读遍了佛教经典，即便面对的是"四百八十寺"林立的烟雨南朝，他也根本无法相信这就是一个真实的佛教世界；如果他在读熟了《圣经》之后突然走进现当代的基督教世界，恐怕也很难找到一两处能和书本印证的地方。[1]

1859年，穆勒的《论自由》一书这样谈道：所有基督徒都相信，受到祝福的是贫穷、卑贱、遭受侮辱与损害的人，富人进天堂比骆驼穿过针眼还难；基督徒不该评判别人，免得也被别人评判，应当爱人如己，安心过好今天而不去预计明天，应当把内衣一并交给夺去自己外衣的人，应当把自己的所有财物分送穷人……当他们这样讲的时候，他们的确满怀诚意。

穆勒认为，基督徒们都相信《新约》的训诫是神圣的，也都理所当然地接受这些训诫作为自己的行为规范，但是，当真这么去做的人可谓千中无一。他

---

[1]真正有原教旨倾向的信徒是少之又少的，如果要在现代社会找出个别例证的话，那么，印度的安培多迦尔，这位1950年印度宪法的主要起草者，"在选择佛教作为他的宗教信仰之前，安培多迦尔花了许多年的时间进行学习研究，他认为佛教是世界上宗教中最平等的一个宗教。其他原因还包括佛教起源于印度，因此他就不会像其他低种姓的人皈依伊斯兰教或基督教一样被指责为缺乏爱国精神。而且，对于拒绝任何形式迷信和礼节的安培多迦尔来说，最为重要的是，佛教同时还是最接近无神论的宗教。他将自己对宗教传统的理解建立在佛教的原始教义上，而不是后来的阐释上，在原始教义中哲学家们否认了灵魂及转世的存在"（[英]爱德华·卢斯《不顾诸神——现代印度的奇怪崛起》，张淑芳译，中信出版社，2007：78）。然而事实上，佛教的原始教义并不能说完全否定了灵魂及转世的存在，佛陀把这个问题悬置在了一个模糊的理论地带，后人为之争议不休。但无论如何，安培多迦尔对待信仰的义理依据的态度已经算是相当的难能可贵了。

们实际遵循的行为规范并不是这些，而是他们当地的风俗习惯。[1]

尽管许多基督徒对此难免会抱有不以为然的态度，但教会的历史确实一再印证着穆勒的洞见。1993年出版的《基道释经手册》这样谈道："释经者经常为耶稣严格的道德要求感到困惑。这一点在登山宝训尤其明显。耶稣是认真地期望他的追随者视仇恨如凶杀、视情欲为淫乱，而且要他们受侮辱而永不报复，真正爱他们的仇敌吗？"——各个教派对此见解不一。传统天主教认为，耶稣只期望门徒中的精英分子遵守这些较为严格的生活守则；时代论者在传统上则把耶稣的神国规则限于千禧年时期，认为这与今天的基督徒没有直接关系；信义宗的教会往往视耶稣的伦理为"律法"而非"福音"；再洗礼派经常把这等吩咐认真应用到社会生活上，并认为它们适用于世上所有的人，因此他们拒绝一切暴力行为，支持和平主义。[2]

圣保罗"不可分派结党"的训诫（《哥林多前书》第3章）并非被信徒们置之不理，只不过他们常常将其他教派视作异端罢了，认为彼此之间的分歧并非分派结党的对立，而是正信与邪说的对立。

当然还有人仅仅出于"便利"来接受教条，所以，即便再简单明确的诫命，譬如"不可杀人"，也可以被解释为"可以杀人"，否则的话，基督教的世界里就不会有战争和死刑了。托马斯·莫尔认真地考虑过这个问题，他在《乌托邦》里借一位旅行者之口如此针砭英国的现状："如果说，上帝命令我们戒杀并不意味着按照人类法律认为可杀时，也必须不杀，那么，人们可以自己相互决定在什么程度上，强奸、私通以及伪誓是允许的了。上帝命令我们无杀人之权，也无自杀之权，而人们却彼此同意，在一定的事例中，人可以杀人。但如果人们中的这种意见一致竟具有如此的效力，使他们的仆从无须遵守上帝的戒律，尽管

---

[1]John Stuart Mill, *On Liberty and The Subjection of Women*, Penguin Books, 2006: 48–49.

[2][美]威廉·克莱因、克雷格·布鲁姆伯格、罗伯特·哈伯德《基道释经手册》，尹妙珍、李金好、罗瑞美、蔡锦图译，基道出版社，2004: 502–503。

从上帝处无先例可援，这些仆从却可以把按照人类法律应该处死的人处死，岂非上帝的戒律在人类法律许可的范围内才行得通吗？其结果将是，在每一件事上都要同样由人们来决定上帝的戒律究竟便于他们遵行到什么程度。"[1]

这番话也就意味着，戒律本身是无关紧要的，它的效力完全取决于人们的解释。

如此看来，世道人心永远是真信仰的大敌。哈耶克如此总结过："在过去两千年的宗教创始人中，有许多是反对财产和家庭的。但是，只有那些赞成财产和家庭的宗教延续了下来。"[2]这话的确抓住了一些症结，但哈耶克显然低估了宗教的柔韧度，不晓得反对财产和家庭的宗教也完全可以迎合世道人心地转而支持财产和家庭，因为被尊重的不一定等于被遵从的。从这个角度上看，进天堂的门果然是狭窄的。

看上去似乎令人难以置信，《圣经》，尤其是耶稣的登山宝训，并不是什么难读的文字，不像许多佛教经典那样充斥着烦琐艰深的理论思辨，也不需要读者有任何文字学的专业修养，而且其中的故事清晰流畅，训诫简单易懂，信众只需要具备最基本的理性就足以看出训诫条文与实际行为规范之间的反差。这似乎意味着，逻辑一贯性在人类的思维中是一个何等不受欢迎的角色，而现实的、便利的因素又如何驱使人们以割裂的眼光看待事物。[3]

---

[1] [英]托马斯·莫尔《乌托邦》，戴镏铃译，商务印书馆，1996：25。
[2] [英]哈耶克《致命的自负》，冯克利、胡晋华译，中国社会科学出版社，2000：159。
[3] 不妨参考哈耶克的意见："今天人们常常怀疑一致性在社会行动中是否是一个优点。向往一致性有时甚至被看作一种理想主义的偏见，根据其各自的优点对每个单独的情况做判断被当作真正经验上的或经验主义者的方式。事实正好相反，要求一致性是由于承认我们的理性无力掌握个别情况的全部内容，而假定的实用主义方式则以这样的要求为基础，即我们能够恰当地评价所有的内容，而不依赖于能告诉我们哪些特别的事实应该加以考虑的那些原则。"（[英]哈耶克《自由宪章》，杨玉生等译，中国社会科学出版社，1998：104，注①）

四

近些年来，世界上兴起了一个"全球伦理"运动，该运动由德国神学家孔汉斯首倡，在各个国家掀起了一次又一次的讨论热潮。

提倡"全球伦理"的出发点是这样的：随着当代世界的全球化进程的发展，世界各地在政治、经济、文化上的冲突不但没有随之减少，反而愈演愈烈了，要想消除这些冲突，除非大家都有共同的伦理准则。

这个思路看上去是如此的合情合理，以至于就连反对者们也往往把矛头仅仅集中在它的可行性上。然而在我看来，"全球伦理"在出发点上就很难站得住脚，理由正如上文所述，真正影响人们行为方式的并不是什么人人认可的伦理准则，而是每个人之所浸淫其中的风俗习惯。

穆勒曾经哀叹，古罗马的哲学皇帝马可·奥勒留，这位文明世界的专制君主，这位在当时的世界里最有权力、最有智慧、也最开明的人，他的一生可谓清白正直；他的著作，即著名的《沉思录》，代表着古代精神所能达到的最高的道德境界——这本书的内容和基督教的基本教义异曲同工；马可·奥勒留本人，比历史上几乎任何一名基督教统治者都更像一名虔诚的基督徒，谁能想到他会对基督教施加迫害呢？[1]

即便在同一个教派或政治组织内部，所有成员无论在名义上还是在实质上都分享着共同的理想与伦理准则，然而这依然避免不了无休无止的派系分裂与派系斗争。譬如在广义的基督教阵营里，旧教之于新教，其斗争的惨烈程度丝毫不亚于基督教之于异教。几乎在任何一个文化共同体之中，人们仇视内部的异见分子往往更甚于仇视外敌。而"异见"之于"正见"，不仅共享着同一阵

---

[1] John Stuart Mill，*On Liberty and The Subjection of Women*，Penguin Books，2006：32-33。

营的最具根本性的信条，而且其差异在外人看来往往是微不足道的。

甚至在同样的风俗习惯之下，人与人的纷争仍然不可避免。这实在是天性使然，以致任何精心为之的理性设计都会面临捉襟见肘、力不从心的窘境。无论是孔子的"己所不欲，勿施于人"，还是康德的"定言令式"或罗尔斯的"无知之幕"，都在试图以某种抽象的理性原则来解决实际的正义问题，但人们之所以采纳或不采纳这些原则，往往不是因为它们合理或不合理，高尚或不高尚。

《左传·成公十六年》记载，郑国和楚国结盟，背叛了晋国，晋厉公准备出兵伐郑，晋国大臣范文子却说："我希望诸侯都能背叛我们，因为这样一来，我国内部的祸患就会缓解；如果仅仅是郑国背叛我们，那么我们国内的忧患马上就会到来。"

随后在晋国伐郑的战役中，晋国和楚国面临决战，而范文子极力避战，其理由是："我国的前代君王虽然多次征战，但都有不得不战的苦衷，当时秦、狄、齐、楚都很强大，如果我们不尽力作战，子孙就会衰弱不振。然而现在不同，三个强国都已经顺服，真正配做我们敌人的就只剩下楚国一个。只有圣人才能使国内外皆无忧患，倘若执政的不是圣人，那么即便消除了外患，必然会兴起内忧。如此看来，我们何不避退楚国，留着这个外患来警诫自己呢？"

范文子有心"释楚以为外惧"，这正是"生于忧患，死于安乐"的道理，是一种清醒的理性认识，一种高明的政治技巧，可以被现代社会学的社会冲突理论拿来做一则很有说服力的例证。而在非理性的层面，"排外"是人类一种根深蒂固的心理机制，以至于只要对人们随机分组就会产生"爱国主义"（Allen & Wilder, 1979）。[1]虽然如此形成的道德情操分析起来会令人感觉相当荒谬，但是，作为一种群居动物，这种特质实在可以帮助人类在小群体的原始社群里很好地存活下来。

是的，在自然状态下的人类总是处于小群体的生存环境，地球村式的社会

---

[1]详见本书第九章。

关系是完全不可想象的。今天的我们生活在哈耶克所谓的"扩展秩序"当中,在衣食住行上和世界各地无数的陌生人发生着千丝万缕的联系,但我们本不是为此而生的。[1]

千百万年的自然演化使我们适宜于原始小群体的群居模式,从而必然在基因上就和文明社会的组织结构不相融洽。但我们又能怎么办呢,毕竟已经退不回"小国寡民"的时代了。

有人的地方就有纷争,不过若非如此,人类也不会形成正义的观念——亚里士多德或许会为此大感欣慰的。我们摆不脱本能的欲望和生存的竞争,而正是在这些卑下龌龊之中产生了高尚的道德情操。正义的应然状态可以被设计成任何样子,而它的实然状态却只有唯一的面貌,即在你争我夺中形成的动态平衡。

所以,我们可以说某一行为是道德的,但道德本身一点都不道德。

---

[1]参见哈耶克的一段议论:"诚然,一部文明史也就是一部进化史,在不到8000年的短暂时间里,它已经创造出构成人类生活特质的几乎所有东西。我们祖先中的绝大多数在新石器时代初期就由狩猎生活进入农耕生活,并且很快进入都市生活。这大概是3000年前的事。因此,毫不奇怪的是,在某些方面,人类生理机能的变化以及人类非理性部分的适应性都跟不上这种迅速发展变化的节奏。人的本能和情感也更适应于狩猎生活,而不是文明生活。假如说我们文明中有许多特点,在我们看来显得有些不自然或矫揉造作不健康,这必定是人类一进入都市生活,实际上也就是文明出现之后才有的经历,所有针对工业主义、资本主义或过分讲究精美的抱怨,在很大程度上都是对一种新的生活方式之反抗。要知道,人类是在经过了50万年的狩猎生活后,不久前才开始采行这种生活方式,它酿成了一些至今仍然困扰着我们的问题。"([英]哈耶克《自由宪章》,杨玉生等译,中国社会科学出版社,1998:65-66)

五

2006年起，于丹教授的《〈论语〉心得》和《〈庄子〉心得》走红全国，对古典文化有一定基础的人大多对此嗤之以鼻，甚至恶言相向，进而把这种"反常"情形出现的原因解释为传统文化出现了可怕的断层，今天的国人对传统文化已经普遍缺乏最基本的了解。

这个解释看上去的确合情合理——是的，只有对传统文化缺乏最基本了解的读者才有可能接受这样一个《论语》或《庄子》的讲本。但是，这只是必要条件，而不是充要条件。

作为一个大众文化现象，《〈论语〉心得》和《〈庄子〉心得》的走红揭示了一个相当耐人寻味的问题，即人们总是孤立而非符合逻辑一贯性地看待事物。举《〈庄子〉心得》当中颇具代表性的一个例子：于丹教授讲，在艾尔基尔这个地区，山里的猴子常常去偷农民的粮食，农民于是准备了一种细颈大口的瓶子，里面放了米，猴爪张着的时候可以伸进瓶子，可一旦攥上拳头就出不来了。每次猴子为了偷米，总是舍不得放开拳头，所以总会被农民捉住。

这个故事相当为人称道，似乎算是一剂温馨的劝世良方。但这时候人们总不会去想，或许正是这样一种死不放手的坚持才使猴子们在一次次严酷的生存考验中顽强地存活下来。是的，很难想象一只一旦被瓶子卡住就会松手逃脱的猴子能够在严寒的饥荒季节死守住最后一枚松果。然而蹊跷的是，人们一方面会欣赏猴子不舍不弃而最后采到松果的故事，一方面也会扼腕于猴子因为同样的不舍不弃而被农民捉到的故事，竟然很少有人意识到这两个故事其实说的是同一种行为模式，是同一种"人格力量"。

更加耐人寻味的是，同样在《〈庄子〉心得》的讲座里，于丹教授还谈到了这样一个由她目睹的科学实验：把一只会跳的小虫放在瓶子里，盖上盖子让它跳，它一开始跳得很高，总是撞上盖子，后来便越跳越低，这时候把盖子打开，小虫却跳不出来了，因为它已经相信头顶上那个盖子是不可逾越的。

这个"科学实验"并不像看上去那样不科学，因为它的原型应当是塞里格曼和梅尔用狗做过的一项著名实验，研究的是心理学称之为"习得性无助"的现象（Seligman, M. E. P. & Maier, S. F., 1967）。作为一匙富于教育意义的心灵鸡汤，这个故事使我们相信，即便经历了无数次失败也不要气馁，因为也许下一次努力就可以使你"跳出瓶子"。

竟然很少有人会把于丹的上下文联系起来加以考虑：艾尔基尔的猴子难道不正是这样做的吗？它们在攥紧了米粒之后，不知道经历了几百几千次失败，但还是锲而不舍，"跟那个瓶子较劲"。是的，我们看到了它们的失败，但它们从来没有放弃过努力，没有放弃过对成功的哪怕最微小的期待。如果哪只猴子在试过几次之后就索性放手，表现出一种豁达不争、知足常乐的精神境界，那么，如果有朝一日它落到了小虫实验的那个瓶子里，肯定也会越跳越低，最终在盖子打开之后也跳不出那个瓶子。

无论是《〈论语〉心得》还是《〈庄子〉心得》，几乎都是由这样的心灵鸡汤填充而成的，而这样的内容为什么可以在如此大的范围内取信于人，为什么可以使数以千万的观众、读者如痴如狂，这实在引起了我极大的好奇。考察近年励志类读物的畅销品种，内容几乎莫不如此。这个现象看上去似乎可以用群体心理学的理论做出解释，但是，这些观众和读者并不是当真聚集起来作为一个群体接收信息的，而是作为一个个分立的个人，坐在自家的电视机前和书桌前，并不受群体性狂热的太大的影响。

再者，这些观众和读者也并不是教育水平或智力水平如何低下的人。就我所知，其中不乏高级知识分子；甚至还有新闻报道说，一些政府部门对这两本书做过批量采购，以之作为本单位人手一册的文化读本。所以，由此可以管窥一种相当普遍的心理现象，即便在受过高等教育且智力水平在中人以上的人群当中也是如此：人们倾向于孤立地看待并判断事物，鲜有逻辑一贯性。

然而——与本书的主题相关的是——几乎任何一种正义理论都会诉诸一些

一以贯之的抽象原则，无论是古典的儒家伦理、佛教伦理、基督教伦理，还是现当代的自由主义伦理、平等主义伦理，概莫能外，全球伦理也是这样的一种呼吁，然而人类根深蒂固的心理机制却天然地会唱反调。

六

本文第二节谈到，周桂笙在1904年向国人推荐西方侦探小说，特别强调了侦探小说最重人权，即便是伟大的侦探也只能把自己一展身手的范围仅仅限制在侦破的领域里，不能私自充当法官和刽子手的角色。周桂笙如果能够看到近几年来侦探小说终于在国内盛行，也许会感到一些欣慰吧。

大约自2007年以来，新星出版社和吉林出版集团大量译介国外的侦探小说，既有黄金时代的古典作品，也有现当代的名家名作，甚至有些品种还登上过畅销书排行榜。这种情形似乎说明，国人"法制观念淡漠"的情形比之20世纪第一个十年颇有改观。

这个推论似乎顺理成章，并且不乏事实的验证，但是分析下来，就会发现错搭了因果关系。首先，当今侦探小说的流行并不足以说明国人的阅读趣味有了任何改变。侦探文学的核心特质是诡异的谜题和丝丝入扣的推理，使读者在解谜过程中获得智力上的快感，而这种纯粹意义上的侦探文学，即本格推理，读者群的规模始终很小。能够流行的侦探小说往往是加入了各种流行元素的，甚至只是披着推理外衣的通俗文学而已。如果说今天的侦探小说的读者群与青春爱情小说、玄幻冒险小说的读者群有着相当程度的重合，这丝毫不足为奇。

再者，侦探和人权意识、法制观念也没有必然联系，侦探未必不可以充当法官的角色。这个问题其实还可以扩展一步，即每个人其实都可以充当法官的角色，而这并不足以说明人权和法制意识的淡漠。

通俗文学永远是一个地方的风俗习惯和主流价值观的最佳表达者，从这个角度来看"私人执法"的问题，东西方的差异显而易见。侦探文学恰恰可以分为东西方两大阵营，即日系和欧美系。日系作品华丽的诡计经常能够动人心魄，但一篇小说读完，读者却每每感觉"到底意难平"。个中原因是：在小说的结局，总是法律得到了伸张，而不是正义得到了伸张。

以东野圭吾的畅销书《嫌疑人X的献身》为例——这本书正是以爱情元素而非推理元素赢得市场的，尽管作者设计的诡计确实精彩无伦——按照当代中国人的主流价值观，人们的同情心会完全放在杀人凶手以及凶手的包庇者身上，不忍心看到警察对他们的步步紧逼；人们还会普遍认为男主角唯一该受法律制裁的理由不是他处心积虑地包庇了杀人凶手（一对可怜的母女），而是他为了协助真凶逃脱警察的追捕而犯下的另一桩罪行。但是，无论如何，所有的罪行——无论被同情的还是不被同情的——最终同样受到了法律的制裁。在读者看来，或许遗憾大于欣慰。

写作这一类型的小说似乎也让东野圭吾自己产生了一些在道德上难以释怀的感觉，这种感觉在他的一部社会派侦探小说《彷徨之刃》当中被充分表达。小说的基本情节是，两名不良少年轮奸少女致死，根据少年事件处理法，凶手即便被捕服罪，也不会被判太重的刑。死者的父亲对此完全不能接受，终于决定亲手为女儿报仇，所以他自己也成了被警察通缉的对象。

在小说的结尾，作者借一名参与案件侦破的警察之口道出了道德上的困惑："警察到底是什么呢？是站在正义的那一边吗？不是，只是逮捕犯了法的人而已。警察并非保护市民，警察要保护的是法律，为了防止法律受到破坏，拼了命地东奔西跑。但是法律是绝对正确的吗？如果绝对正确的话，为什么又要频频修改呢？法律并非完善的，为了保护不完善的法律，警察就可以为所欲为吗？践踏他人的心也无所谓吗？"

故事是这样结束的：父亲举枪瞄准了逃亡的少年，一名警察在阻拦无效之后拔枪射击，父亲倒在血泊之中，少年几乎在同一时间落入法网。

那么，警察做对了吗？服从命令真的是所谓"天职"吗？父亲的私人执法做错了吗？——在日本的通俗文学当中很少会表现出这种困惑，似乎在绝大多数的作家看来，谋杀就是谋杀，任何形式、任何理由的谋杀或私人执法都是

"应当"受到法律制裁的。他们一般不会产生雪莱式的思考,即各色人等中"最完全的机器",是"被雇用的暴徒"。[1]

相形之下,欧美作品反而不会把法律放到至高无上的位置,甚至有时候出于"人情味儿"的考虑简直到了无视法律的地步,若以今天中国读者的主流价值观加以衡量,同样不是那么容易接受。

阿加莎·克里斯蒂的《东方快车谋杀案》已经是一个家喻户晓的例子,再如约翰·狄克森·卡尔的《女郎她死了》(She Dead a Lady),这也是一部推理小说黄金时代的作品,故事中的凶手虽然不是一般意义上的坏人,但无疑应该接受法律制裁,然而那位聪明的侦探,虽然破解了迷局,锁定了凶手,也掌握了足够的证据,但也许仅仅是不忍伤害一位可敬之人的心(小说并未明确交代,但给出了足够的暗示),不仅没有检举凶手,反而协助凶手销毁证据。最后,除了死者冤沉大海之外,读者等来了一个简直称得上皆大欢喜的结局。当然,从道德上看,死者也不是全然无辜的。

2007年,美国作家约翰·莱斯科瓦的《枕边嫌疑人》(The Suspect)出版,这部"法庭推理"作品雄踞《纽约时报》畅销小说排行榜榜首长达25周之久,书中再三强调了一个或许会令周桂笙等人陷入困惑的主题,即"法律的基本功能不是伸张正义"。[2]

---

[1]这是雪莱在自己的第一首长诗《麦布女王》当中表现出来的思想,"最完全的机器"一语是引述威廉·葛德文的名言。

[2]欧美另有一种似乎可以称之为"价值无涉"的推理文学,譬如固守本格推理的法国作家保罗·霍尔特,在他的《犯罪七大奇迹》(Les Sept Merveilles Du Crime)和《混乱之王》(Le Roi Du Désordre)两部精彩的长篇小说里,杀人的的确被表现为一门"艺术",而侦探在获悉真相之后似乎是本着惺惺相惜的感情对凶手的罪行保持了相当程度的缄默。日本也在渐次出现这类作品,譬如米泽穗信的《算计》,杀人的故事变成了解数学题一样的游戏。

如果周桂笙活到今天，或许还会对美国影视作品中屡屡出现的私人执法的主题感到费解。在美剧《数字追凶》（Numbers）里，警察在破案之际终于放过了"侠盗"，不惜存下一桩悬案；《都市侠盗》（Leverage）每一集的片头，男主角都会如梁山好汉一般地交代该剧的主题："富人和权贵为所欲为，我们帮你讨还公道。"更有代表性的是《嗜血法医》（Dexter）系列，主人公白天是一名爽朗干练的法医，夜晚便在那些逍遥法外的恶人身上释放自己的杀戮欲望。以上作品，都是在当代美国相当受欢迎的剧集，显然并不受到主流价值观的排斥。

2007年，安东尼·福奎阿执导的电影《狙击手》（Shooter）在全球公映，男主角在目睹了法律对穷凶极恶的权力者无能为力之后，终于用自己的狙击步枪伸张了正义。美国观众喜欢这样的主题，因为正义在法律不及的地方得到了伸张；中国观众似乎也喜欢这样的主题，因为：（1）正义在法律不及的地方得到了伸张，（2）这是发生在外国的故事。

尤其耐人寻味的是，以上这三个例子都是"现实题材"的作品；[1]亚洲国家的通俗文艺虽然也会表现同样的主题，但总会将其设定为"历史题材"。对私人执法（无论是复仇还是行侠）的认同和赞许，在亚洲国家一般被表现为过去时，在欧美则往往被表现为现在进行时。

通俗文艺是风俗习惯最好的传声筒。在美国的通俗文艺作品里，如此触目惊心地宣扬着对现行法律秩序的大无畏的破坏精神，为读者和观众们展示了一个匪夷所思的"法制社会"。似乎遵纪守法的精神不仅不是公民社会里一种必要的美德，反而会成为法制的阻滞力量。而任侠精神，不仅不意味着法制意识的淡漠，反而是死叮在法制背上的一只牛虻。

---

[1] 如果是幻想题材，这一主题会被表现得更加赤裸。譬如由米歇尔·冈瑞执导，在2011年2月全球公映的《青蜂侠》（Green Hornet）同样秉承着"侠以武犯禁"的精神，当侠客发现了录音取证失效之后，"轻易地"杀掉了反派人物。

那么，个人良知究竟应不应该凌驾于法律之上呢？——这个问题并不意味着良知可以无视法律，而仅仅意味着：在人们寻求正义的时候，法律手段理所当然地具有优先权，但它既不是唯一的手段，也不是最后的手段。

对于这个问题，日本的通俗文艺作品给出的回答往往是否定的。这两种价值观哪一种才是更可欲的，才是更加逼近正义的呢？对于这个问题，作为旁观者的我们，究竟是可以给出一个直截了当的答复呢，还是只能站在社群主义的立场，对两种文化传统怀有同等程度的尊重呢？

七

在西方世界的普遍认识里，中国自古以来就是一个轻法制而重人情的国家。2009年，德·蒙特出版了《中国心灵：理解中国的传统信仰及其对当代文化的影响》，意在给学生、游客和生意人提供一个完善的中国文化概览。书中谈到，中国人的法律观念往往会令外国人感到困惑，因为直到现代，中国依然没有一部详细的成文法典；虽然若干世纪以来，帝王诰令之类的东西变得制度化了，但是，从不曾有过像今天西方大多数国家都有的那种法典或司法体系。于是，不同于西方的是，中国官员在判案的时候所依据的与其说是法律，不如说是习俗与诰令。[1]

这样的看法当然不合实情，但它之所以尚有市场，是因为它颇合于人们对中国"轻法制而重人情"的经典认识。德·蒙特甚至这样归纳道："直到近时，中国人的行为主要不是被法律，而是被风俗习惯和哲学信仰所控制的，

---

[1]Boyé Lafayette De Mante，*The Chinese Mind: Understanding Traditional Chinese Beliefs and Their Influence on Contemporary Culture*，Tuttle Publishing，2009：42.

这与西方的法制传统是如此地不同。"[1]——只有身在中国的人，才会感到德·蒙特关于中国观念里的人情与法制的关系的看法是何等的落伍。[2]

让我们以2010年发生在一座中国小镇上的一起凶杀案为例。这个案件是在电视节目上被公开报道过的，其主要情节如下：

2010年，一名在押犯人给公安机关写了一封检举信，检举了发生在8年前的一起谋杀：一名当时被认为死于疾病的男人很可能是被妻子下毒杀害的。

随之而来的侦破工作证实了这封检举信的内容，谋杀案的前因后果渐渐浮出水面。案件里的丈夫和妻子是一对名副其实的冤家，丈夫对妻子在精神和肉体上的双重折磨简直到了丧心病狂的地步，所以我在这里宁愿略而不谈，以免善良的读者们会因此产生终生都挥之不去的心理阴影。妻子离婚而离不得，逃跑而逃不得，只得以非凡的忍耐力挨过逆来顺受的漫长的每一天，直到她终于亲手结果了丈夫的性命。

接下来的故事似乎是一个俗套："天网恢恢，疏而不漏"，8年之后终于真相大白，杀人凶手认罪伏法，此情此景足以警醒世人。但是，当我对照这一案件相关的原始材料，发现电视节目在报道这个案件的时候，或许是出于疏忽，漏掉了一个似乎并非可有可无的情节：妻子虽然只是一名既无文化、亦乏阅历的普通村妇，在实施谋杀之前却也知道向"当地有关部门"寻求帮助，只是后者似乎颇得宪政精神之神髓，始终拒绝插手"家庭纠纷"。

对于这样的一名农妇来说，这就等于关闭了合法解决问题的所有渠道，

---

[1] Boyé Lafayette De Mante, *The Chinese Mind: Understanding Traditional Chinese Beliefs and Their Influence on Contemporary Culture*, Tuttle Publishing, 2009: 43.

[2] 当然在严肃的学者那里，譬如读过冯友兰《中国哲学简史》的哈耶克则是这样讲的："一种欧洲以外的伟大文化，即中国文化，看来差不多与希腊人在同一时期提出了法治观念，这种观念同西方文化中的那些观念有着惊人的相似之处。"（[英]哈耶克《自由宪章》，杨玉生等译，中国社会科学出版社，1998：231）

那么，除了忍受和自杀之外，其余的选择也就只剩下谋杀亲夫这唯一的一条路了。[1]

当然，这名农妇如果受过高等教育并且见多识广，应当还能找到其他不那么极端的解决方案。这当然可以说明教育对人是何等的重要，然而我们当下的问题是：在现有条件下，她应该怎么做，她还能怎么做呢？

似乎更难回答的问题是：该怎么对她定罪并判刑呢？——如果按照德·蒙特对中国法制观念的理解，当所有的同情心都集中在这名农妇身上的时候，"情有可原，法无可恕"当真是一种公正的选择吗？

我们不妨以一则古代的国际事务作为参照：《左传·襄公二十五年》记载，郑国伐陈之后向盟主晋国献俘，晋国对郑国未得盟主号令而擅自用兵的行为颇为不满，但郑国的回答振振有词：陈国之前背信弃义，依仗楚国的帮助攻打我国，所过之处填平水井、伐尽林木；我们曾经请求贵国出面干涉，但贵国不予准许，弊国不敢使祖先蒙羞，只有对陈国用兵。

按照当时的国际关系，国际纠纷理应由盟主出面处理，所以郑国在受到陈国的侵凌之后才会率先向晋国申诉，晋国也理应为郑国讨还公道。那么，在晋国置之不理的前提下，郑国应不应该"私自"对陈国用兵呢？

在《左传》的下文里，晋国负责处理此事的士庄伯无法反驳郑国的申辩，只好向上汇报，请赵文子定夺。赵文子接受了郑国的理由，他认为在当时的情

---

[1] 弑君可谓更为激烈的一种私人执法行为，蒙田对此发表的意见值得我们参考："我们可以谴责两个当面顶撞尼禄的士兵不宽宏大量。其中一个被尼禄问及为何要伤害他时答道：'我过去崇拜你，因为你那时值得爱戴，但自从你杀死了你的母亲，你这个马车夫、戏子、纵火犯，我就恨透了你，因为你只配人恨。'另一个被问及为何想弑他时回答：'因为我找不出别的办法来制止你干坏事。'但是尼禄死后，他的专横跋扈和荒淫无度遭到万夫鞭挞，并将永远为后人唾弃，对此，稍有智力的人难道会指责吗？"（[法]蒙田《蒙田随笔全集》上册，潘丽珍等译，译林出版社，1996：13）

形下，郑国对陈国的私自用兵的确是合情合理的，而对有理之人加以刁难是很不吉利的。

郑国在这件事上展现出了如此杰出的外交辞令，以至于连《文心雕龙》都举这个例子作为文辞在实际功用上的一个典范。[1]重要的是，郑国的理由是否站得住脚呢？

如果答案是肯定的话，那么我们将会面临的问题是：人际关系与国际关系，个人主权与国家主权，彼此之间可以构成适当的类比吗？

---

[1][梁]刘勰《文心雕龙·征圣第二》："郑伯入陈，以文辞为功。"

第一章

要幸福还是要公正？

人们如此渴求着正义，而所谓正义只是一种约定俗成的观念，并且总是混沌的、模糊的，屡屡经不起合乎逻辑的追问；任何建立一整套清晰的理论体系的企图都将是徒劳的，至多可以被看作一种动机良好的呼吁罢了。

「一」

"柏拉图以后,一切哲学家们的共同缺点之一,就是他们对于伦理学的研究都是从他们已经知道要达到什么结论的那种假设上面出发的。"[1]——罗素这话说得一点不错,但难题是,假若哲学家们克服了这个缺点,从而排除任何先入之见,严密地遵循着论据与逻辑,梳理出何谓善恶、道德、伦理、公平,那么相比之下,人们很可能更愿意容忍他们的那个"共同缺点"。

原因不外乎如此:人们如此渴求着正义,而所谓正义只是一种约定俗成的观念,并且总是混沌的、模糊的,屡屡经不起合乎逻辑的追问;任何建立一整套清晰的理论体系的企图都将是徒劳的,至多可以被看作一种动机良好的呼吁罢了。

「二」

柏拉图记述苏格拉底等人关于"正义"的一场漫长的辩难,在开场不久,

---

[1] [英]罗素《西方哲学史》上册,何兆武、李约瑟译,商务印书馆,1982:113。

第一章
要幸福还是要公正？

诡辩派哲人色拉叙马霍斯就以令人生厌的口吻提出了一个更加令人生厌的命题："正义不是别的，就是强者的利益。"

所谓强者，色拉叙马霍斯把他们等同于国家的统治者，但他们不见得就是国王，因为"统治各个国家的人有的是独裁者，有的是平民，有的是贵族"。于是，色拉叙马霍斯认真地做出了以下的一番推理：

> 难道不是谁强谁统治吗？每一种统治者都制定对自己有利的法律，平民政府制定民主法律，独裁政府制定独裁法律，依此类推。他们制定了法律明告大家：凡是对政府有利的，对百姓就是正义的；谁不遵守，他就有违法之罪，又有不正义之名。因此，我的意思是，在任何国家里，所谓正义就是当时政府的利益。政府当然有权，所以唯一合理的结论应该说：不管在什么地方，正义就是强者的利益。[1]

毫无悬念的是，在苏格拉底步步紧逼的反诘之下，色拉叙马霍斯上场才几个回合便败下阵来。尽管直到近现代社会，法律依然或多或少地偏袒着强者的利益，但有谁相信这世界就"应该如此"呢？[2]

---

[1][古希腊]柏拉图《理想国》，郭斌和、张竹明译，商务印书馆，1986：19。

[2]色拉叙马霍斯的意见在一定程度上受到了现代社会学中的冲突理论（conflict theory）的支持，该理论认为："发达的社会是由各自具有无法相容的利益的群体组成的。制定法律是为了保护有权者或有势者的利益。因此，统治群体（ruling group）以牺牲贫穷者为代价保护他们的利益，贫穷者的行为变成了法律惩罚的目标，甚至在表面上是为了共同利益而禁止行为时，就像在惩治谋杀、伤害、强奸的法律中那样，也是有选择性地禁止某些行为，以便使统治群体的行为不受惩罚。例如，英国的强奸犯罪法只是在近来才扩大到婚内性强制（sexual coercion in marriage）。"（[英]布莱克本《犯罪行为心理学：理论、研究和实践》，吴宗宪等译，中国轻工业出版社，2000：7）

是的，今天当然也不会有多少人乐于站在色拉叙马霍斯一边和苏格拉底作对，但如果我们深究一下，色拉叙马霍斯的推理究竟因为是错的所以才是可厌的，还是恰恰相反，因为它是可厌的所以才是错的；又或者"何谓正义"这个问题本身就是主观的，所以，只要某个答案是可厌的，当然就是错的？

在许多人看来，就算很难给"正义"下一个准确定义，至少它不应该是主观的——要么该有客观的目标，要么该有客观的标准。那么，"等值回报"看上去就是一个不错的标准。人们在"寻求正义"的时候往往都是为了"讨还公道"，而"讨还公道"往往也正是试图为恩怨情仇寻得一个令人满意的"等值回报"。

这是人类很常见、也很自然的一种感情，在中国传统里，孔子就对此表示过明确的支持。

有人问孔子说："以德报怨可以吗？"孔子答道："如果以德来报怨，又该拿什么来报德？还是应当以直报怨，以德报德。"

在《论语·宪问》的这段记载里，孔子完全不复温和谦下、宽宏大量的形象。孔子对待恩仇的这种"粗鄙而原始"的态度，在《礼记·表记》里也有出现：

子曰："以德报德则民有所劝，以怨报怨则民有所惩。《诗》曰：'无言不雠，无德不报。'《大甲》曰：'民非后无能胥以宁，后非民无以辟四方。'"子曰："以德报怨则宽身之仁也，以怨报德则刑戮之民也。"

在孔子的这两段话里，第一段话可以肯定是针对"治民"而言的，认为以德报德会激励人们多做好事，以怨报怨会惩戒人们少做坏事。——德应该获得德的回报，怨应该获得怨的回报，这就是"直"（值），即以等值回报等值，这也就是最朴素的"善有善报，恶有恶报"的道理，是一种相当具有普世性的原始观念。

第一章
要幸福还是要公正？

以上孔子的第二段话很可能是对这一观点的补充说明（至少《表记》的纂集者是这样理解的），认为"以德报怨"的人只是为了少沾是非（即所谓"宽身之仁"），而"以怨报德"的人应该受到刑戮。

孔子把以德报怨的人和以怨报德的人对举，对这两种虽然做了区别，但显然抱有同样的恶感，只是程度不同罢了。而事实上，以德报怨、息事宁人恰恰是直至今日仍然被底层百姓奉为座右铭的至理名言。最受人推崇的是娄师德唾面自干的过人涵养，许多人家里也都挂着教人如何"让三分风平浪静，退一步海阔天空"的处事箴言，而"恩怨分明"这一类符合孔子"以直报怨，以德报德"的口号反而更多地出现在主流社会之外的江湖社会上。

这就自然出现了一个矛盾：在百姓的心中，既渴望着"善有善报，恶有恶报"，相信善恶各自获得等值的回报才是正义，又完全不认可"以怨报怨"的人生态度，对于自身蒙受的不公正待遇，他们推崇的是让三分、退一步式的息事宁人的人生哲学，亦即孔子所鄙薄的"宽身之仁"。

这在今天可以看到的显例就是于丹教授大受欢迎的《〈论语〉心得》，其中对"以直报怨，以德报德"的解释里说："他（孔子）当然不赞成以怨报怨。如果永远以一种恶意、一种怨恨去面对另外的不道德，那么这个世界将是恶性循环，无止无休。我们失去的将不仅是自己的幸福，还有子孙的幸福。"

既然这样贬低了"以怨报怨"，便只能给那个原本与"以怨报怨"是同义词的"以直报怨"赋予全新的解释："用你的公正，用你的率直，用你的耿介，用你的磊落，也就是说，用自己高尚的人格，坦然面对这一切。孔夫子的这种态度，就是告诉我们，要把有限的情感，有限的才华，留在最应该使用的地方。"

如果我们还能够在这由一连串排比句构成的强大的情感攻势之中抓住某些实质性的表达的话，应该看出这样的态度其实与孔子所反对的"以德报怨"并没有多大的差异。当然，我这里并不想为于丹教授纠错而把自己置于荒唐可笑的境地，只是借这个例子将前面的问题逼到一个极端：为什么与孔子完全背道而驰的解读反而最能攥住百姓的心？

许多人都把于丹的走红归因于广大人民群众对传统文化的彻底无知，这当然是一种误解，毕竟不是所有的大胆新奇之见都能赢得群众的认同。若仔细推想个中缘由，恐怕会归结为社会结构与历史背景的错位。——是的，这种以眼还眼、以牙还牙式的论调在后世着实骇住过许多人，以至于出于自觉不自觉地维护认知一致性的缘故，涂脂抹粉的或迂曲的解读日渐增多，《礼记·表记》的那种相对原始的阐释便总是被有意无意地忽略掉了。

「三」

从《礼记·表记》的上述引文来看，孔子所讲的是贵族、领主、君子的道德，而不是小人的道德，是君子持此道德以治小人。自秦汉以后，封建制被郡县制取代，君子与小人的称谓也彻底失去了原有的社会背景，由社会身份变成了道德身份。[1]这两种截然不同的社会结构，我们不妨借用马基雅维利的分类法加以说明，这对于东方世界是完全适用的：

有史以来的君主国都是用两种不同的方法统治的：一种是由一位君主以及一群臣仆统治——后者是承蒙君主的恩宠和钦许，作为大臣辅助君主统治王国；另一种是由君主和诸侯统治——后者拥有那种地位并不是由于君主的恩

---

[1]《史记·循吏列传》的一则故事颇形象地说明了"君子"的原义：楚国有爱乘矮车的风俗，楚王认为矮车不便于驾车的马奔跑，就下令把矮车加高。相国孙叔敖说："政令太多会让人无所适从，大王若一定想加高马车，不如先让乡里加高门槛。乘车的人都是君子，君子是不会频繁下车的。"楚王同意了孙叔敖的意见，半年之后，楚人全都自动把马车加高了。

宠，而是由于古老的世系得来的。这种诸侯拥有他们自己的国家和自己的臣民。这些臣民把诸侯奉为主子，而且对他们有着自然的爱戴。至于那些由一位君主及其臣仆统治的国家，对他们的君主就更加尊敬了，因为人们认为在全国只有他是至尊无上的。如果他们服从其他任何人，他们只是把此人看作代理人和官员，对他并不特别爱戴。[1]

孔子一生致力于"克己复礼"，力图复兴的是周代开国以来的宗法秩序，也就是那种标准的"由君主和诸侯统治"的社会，所以孔子的主张基本是建立在宗法土壤之上的。然而社会的大势所趋，却向着"由一位君主以及一群臣仆统治"的政治。可想而知的是，宗法制度一旦崩溃，儒学事实上就面临着一个"皮之不存，毛将焉附"的窘境，若不改头换面便无法继续生存。

即便倒退回去看，早在孔子生活的春秋时代，宗法结构便已经动摇，这正是最令孔子痛心疾首的"礼崩乐坏"。但时代正在不以个人意志为转移地堕落下去，孔子只能"知其不可而为之"，所以"干七十余君无所遇"。而秦汉之后，社会结构天翻地覆，孔子纵然看到贞观、开元这样的千古盛世，恐怕也会觉得这种"由一位君主以及一群臣仆统治"的政治简直比礼崩乐坏的春秋时代更坏。

孔子所标举的礼，往往反映着世袭的封建贵族的道德品格。封建贵族享有世袭特权，生活保障度很高，又往往世代生活在熟人社会里，所以很容易培养出重名誉甚于重生命的道德观念。——欧洲的封建社会也具有同样的特点，可见特定的社会结构对特定的道德观念的影响。

这样一种贵族伦理的另一个特点就是顺应人情，《礼记·丧服四制》开篇便说：

---

[1][意]马基雅维利《君主论》，潘汉典译，商务印书馆，1986：18-19。

凡礼之大体，体天地，法四时，则阴阳，顺人情，故谓之礼。訾之者，是不知礼之所由生也。

这段话阐释礼的大原则，前边"体天地，法四时，则阴阳"都是务虚的帽子，最后"顺人情"一条才是实实在在的道理。最后还以辩护的态度说：凡是对礼加以诋毁的人，是因为不懂得礼是怎样产生的。

这就意味着，如果懂得了礼的产生在于"体天地，法四时，则阴阳，顺人情"，那么违礼也就等于违犯了天地、四时、阴阳、人情，而违反上述四者的事情显然是行不通的。也就是说，对礼的违背不但在道德上不应该，在功利上也必定招致恶果。

这样的礼，不是得自神授，而是从自然与人情上顺理成章地推演出来的，换句话说，是把一些天然本真的人情做了制度化的处理。那么，我们试问一下，在对待恩怨的态度上，什么才是最本真的人情呢？

答案是显而易见的，以德报德，以怨报怨，善有善报，恶有恶报，这就是最本真的人情。诚如穆勒所言，报复的欲望"自发地出自两种情感，一是自卫冲动，二是同情心，两者都是极为自然的情感，都是本能，或者类似于本能"[1]。这在未经世事的小孩子身上就可以看得出来，小孩子身上甚至常常出现这样的行为：在不小心被桌子碰疼之后，会抬手去打那张桌子，即便他们知道桌子是没有痛感的。

亚当·斯密在做伦理学研究的时候也曾注意过这个现象，斯密认为：

无论痛苦和快乐的原因是什么，或者它们是怎样产生的，它们都会在所有的动物身上立刻激起感激和愤恨这两种激情。无生命的和有生命的东西都会引起这两种激情。甚至在被一块石头碰痛的一瞬间，我们也会对它发怒。小孩会

---

[1] [英]约翰·斯图亚特·穆勒《功利主义》，徐大建译，上海人民出版社，2008：52。

敲打这块石头，狗会对它咆哮，性情暴躁的人会咒骂它。确实，稍微思考一下就会纠正这种情感，并且不久就会意识到没有感觉的东西不是一个合宜的报复对象。然而，当伤害很大时，这个引起伤害的对象就会使我们一直感到不快，并且也会把焚烧它和销毁它引为乐事。我们应该如此对待偶然造成某个朋友死亡的器械，如果忘了对它发泄这种荒唐的报复的话，就常常会想到自己犯了这种缺乏人性的罪过。同样，我们对给自己带来巨大或频繁欢乐的那些无生命之物，也会抱有某种感激之情。一个靠着一块木板刚从失事的船上脱生的海员，一上岸就用这块木板来添火，这看来是一种不合人情的行为。[1]

这种报复完全出自人之常情：伤害会引起人的心理失衡，而为了使失衡的心理平衡过来，报复显然就是必要的。这是情感的自然诉求，正如狄德罗的一个看上去相当极端的说法："全部形而上学的胡扯，都抵不过一个'即以其人之道还治其人之身'的论证。要服人，有时只要唤醒身体上或精神上的感觉就行了。有人就曾用一根棍子，为庇罗派的人证明他否认自己的存在是错了。"[2]

正如"我痛故我在"比"我思故我在"来得直截了当，"讨还公道"的情感也是直截了当地就发生了。而且，就算公道讨不回来，"讨还公道"的情感也必须宣泄出去。这就意味着，即便无法直接报复在加害者的身上，也必须找个攻击对象才行，这就是心理学所谓替代性攻击（displaced aggression），是"迁怒"或"寻找替罪羊"的意义所在。

心理学家霍夫兰德和希尔斯的研究揭示，在"二战"之前的美国南方，经济越是恶化，黑人被私刑处死的事件也就越多。贫穷的白人们不清楚什么才是导致自己生活水平下降的真正根源，就把怒火发泄到了黑人头上，这在当时是

---

[1] [英]亚当·斯密《道德情操论》，蒋自强等译，商务印书馆，1997：116。

[2] [法]狄德罗《哲学思想录》，《狄德罗哲学选集》，江天骥、陈修斋、王太庆译，商务印书馆，1997：7。

一种相当安全的心理解压办法。（Hovland & Sears，1940）

但这种出于天然的心理机制而对"公平"的诉求，即便不施加于任何替代性目标，也不是边沁式的功利主义者会喜欢的，因为它往往招致玉石俱焚的结果。时至今日，许多文艺作品依然抱持着边沁式的态度，譬如会责备一个亲手为妻儿复仇的人，认为他这样做不但于事无补（不可能使妻儿死而复生），反而使自己变成杀人凶手。这不但是个人的悲剧，也是社会的不幸，如果边沁在场，恐怕会说这样的报复降低了社会的整体福利吧？

「四」

对于如此不合人情的论调，至少有着两种应对方案。一是引入上帝的角色，给等值报复赋予神圣的依据。莱布尼茨就是这样做的：

> 有一种正义，它的目的不在纠正犯罪的人，不在对别人起模范作用，也不在赔偿损害。这正义乃是以纯粹适合为基础的；这种适合由于恶行受到处罚而获得一定的满足。索西奴斯的信徒和霍布斯反对这种惩罚的正义，它是正当的报复的正义，是上帝在许多关键性的时机里为自己保留的正义。[1]

威廉·詹姆士在1906年的一次以实用主义为主题的讲稿中把莱布尼茨的这些发言当作反面教材痛加奚落，但我想对于一般人，不诉诸理性而仅仅诉诸自然感情地看来，恐怕毫不费力地就会站在莱布尼茨一边。因为事情正如莱布尼茨所说的："这正义常基于事物的适合，它不但使被损害的一方感到满足，而

---

[1] [美]威廉·詹姆士《实用主义》，陈羽纶、孙瑞禾译，商务印书馆，1979：16–17。

且使所有聪明的旁观者也都感到满足,正如优美音乐或上好的建筑物使心地健康的人喜欢一样。"[1]

第二种应对方案来自功利主义内部,一个名为"规则功利主义"的学术流派会认为等值报复的规则从长期来看会对社会有利,倘若瓦解了这个规则,势必会助长恶行。[2]倘以这个见解来看,古代儒家倒是可以被追溯式地归入规则功利主义一派的;不仅如此,莱布尼茨以及亚当·斯密的上述意见在很大程度上恰恰就是古代儒家的推理前提。

是的,在醉心于礼制的儒家看来,对恩怨分别给以等值的回报,这是人之常情,是最天然本真的对"公平"的诉求,因此便具有了道德上的权重。所以儒家不但提倡恩怨分明,甚至鼓励人们不经司法程序而手刃血仇——即便在汉唐以后,这种复仇行为仍然在很大程度上受到社会主流伦理观念的赞许,有时甚至还会得到法律上的保护。当然,因为社会结构的变动,所以历代统治阶层对这个问题的态度总是摇摆不定的。

但事情的另一面是,正所谓"刑不上大夫,礼不下庶人",这种本之人情的恩怨态度一经被确立为礼制的内容,便更多地彰显着贵族精神的光环,并不要求庶人也同样遵守。这看上去是给道德划分了阶级性,有君子之道德,也有小人之道德,而事实上,在孔子的一贯主张里,只是希望贵族(君子)做好表率,把贵族的高尚的道德标准春风化雨式地感染到庶人(小人)的心里,但并不会强求庶人(小人)。

随着宗法社会的瓦解,人们面对的一个棘手问题便是如何在传统的封建贵族阶层彻底消亡之后重新解读儒家思想当中无法遮掩的贵族精神,尤其是在臣民社会或市民社会里,臣民或市民,这些会被孔子定义为小人的人,该如何以

---

[1]Ibid., p.17.

[2]这一学派主张,行为的对错不是由与该行为相关的功利,而是由道德规则来决定的;而道德规则的对错则是由与这些规则相关的功利来决定的。这种论调的确像它看上去的那样充满了调和色彩,似乎消弭了义务论与功利主义的矛盾。

"小人"的道德重写"君子"的情操？

这也算是一件无可奈何的事情，毕竟"小人"与"君子"的生存状况有着天壤之别，"小人"要想快意恩仇，需要付出比"君子"高得多的代价，反而相信"吃亏是福"会使日子好挨得多。——这也正体现着"君子"与"小人"一个显著区别："君子"更在意的是寻求公正，"小人"更在意的是寻求幸福，前者是原则主义，后者是结果主义。[1]那么，事情会不会向着尼采所痛心疾首的那个方向不可救药地发展下去呢，即"人类的败血症"——平民的道德战胜了贵族的道德？

回顾于丹教授对"以怨报怨"的解读，她认为孔子当然不赞同以怨报怨，因为这会使我们失去"自己的幸福，还有子孙的幸福"。——需要重申的是，我这里无意于在考据上辨析正误真伪，也无意于辨析法律和军队是否还有存在的必要，只是将这一观点作为一种引人瞩目的文化现象加以探讨。

在于丹看来，因为"以怨报怨"会葬送我们自己乃至子孙后代的幸福，所以是不可取的。这显然是一种结果主义的思考方式，没有给"公平"留出足够的位置，但我们知道，"知其不可而为之"的孔子是一个原则主义者，如果对

---

[1]以西方概念来说，前者是希伯来型，后者是希腊型。今天来看，不仅具有道德洁癖的人更愿意遵循原则主义，即便从功利主义的角度出发，以原则主义的方式行事也会被认为是最可取的方式。规则功利主义者支持这个看法，自由主义者也会支持这个看法——即视"自由"为最高原则。哈耶克在《自由宪章》里如是论述："总而言之，主张自由实际上就是在集体行动中提倡遵守原则而反对实用思想，如同我们将要看到的，这也就是说只有法官，而非行政管理者，才能实施强制。19世纪自由主义的精神领袖之一——本雅明·贡斯当曾将自由描述为'原则的体系'，真可谓一语中的。自由不仅是一个体系，在这个体系中，所有的政府行动必须受原则的引导，而且它还是一种理想，除非把这种理想视作支配一切立法行动的原则来接受，否则它很难保存。我们如果不坚持这样一种基本准则，把它看作一个不会因物质利益的考虑而有所折衷的最终理想的话——即使它在某种紧急情况下会暂时受到侵害，但它仍然是一切永久性安排的基础——自由几乎必定会被零零碎碎的侵害所毁灭。因为在任何特殊情形下似乎都可以通过缩减自由而获得某些具体而明确的好处，而因此被牺牲的利益在本质上总是未知和不确定的。"（[英]哈耶克《自由宪章》，杨玉生等译，中国社会科学出版社，1998：103-104）

公正的诉求是一个原则问题的话，那么当这个原则与"自己的幸福，还有子孙的幸福"发生冲突的时候，他会如何选择呢？

这里似乎出现了一个棘手的问题：对幸福生活的追求是人的基本追求，正如对公正的追求同样是人的基本追求一样，而在有冤不申的前提下获得的幸福是真正的幸福吗？那么，在鱼与熊掌不可得兼的情况下，追求幸福的结果主义与追求公正的原则主义，哪一个具有更高的道德权重呢？

· 第二章 ·

何谓正义，是具体的目标还是抽象的准则？

从古代中国的百家争鸣到现当代西方世界里功利主义、自由主义、社群主义的喋喋不休，对正义的困惑就像圣奥古斯丁对时间的困惑："如果没人问我，我是明白的；如果我想给问我的人解释，那么我就不明白了。"

「一」

英国作家伊弗林·沃在他的"荣誉之剑"三部曲里塑造了一个既可敬又可怜、既可爱又可恨的主人公盖伊·克劳奇贝克的形象，他是一个没落的世家子弟，才智平庸，继承着祖先传下来的天主教信仰和旧派的绅士作风，在"二战"的时代背景下处处吃亏碰壁，几乎在所有的人际关系里都只会遭人白眼。但盖伊始终不肯向新兴的小市民道德风尚做出任何妥协——是的，他看着自己的累累伤痕，不得不承认自己是一个失败者，但是，无论如何，与其他失败者不同的是，他坚持要做一个"体面的失败者"（a good loser）。

然而在任何一个笑贫不笑娼的时代，所谓"体面的失败者"就像"椭圆的正方形"一样，本身就是一个自相矛盾的概念。那么，作为旁观者的我们是否会对盖伊寄予十足的同情呢？——在做出答复之前，我们不妨来看盖伊和一名军官的一段对话：军官问盖伊，如果今天有人来找你决斗，你会怎么办呢？盖伊说，我只会一笑置之。军官表示赞同，继而议论道："我是在思考荣誉的问题，你不觉得荣誉是随着时代而改变的吗？我是说，假如150年前有人找我们决斗，我们只能接受，现在我们当然会一笑置之。在150年前，这还真是个棘手的问题。"盖伊应道："是的，决斗不再有了，道德家和神学家没能做到的事被民主时代做到了。"

现在，有些读者可能会重新考虑方才的那个问题了，但还不急，我们再看军官接下来的一句应答："那么，等下次打仗的时候，我们彻底民主化了，军官把士兵丢在身后置之不理也会是一件很有荣誉感的事了。"

上述这短短的几句对话里显然包含着诡辩的成分，但除了对"民主化"一词显而易见的曲解之外（这却符合柏拉图的见解），问题究竟出在哪一个环节上呢？

「二」

荣誉感是与正义性直接相关的，那么，究竟什么才是正义呢？

正义到底是某些具体的目标，还是某种抽象的准则？

我们是否可以达到绝对的正义？如果不可能的话，是否至少可以将之清晰地描述出来？

正义究竟是永恒不变的，还是一时一地的？是先验的，还是经验的？

这些问题伴随着人类的历史，深深困扰着最杰出的才智之士们，直至如今。从古代中国的百家争鸣到现当代西方世界里功利主义、自由主义、社群主义的喋喋不休，对正义的困惑就像圣奥古斯丁对时间的困惑："如果没人问我，我是明白的；如果我想给问我的人解释，那么我就不明白了。"

首先有必要做出界定的是，"正义"一词的含义常常比较宽泛和模糊，时而指公平或正当，时而指善或福利。所以在上一节结尾的问题里，结果主义更加与福利有关，原则主义则更加与公正有关，这实际上是目的论与义务论的区别。

事实上，英语里的"正义"（justice）也存在同样的问题，混淆往往是在最不经意间发生的。一个显见的例子是，2009年被誉为"最受欢迎的公共课"的迈克·桑德尔的题为"公正"（Justice）的讲座以及由企鹅公司出版的同名图书，便在最后表明自己的社群主义立场的时候，所诉求的已经完全不是作为"公平"的justice，而是作为福利的common good。

这个混淆实在太容易发生，譬如基督徒说上帝"至善至公"，善与公正是水乳交融的，对公正的追求往往就是对善的追求，尽管反之未必亦然。然而，对"善"下定义的事情，在1903年摩尔的《伦理学原理》出版之后，一般已被看作不可能的；[1]"正义"或"公正"的概念也存在着同样的境况，我们只能约略地加以描述。[2]

英语justice一词源自古罗马正义女神的名字Justitia，该女神的外形特征是蒙着双眼，左手提着一只天平，右手执剑。这些特征蕴含着特定的象征意义，一般认为，蒙眼象征着执行正义纯然依靠理智，不可被感官和表象蒙蔽；剑象征着制裁的严厉；天平象征着裁量公平，使受害者可以不多不少地讨还损失，这恰恰与孔子"以直报怨"的意思如出一辙。文艺复兴时期，正义女神雕像的背面往往还刻有一句古罗马的法谚："为实现正义，哪怕天崩地裂。"

这话有着玉石俱焚的气概，看来正义女神显然应该被划入原则主义的阵营，但结果主义难道就相形见绌了吗？——在美剧《尼基塔》（*Nikita*）第5集的结尾，男主角欧文因为恋人艾米丽被杀而持枪寻仇，眼看就可以击毙元凶，女主角尼基塔却突然出现拦住了他，之后就发生了下面的这段对话：

尼基塔：我和你一样想杀掉他。
欧文：那就让我动手好了。
尼基塔：不行。你如果现在杀他，那些黑盒子里的秘密会泄露出去，那会

---

[1]当然也有极力持反对意见的学者，譬如麦金泰尔批评摩尔"依据一个糟糕的词典式的对'定义'的定义，来力图证明'善'是不可定义的。并且，他做了大量断言，而不是论证"。参见[美]麦金泰尔《德性之后》，龚群、戴扬毅等译，中国社会科学出版社，1995：21-22。

[2]摩尔提出，定义即分析，我们只可能对复合物下定义，而不可能对单纯物下定义，而"善"就是一种单纯物，所以是无法加以定义的。（[英]摩尔《伦理学原理》，长河译，商务印书馆，1983：15-16）

第二章
何谓正义，是具体的目标还是抽象的准则？

伤及无辜的。

欧文：是像艾米丽那样的无辜者吗？

尼基塔：是的，像艾米丽一样的无辜者。她跟我讲了你的事，讲你有多在乎她。欧文，你在乎过人的。请你记住，我会帮你挺过来。我们得先毁了那些黑盒子，然后再杀这个浑蛋。如果你现在杀他，很多人会死的。

欧文：问题是，我不在乎。

尼基塔的逻辑脉络是：艾米丽无辜被杀，欧文在乎艾米丽，所以欧文也应该在乎其他像艾米丽一样的无辜者，在自己完全力所能及的范围内保护他们免受伤害，而现在为艾米丽报仇则会毁掉这个目标。欧文的逻辑脉络则是：自己深爱艾米丽，自己在乎的人只有艾米丽一个，艾米丽无辜被杀，自己当然要为她报仇，至于其他像艾米丽一样的无辜者，自己一点也不在意他们的死活。

欧文似乎正在实践着正义女神雕像背后的那句古罗马法谚："为实现正义，哪怕天崩地裂。"他所寻求的justice，应当确切表述为公正、公平、公道，亦即"作为公平的正义"，使正义女神左手的天平两端保持平衡。杀掉艾米丽的凶手自然应当给艾米丽抵命，这正是标准的"以直报怨"。那么，为此而将被殃及的无辜生命是否就属于"哪怕天崩地裂"之列呢？

我不知道有多少人会站在尼基塔一边，又有多少人会站在欧文一边，但是，欧文的支持者们如果遇到更加极端的例子，不知道是否还会坚持自己原来的态度。——在中国明清之际的历史上，吴三桂冲冠一怒为红颜，的确把欧文"我不在乎"的精神发挥到了极致。我们不必考虑历史考据上的疑点，假定这就是全部的历史真相的话，吴三桂为了寻求公平，确实搅得"天崩地裂"。

亲亲原则，等值复仇原则，两者都是上古社会里最天然、最本真的道德，因为这正是最天然、最本真的人情。儒家所谓缘人情而制礼，缘的也正是这样的人情，所以血缘观念和等值观念都是儒家最基本的理念。

尤其值得重视的是，等值观念是人的一种基本的心理模式。这道理非常易于理解，试想一下，如果人总是善待那些侵害自己的，虐待那些善待自己的，则必然无法在物竞天择的环境里幸存下来。这道理在动物身上也是一样，以善报善，以恶报恶，这是最佳的生存策略，在亿万年的进化史上已经牢牢地写在基因里了。

似乎基督教的繁荣构成了一个有力的反证，因为耶稣基督提出了"要爱你的仇敌"这一著名的道德训诫，但事实上，除了在真诚感人的使徒时代，这一训诫极少被信徒们认真地奉行过——除了把消灭敌人解释为对敌人的"大爱"之外。

从中我们似乎可以模糊地推测，对公平的诉求是人的一种先天的心理认知模式，是与生俱来的，是一种只有形式而没有具体内容的先验的道德。

「三」

无论在政治哲学的传统语境下来说，还是就一般的社会认知来说，"正义"的内涵比"公平"宽泛得多，因此也难以确证得多。正义女神手上的天平只能称量"公平"，而无法称量"正义"，因为前者只要求"等值"，这恰恰是天平唯一可以完成的任务，而后者的要求就远非对"等值"的称量所能达到的了。

从历史脉络上看，"正义"的观念应当比"公平"晚出，因为前者需要文明的积淀，后者则是与生俱来的。"正义"因其含义的模糊性以及标准的相对性，注定会是一个无法被清晰讨论的问题，而为了避免这个麻烦，我们只有把复杂的"正义"还原到两个最基本的层面：公平与利害。但是，随后我们就会发现，公平与利害竟然完全缺乏客观标准。

第三章

正义

高贵的谎言

卢梭创立"天赋人权"（natural rights）的观念，成为法国《人权宣言》、美国宪法等西方社会纲领性文件的思想奠基，对人类福祉的增进不可不谓居功至伟，但就这一概念本身来说，仍不过是一个"高贵的谎言"，谁也证明不出人为什么会"天然地"享有某些权利，即便诉诸神学也很难自圆其说。

「一」

依清代典章制度，满臣上疏自称奴才，汉臣上疏则当称臣。乾隆三十八年，满臣天保和汉臣马人龙联合上了一道奏章，因为天保署名在前，便连书为"奴才天保、马人龙"。乾隆帝对这个署名大为光火，斥责马人龙"冒称"奴才。为了杜绝这种现象，乾隆帝规定，若再有满汉大臣联名奏事，署名一律称臣。——这就是说，为了不让汉臣冒称奴才，宁可让满臣受点委屈。

奴才，这个极具侮辱性的称谓在清代却代表着尊荣和特权，是许多只能称臣的汉人企慕不及的。如果我们援引"以直报怨，以德报德"的等值原则，一个人当了奴才，这到底是德还是怨呢？

今天看来，主奴关系显然标志着对奴才的基本人权的践踏，但在许多缺乏现代人权观念且世代为奴的古人看来，主奴关系恐怕却是一个人所能想象的最好的人际关系，既有温情脉脉的家庭之感，又是幸福生活的妥善保障。

如果以追求幸福或增进生活福祉为目的，那么，维护或建设和谐的主奴关系至少是众多可取的社会改良方案当中的一种，如此一来，编造一些"天赋主权"与"天赋奴权"之类的神话当然合乎正义。

柏拉图在设计自己心目中的理想国的时候就遇到过这种问题，因为他必须使理想国里分属三大等级的人们各安其位，否则若有人产生僭越的念头，社会的和谐结构就会动摇。于是，柏拉图认为应当编造一种"高贵的谎言"，说是

第三章
高贵的谎言

神创造了这三种人，最好的一种人是用黄金做的，次优的是用白银做的，普通群众则是用铜铁做的。黄金等级天然适合做卫国者，白银等级组成军队，铜铁等级则去从事各种体力劳动。柏拉图相当清醒地认为，使当代的人相信这个神话是不太可能的，但是通过有效而持久的教育，完全可以使下一代，乃至以后所有的世代都对此深信不疑。[1]

柏拉图一点也不觉得自己用心险恶，这在他而言的确是一种正义的追求。[2]事实上，柏拉图的这一理想确曾在历史上得到过许许多多不同程度的不谋而合的实践，譬如《荀子·礼论》所谓：

> 祭者，志意思慕之情也。悒诡唈僾而不能无时至焉。故人之欢欣和合之时，则夫忠臣孝子亦悒诡而有所至矣。彼其所至者，甚大动也；案屈然已，则其于志意之情者惆然不嗛，其于礼节者阙然不具。故先王案为之立文，尊尊亲亲之义至矣。故曰：祭者，志意思慕之情也，忠信爱敬之至矣，礼节文貌之盛矣，苟非圣人，莫之能知也。圣人明知之，士君子安行之，官人以为守，百姓以成俗；其在君子以为人道也，其在百姓以为鬼事也。故钟、鼓、管、磬、琴、瑟、竽、笙、韶、夏、护、武、汋、桓、箾、象，是君子之所以为悒诡其

---

[1] [古希腊]柏拉图《理想国》，郭斌和、张竹明译，商务印书馆，1986：128-129。

[2] 这种谎言表现在政治上或许会使人觉得有些狡诈，但若表现在生活上，我们便可以彻底地陶醉于它的"高贵"。帕乌斯托夫斯基写过一则以安徒生为主角的小说，在小说里，安徒生讲起自己的一段经历，说他曾在一处林间草地上做了一些手脚，在蘑菇底下藏了些糖果、枣子和缎带；第二天早晨，他带着林务员的7岁的女儿到这里来，于是她在每一只蘑菇下边发现了意想不到的小玩意。安徒生告诉惊喜的小女孩说，这些东西都是地精藏在那里的。一名神父听了这个故事，怒不可遏地指责安徒生欺骗了孩子。但安徒生答道："不，这不是欺骗。她会终生记住这件事的。我可以向您担保，她的心决不会像那些没有经历过这则童话的人那样容易变得冷酷无情。"（[苏]帕乌斯托夫斯基《金玫瑰》，戴骢译，百花文艺出版社，1987：243-244）

所喜乐之文也。齐衰、苴杖、居庐、食粥、席薪、枕块，是君子之所以为愅诡其所哀痛之文也。师旅有制，刑法有等，莫不称罪，是君子之所以为愅诡其所敦恶之文也。卜筮、视日、斋戒、修涂、几筵、馈荐、告祝，如或飨之。物取而皆祭之，如或尝之。毋利举爵，主人有尊，如或觞之。宾出，主人拜送，反易服，即位而哭，如或去之。哀夫！敬夫！事死如事生，事亡如事存，状乎无形影，然而成文。

《荀子》这段话先是强调祭祀要表达真情实感，像忠臣怀念去世的国君，孝子怀念去世的双亲，这些感情都是自然而然的，需要渠道表达出来。先王正是出于这个原因，才制定了祭祀的礼仪制度。接下来就点明为政之道中自觉不自觉的"高贵的谎言"了：感情的妥善表达和礼仪的繁复呈献，这两者之间的关系只有圣人才能明白。圣人心知肚明，士君子安然施行，官员把这当作自己职责的一部分，老百姓把这当作风俗习惯。在君子眼里，祭祀是在尽人事；在老百姓眼里，祭祀则是和鬼神在打交道。所以，各种名堂的音乐都是君子们表达感情的工具，各种形式的服丧礼节都是君子们表达哀恸的手段，就好比军队有军纪，刑罚有尺度，君子感情的发泄一样是有规则和尺度的。虔诚地奉献祭品，如同鬼神真的前来享用似的；主人脱下祭服，换上丧服，送走客人之后回到原位哭号，如同鬼神真的离去了似的。悲哀啊！虔敬啊！对待死者如同对待生者，侍奉亡人如同侍奉活人，这就是礼仪。

《荀子·天论》还讲到作为一种"高贵的谎言"的雩祭：

"雩而雨，何也？"曰："无何也，犹不雩而雨也。日月食而救之，天旱而雩，卜筮然后决大事，非以为得求也，以文之也。故君子以为文，而百姓以为神，以为文则吉，以为神则凶也。"

首先是一个设问："搞雩祭求雨，结果真就下雨了，这是怎么回事呢？"回答是："不为什么，就算不搞雩祭，到下雨的时候自然下雨。日食、月食发生的时候，人们敲锣打鼓想把日月救出来，天旱的时候人们搞雩祭来求雨，有了疑难问题就占卜决定，这些事情道理都是一样的。难道搞雩祭、占卜什么的真就管用吗？不过是个幌子罢了。君子知道这些都是幌子，可老百姓却以为是神灵的作用……"

《礼记·檀弓》有一段孔子之言可资参考，大意是说，吊唁死者，若认为死者无知无觉，这是缺乏仁心；若认为死者有知有觉，这是欠缺理智。所以送葬的物品，竹不堪使用，瓦器不能盛放食物，木器不可雕琢，琴瑟虽然张弦但弦不绷紧，竽笙虽然具备却不成声调，有钟磬而没有悬挂的支架。这些器物叫作明器，意思是视死者如神明。[1]

正是在这个意义上，故而"民可使由之，不可使知之"[2]，故而"礼者，众人法而不知，圣人法而知之"[3]。

儒家这种做法看上去表里不一，所以遭到过墨子的讥讽，显然墨子没看明白其中的"深意"。[4]即便是儒家后学也往往忘记了先师的这一"深意"，譬如范缜在"神灭论"的著名争议中居然就遭遇过论敌这样的提问：儒家经典上说"为之宗庙，以鬼享之"，难道不是有鬼之论吗？范缜的回答是：这只是圣人的神道设教罢了。[5]

儒家圣人的这层"深意"很有普世价值——1760年，普鲁士国王腓特烈大帝效仿孟德斯鸠的《波斯人信札》写了一篇虚构的《中国皇帝的使臣菲希胡发

---

[1]《礼记·檀弓》："之死而致死之，不仁而不可为也；之死而致生之，不知而不可为也。是故竹不成用，瓦不成味，木不成斫，琴瑟张而不平，竽笙备而不和，有钟磬而无簨虡，其曰明器，神明之也。"

[2]《论语·泰伯》。

[3]《荀子·法行》。

[4]《墨子·公孟》：公孟子曰："无鬼神。"又曰："君子必学祭祀。"子墨子曰："执无鬼而学祭礼，是犹无客而学客礼也，是犹无鱼而为鱼罟也。"

[5]《梁书·儒林传·范缜》。同样的辩论在历史上反复出现，再如何承天的《重答颜永嘉》，仿佛就是对范缜之言的预表。

自欧洲的报道》，谈到这位使臣对基督教世界大感隔膜，幸好在返归途中有一位知情晓理的男人和他闲聊："他察觉到我对所见的一切都感到惊讶，便对我说：'您不认为，每个宗教都必须有一些打动人心的东西吗？我们的信仰就是为了打动人心而存在着的，这东西只能意会，不可言传。当人们给予一种信仰以某种——您认为是虚张声势的——礼拜仪式时，人们就得服从宗教的戒律和习俗。只要您考察一下我们的道德，就会看到这点。'说着，他递给我一本由他们的一位学者撰著的书。我发现该书内容与孔子的道德学说几乎相同。"[1]

是的，不仅儒家，这种神道设教的精英主义政治哲学在人类历史上始终长盛不衰，其支持者既有著名的学术正统（如亚里士多德），也有臭名昭著的卑鄙小人（如马基雅维利）。[2]他们主张着自己一点都不相信的东西，认为这对社会——至少对统治者们——大有裨益。即便是空想社会主义的乌托邦，在康帕内拉的太阳城里和维拉斯的塞瓦兰人的世界里，"神道设教"都是理想政治体制的第一块基石。杨庆堃在其研究中国宗教问题的名著中做过这样一句断言："在前科学时代，没有任何一种制度化的学说完全建立在世俗的基础

---

[1] [普鲁士]腓特烈大帝《中国皇帝的使臣菲希胡发自欧洲的报道》，[德]夏瑞春编《德国思想家论中国》，陈爱政等译，江苏人民出版社，1995：49–50。

[2] 亚里士多德认为，僭主制得以维系的两种办法之一就是僭主通过节制的美德与宗教的虔敬赢得人民的信任："对于诸神的祭仪他应该常常显示自己的虔诚；人们认为他既对诸神如此恭敬，就不至于亏待人民。而且他们感觉到诸神会保佑向之崇拜的人物，也一定不肯轻易同他作对了。同时必须注意到自己的虔诚不要被人当作愚昧（迷信）。"（[古希腊]亚里士多德《政治学》，吴寿彭译，商务印书馆，1983：298）马基雅维利对这个问题的看法是非常"马基雅维利式"的："必须理解：一位君主，尤其是一位新的君主，不能够实践那些被认为是好人应做的所有事情，因为他要保持国家（stato），常常不得不背信弃义，不讲仁慈，悖乎人道，违反神道。……因此，一位君主应当十分注意……使那些看见君主和听到君主谈话的人都觉得君主是位非常慈悲为怀、笃守信义、讲究人道、虔敬信神的人。"（[意]马基雅维利《君主论》，潘汉典译，商务印书馆，1986：85）

之上。"[1]

这当然不是"前科学时代"特有的现象，事实上，为现代人耳熟能详的一些极具正义感的社会追求正是建立在各种各样的"高贵的谎言"之上。譬如卢梭创立"天赋人权"（natural rights）的观念，成为法国《人权宣言》、美国宪法等西方社会纲领性文件的思想奠基，对人类福祉的增进不可不谓居功至伟，但就这一概念本身来说，仍不过是一个"高贵的谎言"，谁也证明不出人为什么会"天然地"享有某些权利，即便诉诸神学也很难自圆其说。

「二」

追溯历史的话，会发现卢梭提出的天赋人权论以及人们对它如此狂热的追捧，有其特殊的文化背景，即人类长期以来都相信自己只能发现权利，但不能创造权利。这在立法领域里表现得最为显著，如哈耶克所谓："国王或是任何其他的人类当权者只能公布或发现现有的法律，或者更改潜移默化地发生的滥用，可是他们不能创立法律，这是数百年来被公认的理论。有意识地创制法律（即我们所理解的立法）的观念在中世纪晚期才逐步地被人们接受。"雷费尔

---

[1]杨庆堃这一断语的上下文也是相当值得参阅的："信仰天命，宽容卜筮，与阴阳五行理论密切相关，强调祭祀和祖先崇拜是实行社会控制的基本手段，以及在灵魂问题上缺乏一种彻底的无神论和理性态度——这些都反映了儒家学说的基本取向。儒学要在一个人们相信鬼神无所不在的社会中发挥其指导学说的功能，上述的宗教因素十分重要。在前科学时代，没有任何一种制度化的学说完全建立在世俗的基础之上。我们已经看到，儒家的很多价值之所以成为传统，不仅仅是基于其理性主义的诉求，也是基于超自然赏罚的力量之上。"（杨庆堃《中国社会中的宗教——宗教的现代社会功能与其历史因素之研究》，范丽珠等译，上海人民出版社，2007：235）

特《法律的根源》写道:"立法现象的出现……在人类历史上意味着发明了制定法律的艺术。到那时为止,人们确曾以为,人们不能确定权利,而只能把它作为一件一向存在的东西去使用它。"[1]

这种观念至少直到18世纪末仍然在欧洲深入人心,这使得法律上的推论全部属于演绎法而非归纳法。[2]而实际上,卢梭所做的事情正是一种立法工作,以中世纪的"权利发现者"的风格,为最宽泛意义上的"人"确定最宽泛意义上的"权利"。

的确,仔细辨析的话,所谓权利完全是人的社会属性,并且属于应然范畴。我们可以说人天生有吃饭的欲望和能力,但没法说人天生拥有吃饭的权利。显而易见的是,天赋人权是一个应然问题,而任何应然问题都不可能是"天赋"(natural)的,而只能是道德的诉求,是人与人在社会交往过程中各自出于最大限度地争夺私利的目的,经过种种斗争与妥协而逐渐磨合出来的。

也就是说,所谓天赋人权,并不是一个事实,而在事实上仅仅是一种追求。在很大程度上,这种追求是为另一个目标服务的,即增进生活的福祉。以法国1879年的《人权宣言》为例,宣言的第一句话就开宗明义地讲道:"代表认为,无视、遗忘或蔑视人权是公众不幸和政府腐败的唯一原因,所以决定把自然的、不可剥夺的和神圣的人权阐明于庄严的宣言之中……"这就是说,天赋人权是被作为解决公众不幸和政府腐败问题的一块基石,或者说是公众用以增进生活福祉的一件工具,或者说是公众的一种联合逐利的手段。

那么,不妨试问一个问题:如果可以达到同样的目的,"君权神授"或

---

[1] [英]哈耶克《自由宪章》,杨玉生等译,中国社会科学出版社,1998:234-236。雷费尔特《法律的根源》的引文转引自该书第235页注②。

[2] 罗素在论述亚里士多德的逻辑学时谈道:"除了逻辑与纯粹数学而外,一切重要的推论全都是归纳的而非演绎的;仅有的例外便是法律和神学,这两者的最初原则都得自于一种不许疑问的条文,即法典或者圣书。"([英]罗素《西方哲学史》上册,何兆武、李约瑟译,商务印书馆,1982:257)

"天赋奴权"是否可以和"天赋人权"获得同样的道德权重？或者，人们之所以抛弃"君权神授"或"天赋奴权"，只是因为它们无法达到与"天赋人权"所可能带来的同等程度的福祉增进？

仅仅在心理学的层面上，"天赋人权"才是一个实然问题，即其源自人类天生的嫉妒或攀比心理。譬如陈胜那句激荡人心的名言"王侯将相宁有种乎"，还有项羽在看到秦始皇车驾之盛时所感叹的"彼可取而代也"，陈胜和项羽虽然看到自己与王侯将相或秦始皇之间的现实悬殊，但显然认为对方所享有的权利自己同样有权享受。

秦始皇所享有的权利之所以不会被卢梭认定为天赋人权，这和"天赋"并没有半分关系。所谓天赋人权，只是私心在博弈中艰难赢得的战利品，是竞争中的人与人一个阶段性妥协的结果，既非自然的事实，也没有任何高尚感可言。

那么，既然天赋人权既是逐利的结果，又是逐利的手段，若它与利益发生了冲突，应当怎么解决呢？譬如有这样一位八旗亲贵，世代包衣，饱受皇恩眷顾，但假定他读过了卢梭的书，又了解美国独立战争的全部经过，深知自己和皇帝拥有同样的天赋人权，他应当何去何从呢？

作为理性人，这个选择并不复杂，无非是权衡自己心里那只天平的两端孰轻孰重。但是，套用迈克·桑德尔的标题："What's the right thing to do？"怎么做才是"对"的，才是在道德上正确无误的？

「三」

信息控制是主人控制奴隶的一项重要的管理技术。一名黑人老者在回忆南北战争之前的奴隶生涯时谈到，像他这样的黑人穷鬼是不许读书识字的，主人说这有助于黑奴们安守本分，但有过一个聪明绝顶的黑人孩子居然学会了读写，他常在地里向同伴们讲解《圣经》，可同伴们没他那么聪明，从来都是随学随忘。[1]

但这不大适宜解释清朝的政治传统，满汉大臣们虽然在阅读范围上分别受到了一些局限，但他们都是当时社会里的精英分子，即便称不上学识渊博，至少也有最基本的文化教养并且见多识广，他们难道真的不曾想过要讨还自己的某些权利吗？

严格辨析起来，人们是否享有天赋人权是一回事，在发现自己的天赋人权遭到侵犯之后是否具有讨还天赋人权的权利，这是另一回事。统治者或许具有这种权利，但人民只有逆来顺受的义务。——令人吃惊的是，这并不是古老的"君权神授"理论的结果，而是康德在1797年基于实践理性原理缜密地论证出来的，从人的自由意志、天赋权利、人不能以人为手段、建设法治社会，推理出"人民有义务去忍受最高权力的任意滥用，即使觉得这种滥用是不能忍受的"[2]。

我们从中似乎隐约看到了色拉叙马霍斯那狂妄的身影，然而不仅康德，黑格尔也紧承其后，论证"德性就是服从政府"。今天的人们并不因为这些论调才崇敬康德和黑格尔，这或许是一件好事。[3]

---

[1] *When I Was a Slave: Memoirs from the Slave Narrative Collection*, edited by Norman R. Yetman, Dover Publications, Inc., 2002：16.

[2] [德]康德《法的形而上学原理——权利的科学》，沈叔平译，商务印书馆，1991：146-148。

[3] 蒙田曾经从功利主义的角度支持对现有的任何秩序的维护，这就间接地支持了康德的意见。在蒙田看来，变革的后果每每比维持原状更坏，所以，"天主教有种种极其公正和实用的标志，但最明显的标志莫过于正确告诫人民要服从统治者，维护他们的统治。上帝的智慧给我们树立了光辉的榜样：上帝在拯救人类并引导人类光荣战胜死神和罪恶时，从没想过要摆脱我们现有的政治秩序，而是让陈规陋俗盲目而不公正地制约这一崇高而有益的事业继续前进，让无数他所宠爱的选民无辜死去；为使这个珍贵的果实渐渐成熟，白白流去了多少时间"（[法]蒙田《蒙田随笔全集》上册，潘丽珍等译，译林出版社，1996：134）。

第三章
高贵的谎言

近年的一大思想主流是自由主义，米塞斯提出过一个行为通则（general theory of choice），被自由主义者奉为典范：任何人的行为都只受到唯一的限制，即不对他人造成损害。穆勒则早在1859年出版的经典之作《论自由》一书中试图确立"一条极为简单的原则"，即"人类获权——无论以个体的还是集体的方式——干涉他们当中任何成员的行动自由的唯一目的，就是自我保护"。[1]依照这样的标准，上述那位八旗亲贵如果真去追求天赋人权，当然会损害到主人的利益。——米塞斯本人不会同意这个结论，因为他的行为通则预设了一个前提，即所有人都已经享有了基本人权，他们在基本权利上是完全对等的。

那么，对于这位八旗亲贵而言，他首先要做的只能是夺回自己的天赋人权，又或者"以直报怨"的准则才是更加可取的——因为他的天赋人权受到了主人的侵夺，所以他应当行使等值的报复。

但是，对利害关系的权衡很可能使他放弃这份努力，从而安心享受做奴才的好处。是的，如果"天赋人权"和"以直报怨"都只是平衡私利的行为，为什么"甘做奴才"的选择偏偏就该受到任何的道德责难呢？——问题在转了一圈之后，又回到了起点。[2]

---

[1] John Stuart Mill, *On Liberty and The Subjection of Women*, Penguin Books, 2006：15-16.

[2] 参考哈耶克的议论："概念混淆的危险在于它会掩盖一个事实——即人们可能投票同意或通过契约成为奴隶，受制于一个暴君，从而放弃原始意义的自由。有人长期自愿为类似于法国外籍志愿兵团的军事组织卖命，有的耶稣会士完全为教团的缔造者的理想而生活，把自己看作'既无智慧、又无意愿的行尸走肉'，诸如此类，便很难说他们享有我们所谓的自由。曾有无数的人投票赞成暴君，从而使自己失去独立性，这一事实或许会使我们明白，能够选择政府并不等于确保自由。进而言之，如果以为人民同意的政治制度，便肯定是一个自由的政治制度，那么我们讨论自由的价值，就毫无意义了。"（[英]哈耶克《自由宪章》，杨玉生等译，中国社会科学出版社，1998：33）

如果我们说，为了利益而牺牲人格，这是可耻的，不道德的。那就有必要追问：为什么做奴才就是牺牲人格呢？卢梭或许会用他那句"人人生而平等"的名言来回答这个问题，并且可想而知的是，他会得到相当广泛的赞同。遗憾的是，这同"天赋人权"一样，只是一个美好的愿望，一个"高贵的谎言"，找不到任何有力的依据。仅仅认为人人"应当"生而平等并不能证明人人"确实"生而平等。

所以，美国《独立宣言》在采信卢梭这一观点的时候，做了一些必要的限定："我们认为下列这些真理是不言而喻的：人人生而平等，造物主赋予他们若干不可剥夺的权利，其中包括生命权、自由权和追求幸福的权利。"首先这观点是"我们认为"的，其次这些权利是"造物主赋予"的，并不来自任何扎实的、学理上的论证。

的确，世界上没有任何一个问题是真正不言而喻的。没有无缘无故的爱，也没有无缘无故的恨，更没有无缘无故的生而平等。

更有甚者，"生而平等"固然论证不出，"生而不平等"的现象却比比皆是。即便抛开出身的不平等，人的天赋、性情也是不平等的。如果我们认同《中庸》这部儒家经典所提出的自由主义式的理念"万物并育而不相害，道并行而不相悖"，认同在不损害他人的前提下每个人可以根据自身的天性自由发展，那么，既然可以存在卡里斯玛型的天生领袖，为什么不可以存在某种类型的天生的奴才呢？

自由主义式的回答是：天生具有奴才禀赋的人当然有权去做奴才，这在道德上没有任何不光彩的地方，只要让渡基本权利的行为是自愿的，这就无可指责。这就意味着，人首先必须拥有天赋人权，然后可以经由自愿原则，把天赋人权让渡出去。（尽管很难想象，权利如果是天赋的［natural］、固有的，又怎么可能被让渡出去。）

那位八旗亲贵就可以采用这样的办法，在求得主人的同意之后完成以下的程序：先把自己的天赋人权争取过来，然后再让渡出去，在自愿的前提下重新投身为奴。——穆勒曾经专门讨论过人有没有卖身为奴的自由，他的结论是否定的：自由原则不能使人拥有放弃自由的自由。[1]在这个问题上我们看到了穆勒感情用事的一面，他的结论并没有足够的逻辑支持。而只要我们甘愿做一个铁石心肠却头脑清晰的人，那么，我们显然没有任何理由认为，八旗亲贵的如此做法违反了自愿原则。

这就意味着，做奴才这件事本身不是什么不道德的事情。当然会有很多人不赞同这个论调，而是认为做奴才有损于人的尊严。出现这种心态并不足为奇，正如迈克·桑德尔举过的一个啦啦队员的例子：凯莉·斯玛特是学校里一名人气很旺的啦啦队员，因为身体的缘故，她只能坐在轮椅上为比赛打气，尽管她做得很出色，但终于还是被踢出了队伍，因为这正是其他一些啦啦队员和她们的父母强烈要求的。

桑德尔推测那位呼吁最出力的啦啦队长的父亲的心态：他既不是担心凯莉占了啦啦队的名额而使自己的女儿无法入选，因为女儿已经是队里的一员了；也不是嫉妒凯莉盖过自己女儿的风头，因为这显然是不可能的。那么最有可能的是，他认为凯莉僭取了她不配取得的荣誉——如果啦啦队的表演可以在轮椅上完成的话，那么，那些擅长翻跟头、踢腿的女孩子的荣耀就会受到贬损。[2]

如果凯莉·斯玛特可以因为这个理由被踢出局外的话，我们似乎有同样的理由鄙视那位八旗亲贵，奴才的存在就是对人类尊严的贬损。

但问题并非如此简单。如果仅仅是贬损人的尊严，并不必然就是不道德的，甚至还会恰恰相反。譬如基督徒奉行谦卑，在神面前极力贬损自己的尊严，越是做到极致的信徒越是容易赢得道德的美誉。

《旧约·撒母耳记下》记载，当耶和华的约柜被运送进城的时候，大卫王为之跳跃舞蹈，他的妻子米甲（扫罗之女）从窗口看到了这一幕，只感觉莫大的羞耻。她语带讥讽，对大卫王说："以色列王今天多么荣耀啊！他今天竟在

---

[1] John Stuart Mill, *On Liberty and The Subjection of Women*, Penguin Books, 2006: 15–16.

[2] Michael J. Sandel, *Justice: What's the Right Thing to Do*, Penguin Books, 2010: 184–185.

众臣仆的婢女眼前,赤身露体,就像一个卑贱的人无耻地露体一样。"但大卫王不以为然道:"我是在耶和华面前跳舞;耶和华拣选了我,使我高过你父亲和他的全家,立我作耶和华的子民以色列的领袖,所以我要在耶和华面前跳舞作乐。我还要比今天这样更卑贱,我要自视卑微。至于你所说的那些婢女,她们倒要尊重我。"——《撒母耳记》的作者显然是褒扬大卫王和贬低米甲的,他继而写道:"扫罗的女儿米甲,一直到她死的日子,都没有生育。"(《撒母耳记下》6:16-23)[1]熟悉《旧约》自然知道,无法生育对当时的女人来说可谓最严厉的惩罚。

中国历史上也不乏同类的事例,以佞佛著称的梁武帝就曾多次舍身佛寺,以帝王之尊甘为"寺奴"。人们往往只是批评他的愚顽,却不大论及这份对舍身为奴的执着是否有伤做人的尊严。

即便是无神论者,他们会嘲讽神的虚妄,却很少会把宗教信徒和奴才画上等号。也就是说,在绝大多数的无神论者看来,即便是侍奉一位被人类自己臆想出来的虚妄的神,在道德上也远远高于侍奉一位有着血肉之躯的主人。

一个耐人寻味的对照是,无论东方还是西方,不卑不亢、恢宏大度自古以来都被看作君子的美德,亦即一个人在道德上应当表现出来的中庸之道。若超过这个标准则是高傲,低于这个标准则是谦卑,高傲与谦卑都不可取。而谦卑,尤其在亚里士多德看来,比高傲更加远离中庸之道,因为它更普遍,而且更坏。[2]

可资对照的是,宋儒李觏对传统儒家的中庸之道提出过另一种意见,认为

---

[1]《研读版圣经》于这一节的注释是:"这里并没有告诉读者米甲没有儿子,是大卫的决定还是耶和华的决定,但看来后者的原因更有可能。"(《研读版圣经》,环球圣经公会有限公司,2008:460)

[2][古希腊]亚里士多德《尼各马可伦理学》,廖申白译,商务印书馆,2003:112-113。

"过犹不及"可以细辨,"不及"可以使人勉励上进,"过"却是无法挽回的。[1]以这样的角度来看,对"不及"的清醒认识会使人抱有谦卑的姿态,这更容易培育美德。

正反两方的说法各有各的道理。在亚里士多德的概念里,高傲即自视过高,谦卑即自视过低,然而在许多宗教信徒看来,人在神的面前无论怎样贬低自己也不会存在自视过低的问题,问题仅仅在于,即便不折不扣地认可这种神与人的悬殊,人的不卑不亢是否仍然可以被看作一种美德,我们是否应该像约伯一样以极尽谦卑的姿态来承受命运的(至少看上去的)不公,[2]还是不妨像尼采一样径将基督徒的谦卑看作一种该当鄙视的奴隶的道德?

若从应然返回实然,我们便会发现,事实上即便在人与人之间,融洽的主奴关系往往也是人们喜闻乐见的。美国在1936—1938年间开展过一个文化项目,走访了大量曾经做过黑奴的老人,记录他们对奴隶生活的回忆。在这些记录里,既有我们意料之中的血泪史,也有一些温暖的、甚至称得上甜蜜的日子。

---

[1] [宋]李觏《杂文·复说》,《李觏集》卷二十九,中华书局,1981:331。

[2] 在《旧约·约伯记》里,约伯是义人的楷模,但撒旦认为,约伯之所以如此虔敬上帝,不过是因为他现在的好生活完全来自上帝的赐福。——撒旦在这里其实提出了一个很严肃的问题,即人对神的虔诚崇拜仅仅是出于利益上的考量,也就是说,信神的理由仅仅因为这样做可以改善自己的生活,看似高尚的信仰只不过出自凡俗的利益动机。如果虔诚的信仰并不能为自己带来利益的话,人便会放弃这份虔诚。面对这大胆的挑战,上帝便对撒旦说:"你可以去毁掉约伯的一切,只是不可害死他本人。"得了上帝的首肯,撒旦便屡屡试探约伯,先是使约伯失去了儿女和财产,然后又使约伯全身长满毒疮,但约伯只是不想活了,却仍然没有对神不敬。《约伯记》直面了一个相当严峻的问题:义人的无辜受难和上帝的全能与公义之间是否存在矛盾?神学家们对这个问题充满热情,较为朴素的一种认识是,上帝的意志尽管有时不能为我们充分理解,但我们仍然应当相信他的全能与公义。

W. L. 波斯特回忆自己的奴隶生涯，说太太是个很好的人，从不允许主人买卖任何奴隶，种植园里也不设监工，总是由年长的黑人来照顾大家。

玛丽·安德森，接受采访的时候已经86岁高龄，她在1851年出生于北卡罗来纳的一座种植园里，父母都是这里的奴隶。玛丽回忆道，这里大约有162名奴隶，大家的伙食不错，衣服也有不少，住的是舒适的两居室。每个星期天都是奴隶们的大日子，大人们去主人的宅子里领取饼干和面粉，孩子们到主人的宅子去吃早饭，每个孩子都能领到足够的水果。如果主人和太太发现哪个孩子吃不下饭或者健康状态不佳，就会留下他来，给他吃饭、服药，直到好转。

后来北方军队打了过来，主人和太太逃走了，奴隶们获得了解放。直到南北战争结束之后的第二年，主人和太太这才坐着马车回来，四处寻访当初的奴隶。每找到一个奴隶，主人和太太都会说："这下好了，回家吧。"玛丽的父母，还有两个叔叔的全家，都跟着主人回去了，越来越多的人回去了。有些人甚至为此喜极而泣，因为他们在"解放"之后的日子过得很苦，连饭都吃不饱。

玛丽·阿姆斯特朗，一位91岁的老奶奶，在接受采访的时候动情地回忆起自己做奴隶时候的温暖时光。日子一开始是相当可怕的，因为太太是个极其凶残的人，有一次因为厌烦孩子的哭声，把玛丽才9个月大的妹妹鞭打致死。

后来小姐嫁了人，玛丽跟着小姐，从此有了新的归宿。小姐很护着玛丽，即便玛丽在愤怒中打伤了太太的眼睛，小姐也坚持不肯交出"凶手"。玛丽回忆道："威尔先生和奥莉薇娅小姐对我很好。我从来不叫威尔先生作'主人'，有外人在场的时候，我就叫他'威尔先生'，私下里我叫他们'爸爸'和'妈妈'，因为正是他们把我抚养成人的。"[1]

融洽的主奴关系甚至连上帝也会为之欣悦。《旧约·申命记》专有一节记

---

[1] *When I Was a Slave: Memoirs from the Slave Narrative Collection*, edited by Norman R. Yetman, Dover Publications, Inc., 2002：1-19.

载对待奴婢的条例，首先规定了同族奴隶的服役期限："你弟兄中，若有一个希伯来男人，或希伯来女人被卖给你，服侍你六年，到第七年就要任他自由出去。"（15:12）如果满了期限之后，奴隶并不愿意离你而去，"他若对你说'我不愿意离开你'，是因为他爱你和你的家，且因在你那里很好。你就要拿锥子将他的耳朵在门上刺透，他便永为你的奴仆了"。（15:16-17）[1]

人做人的奴仆会做到留恋而不愿离开，人做神的奴仆就更会是一件快乐的事。《旧约·诗篇》有这样一句话："当存畏惧侍奉耶和华，又当存战兢而快乐。"（2:11）如果一名虔诚的信徒缺乏了这种畏惧，反而有可能怅然若失。——弗洛姆就谈到过这样一个例子：一名信徒向上帝祈祷："主啊！我是如此地爱您，但并不很惧怕您。让我敬畏您吧，就像您的一位天使一样，他为您充满了敬畏的名字所打动。"[2]

这种人与神的关系可以顺理成章地转变为人与人的关系——圣依纳爵·罗耀拉在一封书信里真诚地写道："我应该期望，我的上级强迫我放弃自己的判断，压制自己的心灵。我不应该区分这个上级还是那个上级……而应承认他们在上帝面前统统平等，他们都代表上帝……我在上级手里，必须成为一块柔软的蜡，一个玩意儿，投其所好，任他摆布……我绝不询问上级要把我派到什么地方，将差我执行什么特殊使命……我绝不认为有什么事务属于我个人，绝不顾及我所用的东西，我就像一尊雕像，任人将衣衫脱去，绝无任何抵抗。"[3]

罗耀拉的信可以看作《致加西亚的信》的加强版，后者作为国内近10年来的超级畅销书，其所传达的价值观不可思议地得到了相当广泛的认同。是的，即便在今天的流行文化里，人与人之间的主奴关系依然大受青睐。不妨以红极

---

[1]《圣经》引文用中国基督教三自爱国运动委员会、中国基督教协会"神"字版，2006。下同，特殊标明者除外。
[2][美]弗洛姆《自为的人》，万俊人译，国际文化出版公司，1988：6。
[3][美]威廉·詹姆士《宗教经验种种》，尚新建译，华夏出版社，2008：227。

一时的韩剧《大长今》为例，剧中的宫女们伺候皇上也完全就是这样的心态，该剧令人咋舌的收视率充分说明了今天的广大观众对此竟然全无恶感。个中缘由，是女性在东方传统里始终被定义为服从的角色。如果以同样的模式拍一部李莲英伺候慈禧太后的电视剧，观众或许不会觉得舒服。

更有甚者，即便在幻想着人人平等、财产公有的空想社会主义者那里，也并不全然排斥奴隶的存在。托马斯·莫尔的《乌托邦》就是这样的："……还有一种奴隶，那是另一国家的贫苦无以为生的苦工，他们有时自愿到乌托邦过奴隶的生活。这些人受到良好的待遇，只是工作重些，也是他们所习惯了的，此外他们如乌托邦公民一样享有几乎同样宽大的优待。其中如有人想离去（这种情况不多），乌托邦人不勉强他们留下，也不让他们空着手走开。"[1]这会使我们联想到当今国际社会上的偷渡客的问题，伟大而充满人文关怀的乌托邦并没有给予偷渡客们平等的公民身份，而是以良好的待遇和相当程度的人身自由役使他们为奴。在莫尔看来，这非但没有一点可耻，反而提升了乌托邦的形象。

从古至今，主奴关系从未受到普遍的排斥，这也就意味着，普遍的平等（权利上的平等）从来就没有成为人们的普遍追求。平等从来都只是平等者内部的平等——这是第九章将要详细论述的。除此之外，相当程度上这是嫉妒心作祟。正如"文人相轻"这句话告诉我们的，文人总是吝于赞美同辈的文人，对前辈，尤其是古代文人，以及其他领域的杰出人士却不乏溢美之词。这当然不是文人独有的心态，而是人类的心理通则，只不过文人往往将之形诸笔墨，才显得尤其醒目罢了。在人神并存的世界里，人与人之间就变成了相对而言的同类小圈子，神的世界则属于"其他领域"。人对神的崇拜引不起其他人的嫉妒，人对人的崇拜却足以令项羽之辈生出"彼可取而代也"的艳羡。

---

[1] [英]托马斯·莫尔《乌托邦》，戴镏铃译，商务印书馆，1996：87。

「四」

我们还可以从另外一个角度切入这个问题：假定那位八旗亲贵在让渡了天赋人权而重新为奴之后，再没有第三个人知道他的存在，而他的一切所作所为也不曾对他自己和他的主人之外的任何人产生影响，那么，他的道德问题又该怎样论定呢？

再假设一个例子：有一个男人在临死之前很想去偷窥一名邻家女生，但他除了是个偷窥狂之外，还是一个自由主义者，所以在决定行动之前先做了一番米塞斯式的权衡。可以确信的是，他的偷窥举动绝对不会被任何人发现，将来也不会被人知晓（因为他马上就要死了），那么，那个邻家女生显然不会因此受到任何的精神伤害，所以偷窥应该是道德上可行的。

我们当然会谴责这种流氓行为，但在此之前，有必要澄清一个前提：我们之所以做出谴责，是因为我们"知道了"他的所作所为，而在事件的设定里，我们是"不知道"的。

发生在2008年的艳照门事件是一个真实的例证，艳照的当事人满足以下条件：成年、未婚、自愿、私密。然而相当主流的公众意见是谴责这些艺人玷污了社会风气。这听上去很没逻辑，但也正是因此才耐人寻味。设若一名艺人在自己家里赤身裸体，做出一些不堪入目的动作自拍收藏，但因为一次意外，照片被某个心怀鬼胎的人散布到社会上，公众会不会对这名艺人做出同样性质的道德谴责呢？

自由主义者所努力捍卫的"私域"在这里被彻底打破了，问题究竟出在哪里呢？

自由主义者当然可以很轻易地将之归因于群氓的头脑不清，但偷窥和八旗亲贵的例子其实也贯串在同一个脉络里，其间的共同点会使我们相当困惑。

若以较为传统的道德观念来看，问题则会简单得多。譬如艳照门事件，艺人们的淫乱行为"本身"就是不道德的,即便那些照片从来不曾公之于世,所谓"君子慎独"是也。[1]与自由主义不同的是,道德在这里不是某种等待被填入质料的计算公式,而是一些很具体、很实在的内容。但接下来才是麻烦所在:如果照片不曾泄露,而我们应用"以直报怨"的原则来寻求公正的话,却找不出受害人来。于是,公正不是无处伸张,而是无从伸张。这就意味着,"道德"和"公正"是可以剥离的,一件不道德的事其实可以是很公正的。那么,惩罚或谴责的依据该从哪里去找呢?

如果仅仅是基于"我们的"道德标准去谴责"他们的"道德标准,这就和基于我们的生活习惯去谴责别人的生活习惯没有什么不同,除非我们坚信自己的道德标准是唯一的。那么,要为道德唯一性寻找坚实的理据,我们的视野只能摆脱凡尘,仰望上天。正如摩西所说:"审判是属乎神的。"(《申命记》1:17)

神的意图在有些问题上相当明确。摩西十诫有告诫"不可奸淫",使徒保罗同兄弟所提尼写信给哥林多的教会说"滥交是败坏善行"(《哥林多前书》15:33)。无论对于道德还是法律,这会给出一种相当简明易行的实践准则。事实上,就连康德这样的伟大哲人也在主张着这样的原则,认为"一切权力来自上帝"是实践理性的一种理想原则,并且可以改为另一种说法:"服从当前立法权力所制定的法律是一种义务,不论它的来源是什么。"[2]

但是,问题当真可以如此简化吗?——这难免使人心生疑虑。2005年,李敖在北大演讲,谈到俄国作家库布林的小说《雅玛》,女主人公是一名当红妓女,但她认为自己依然是个处女,因为她是在用卖淫的钱资助共产党的事业

---

[1]即便在专业学者之中,这种看法也得到过相当程度的支持。摩尔在1903年出版的经典著作《伦理学原理》中就把"淫荡"定性为"实在恶"的一种,认为淫荡在本质上包含着对丑的事物的赞美和欣赏。

[2][德]康德《法的形而上学原理——权利的科学》,沈叔平译,商务印书馆,1991:147。

第三章
高贵的谎言

和俄国的革命,她做的是一项伟大的事业。——那么,滥交依然是"败坏善行"吗?

中国儒家对这类问题会讲经权之别,亦即在原则性和灵活性之间采取一种谨慎而不拘泥的态度。人们很早就意识到,简单的道德训诫根本应对不了复杂多变的现实世界——这就是罗素所谓的:"即便是能够以简单的戒律做出决定,诸如不说谎或不偷盗,这种戒律的正当性证明也只能通过考虑结果得到。人们必须承认,一个诸如十诫之类的行为规范很难是正确的,除非以结果的善恶来确定行为的正当与否。因为在一个如此复杂的世界里,服从十诫不可能总是带来比不服从它更好的结果。"[1]

只是这样一来,我们竟然又返回了先前的棘手局面,除非严格依照字面意义相信"审判是属乎神的",在世俗世界里完全不去判断人的善恶,也不妄图以人类的狭隘智慧来阐释神的旨意与律法。然后,顺理成章地,我们便只能听任正义成为一个悬置的概念了。——但这依然不是问题的终结,因为,神会允许我们这样吗?

---

[1][英]罗素《伦理学要素》,万俊人译,《20世纪西方伦理学经典》第1册,中国人民大学出版社,2003:102-103。

第四章

作为社群主义者的上帝

所多玛城里可能存在的寥寥可数的义人该不该为同城恶人们的罪行负责呢?或者,那些恶人该不该因为义人的存在而受到宽恕?全能的上帝当然有能力实施精确打击,所以他的一体看待的做法一定是有道理的。

「一」

《旧约·诗篇》（82:1）有这样一句话："神站在诸神的会中，在诸神中行审判。"（God hath stood in the congregation of the gods: and being in the midst of them he judgeth gods.）[1]法王路易十四的宫廷教士博絮埃议论道：神所审判的诸神是指国王们以及在国王的威权之下主持正义的法官们。称他们为"诸神"是因为在《圣经》里表示神（God）的词正是表示"审判"（judge

---

[1] 在2008年初版的《研读版圣经》里，这句经文被译作"神站在大能者的会中，在众神之中施行审判"，对"众神"一词有如下注释："这里译作'众神'的希伯来文elohim一字的意思，是较为灵活的。在旧约，此字大多数的用法是代表神自己，因此就译作'神'。在比较少数的情况下，这字用了复数的意义，代表假的'众神'。在此用法中，这个字指向超自然的受造之物，他们行使在天上或邦国之上的权力。虽然最普遍是解作假神（因此与魔鬼有关，而不是与天使有关），但从天使的本质和权柄来看，最少有部分天使的能力可被归类为'众神'。有时候这字也指人间统治者。若干学者把82篇的elohim解作列席于神在天上会议的天使。第二种解释（以自由派学者为主）认为这是指附属于耶和华的异教神祇。但最合理的诠释应把'众神'理解为人间审判官。这种用法是有先例的，例如出21:6，22:8及其后的经文。'众神'的人类本质在6-7节显示出来了。这两节可以这样意译：'你们要像神做审判者，但你们都像世上任何人一样，因为你们都要死。'"（《研读版圣经》，环球圣经公会有限公司，2008：863）

第四章
作为社群主义者的上帝

的词，因此，行使审判的威权来自神的至公，是神将这一威权授予了人间的诸王。使他们配得上"诸神"这一头衔的，是他们在审判时必须站在神一般的超然立场上。……一个人不该凭着怜悯、放纵或愤怒来审判，而只应该凭着理性。在人民中间，正义所诉求的只有公平。[1]

博絮埃仔细分析了这首诗里所表现的上帝对人间执法者"不秉公义""徇恶人的情面"的愤慨，然后把关注集中在诗的最后两句："神啊，求你起来审判世界，因为你要得万邦为业。"博絮埃认为，这是圣灵在这首神圣的诗篇里向我们展示：正义是建立在宗教的基础之上的。[2]

遗憾的是，理想主义总是在冰冷的现实中跌得灰头土脸，历史一再印证着斯威夫特的名言："我们身上的宗教，足够使彼此相恨，而不够使彼此相爱。"——这个现象在现代社会得到了越来越多的重视，表现在大众文化领域，譬如詹姆斯·曼高德在2007年翻拍了一部50年前的西部老片《决斗犹马镇》（*3:10 to Yuma*），描写一名叫作本·维德的匪帮头领在被捕之后的押送过程。在押送第一天的晚餐当中，大家不经意间聊到了杀人的话题，维德和老镖师拜伦针锋相对：

维德："我们应该请教一下拜伦，他可杀过很多人，男女老幼都杀，既杀矿工也杀印第安人。"

拜伦："我杀的人全都罪有应得。"

维德："人所行的，在自己眼中都看为正，唯有耶和华衡量人心。《箴言》第21章。"

翌日天明，维德和拜伦在路上继续互相讥讽，推进了前一天晚上的那个

---

[1] Jacques-Benigne Bossuet, *Politics drawn from the Very Words of Holy Scripture*, translated by Patrick Riley, Cambridge University Press, 1990：259-260.

[2] Ibid., p.260.

正义

从哪里来

话题：

维德："你除了《圣经》之外读过其他书吗？"

拜伦："没那个必要。"

维德对另一名押送者丹·埃文斯说："拜伦看上去很虔诚，可几年前他被人雇用去中部，我亲眼看见他们那群保镖屠杀了32名印第安的女人和孩子。"

拜伦："那些人都是异教徒，射杀铁路工人和他们的家眷，还把他们一个个揪出来扒皮。"

维德："可你们杀的是哭喊尖叫的孩子，都还不到3岁，尸体丢进山沟里。"

维德随即扭头对埃文斯说："我想拜伦一定以为基督不会介意，很明显，基督不喜欢印第安人。"

在影片里，维德是一个颇具绅士风度的匪徒，既熟读《圣经》，亦杀人如麻；老拜伦则是赏金猎人出身，年老之后才做了镖师，对《圣经》有着不亚于维德的虔诚态度。他们的冲突并不是基督徒与异教徒的冲突，今天看来似乎也不难理解。

是的，作为一部商业电影，《决斗犹马镇》完全符合通俗文学的两大特点，一是程式化的叙述，二是明确的价值判断。所谓程式化的叙述，好莱坞电影就是最佳范例，剧本是按照很有限的几种公式编写的，剧情看上去纷纭复杂，其实都是大家熟知的套路，能够很好地迎合观众的心理预期，在"情理之中，意料之中"的潜藏模式下编排出"情理之中，意料之外"的故事。所谓明确的价值判断，武侠小说就是典型，善恶有报，快意恩仇，最能满足读者的道德期待，即便作者安排了某些道德模糊区域，也一定会在主流价值观的大框架里给出明确结局。

所以我们此时很有必要跳出电影之外，将上述对话重新审视一番。那么，匪徒首领和老镖师这一对天敌，谁的行为更接近于对《圣经》的正确理解呢？

妇女和儿童能不能杀？对罪人的惩罚能不能牵累无辜者？上帝对此会怎么做？这些问题，并不像看上去的那么不言而喻。

「二」

迦太基的圣西彼廉教堂里，圣奥古斯丁用《诗篇》（2:10）中的"你们世上的审判官该受管教"作为布道的开场白，继而阐释道："审判尘俗就是驯服身体。让我们听听使徒保罗是怎么审判尘俗的：'我斗拳，不像打空气的；我是攻克己身，叫身服我。'"（《哥林多前书》9:26-7）

圣奥古斯丁的这番布道既有中国先秦"赋诗断章"的风格，又充满了双关意涵和修辞趣味，总之是告诫世人，只有驯服身体才有望走向天国，否则只能"终身吃土"（《创世记》3:14），而那些"世上的审判官"应该追求贞洁，扼制激情，喜爱智慧，克服粗俗的欲望。他们应该受到这样的管教，然后才好这样去做。而这些管教概而言之，就是"当存畏惧侍奉耶和华，又当存战兢而快乐"。（《诗篇》2:11）[1]

在奥古斯丁引述的诗篇里，所谓"世上的审判官"正是博絮埃所理解的"诸神"，只不过奥古斯丁做了特殊的引申，于是我们每一个人都成了自己的审判官。

教会中的虔敬女士们会很容易从中读出"人心中的上帝之音"，甚至连佛教徒都有可能从中产生"因戒生定，因定生慧"的同情的理解，但是，在把正义引入纯然的内省之前，我们有必要参考一下上帝本人是如何在人间主持正义的。

---

[1] *Augustine Political Writings*, edited by E.M.Atkins & R.J.Dodaro, Cambridge Unversity Press, 2001：119-120.

在正义问题上，上帝绝不是一个自由主义者或功利主义者，更不是康德和罗尔斯的信徒，但他的确有可能是一个社群主义者。

从巴别塔的故事来看，上帝很可能并不希望人类社会结成一个统一的文化共同体，而是使其分散成若干个彼此难以沟通的小型社群。[1]在社群内部，每个人的道德责任都是和他人关联的，甚至可能一荣俱荣，一损俱损。

《旧约·创世记》第18章，上帝听说所多玛和蛾摩拉两座城市道德败坏，便带着两位天使打算实地考察一下，以便决定到底要不要毁灭这座城市。义人亚伯拉罕当时正为上帝送行，于是发生了如下一段对话：

> 亚伯拉罕近前来说："无论善恶，你都要剿灭吗？假若那城里有五十个义人，你还剿灭那地方吗？不为城里这五十个义人饶恕其中的人吗？将义人与恶人同杀，将义人与恶人同样看待，这断不是你所行的。审判全地的主岂不行公义吗？"耶和华说："我若在所多玛城里见有五十个义人，我就为他们的缘故饶恕那地方的众人。"亚伯拉罕说："我虽然是灰尘，还敢对主说话。假若这五十个义人短了五个，你就因为短了五个毁灭全城吗？"他说："我在那里若见有四十五个，也不毁灭那城。"亚伯拉罕又对他说："假若在那里见有四十个怎么样呢？"他说："为这四十个的缘故，我也不做这事。"亚伯拉罕说："求主不要动怒，容我说，假若在那里见有三十个怎么样呢？"他说："我在那里若见有三十个，我也不做这事。"亚伯拉罕说："我还敢对主说话，假若在那里见有二十个怎么样呢？"他说："为这

---

[1]《研读版圣经》注释道：这些试图建造通天之塔的人终于"不是取得成就和不朽，而是疏离和分散。早前的亚当、夏娃（3:23）和该隐（4:12）也是被赶走，但这个审判的行动也是拯救的行动；因为人被孤立时，往往会转向神（12:3；徒17:26-27）"（《研读版圣经》，环球圣经公会有限公司，2008：34）。这一解释深得极权政体统治技术的精髓，我们会在秦晖对中国土改问题的研究中看到极其相似的结论，只是神学家会强调"人—人关系"与"人—神关系"不可相提并论。

二十个的缘故,我也不毁灭那城。"亚伯拉罕说:"求主不要动怒,我再说这一次,假若在那里见有十个呢?"他说:"为这十个的缘故,我也不毁灭那城。"

亚伯拉罕巧妙地运用了得寸进尺的心理战术,从他的担心和上帝的回答里可以看出,上帝是把所多玛的全部人民一体看待的,要么玉石俱焚,要么全城保留,并不会对城中特定的恶人实施"外科手术式的精确打击"。[1]

但上帝对选民的要求并非如此。《旧约·申命记》24:16:"不可因儿子的罪处死父亲,也不可因父亲的罪处死儿子;各人要因自己的罪被处死。"《列王记下》和14:6引述这条记载,称之为"这是按照摩西律法书上所写,是耶和华的吩咐",尽管选民们并不曾严格奉行这条律法,而是或多或少地模仿了上帝的株连式的惩恶风格。

有一点值得注意的是,持《新约》信仰的人一般会相信"最终"每个人都会得到公正的审判,或上天堂,或下地狱,泾渭分明,但若仅从文本来看,《新约》重视心灵与天堂的福祉,《旧约》却表现得相当世俗化,上帝的赏赐往往是财富丰饶、子孙繁衍,惩罚则是现实的、肉体上的毁灭——最突出的例子恐怕就是挪亚方舟的故事,上帝对人类的惩罚并不是待他们度过一生之后给以最终审判,而是以一场洪水对人类做肉体上的消灭。

再如《诗篇》第88章,这是一个饱经忧患的人在临死之时吁求上帝的声音,他说"我被丢在死人中,好像被杀的人躺在坟墓里;他们是你不再记念的,与你隔绝了"(88:5),又因为始终不曾获得上帝的垂怜而哀号道:"耶和华啊,我天天求你,向你举手。你岂要行奇事给死人看吗?难道阴魂还能起来称赞你吗?岂能在坟墓里述说你的慈爱吗?岂能在灭亡中述说你的信实吗?你的奇事岂能在幽暗里被知道吗?你的公义岂能在忘记之地被知道吗?"

---

[1]当时的城市规模远较今天为小,五十人已是"一个小城市一半的人口"(《研读版圣经》,环球圣经公会有限公司,2008:47)。

（88:9-12）在罗马人的斗兽场上欣然赴死的早期基督徒们恐怕很难理解，这一诗篇的作者为什么对忧患的生命如此恋恋不舍，又为什么会认为人死之后就无知无觉，不再被上帝记念？

一般来说，犹太教一直坚守《旧约》信仰，只承认耶稣是一位先知，天主教和新教则持《新约》信仰。涂尔干在研究宗教对自杀的影响时谈道：新教徒和天主教徒一样相信上帝和灵魂不灭，犹太教则是灵魂不灭的思想最不起作用的宗教，《旧约》有关来世的信仰是很不明确的。[1]所以，在所多玛事件里，我们有必要在《旧约》背景下理解上帝与亚伯拉罕那一段对话的含义所在。

所多玛城里可能存在的寥寥可数的义人该不该为同城恶人们的罪行负责呢？或者，那些恶人该不该因为义人的存在而受到宽恕？全能的上帝当然有能力实施精确打击，所以他的一体看待的做法一定是有道理的。即便在无神论者看来，这至少反映了《旧约》先民们的道德观念，他们假想出的是一位至公而全能的上帝，所以上帝对所多玛的态度在他们看来一定符合完美的公正。

这就意味着，每个人并不是完全独立自主的个体，至少个人的责任和命运是与共同体的责任和命运紧密结合在一起的——不但"不得不"如此，甚至"应该"如此。

这关乎人的另外一种心理：你接受了某种恩惠，就必须承担相应的责任，尽管给你的这份恩惠并不曾（甚至并不可能）得到你的同意。

最简单的例子，譬如出生到这个世界从来不是任何人自由选择的结果，但父母既然给了你生命，你便理所当然地对父母承担责任——尽管存有些许争议，但这毕竟是千百年来普世性的共识。"我把孩子养育，使他们成长，他们却背叛了我"（《旧约·以赛亚书》1:2），这是连上帝都无法接受的事情。那么，对于父母的罪过，在生育自己之前所犯的罪过，自己"是不是"或者"该不该"承担一定的责任呢？

第四章
作为社群主义者的上帝

自由主义者对这种问题一般都会说"不",但在上帝的眼里,责任是明显具备连带性的。"私生子不可入耶和华的会,他的子孙直到十代,也不可入耶和华的会。亚扪人或是摩押人不可入耶和华的会,他们的子孙虽过十代,也永不可入耶和华的会。因为你们出埃及的时候,他们没有拿食物和水在路上迎接你们,又因他们雇了美索不达米亚的毗夺人比珥的儿子巴兰来诅咒你们。……不可憎恶埃及人,因为你在他的地上做过寄居的。他们第三代子孙可以入耶和华的会。"(《申命记》23:2-8)

亚扪人和摩押人的子孙因为祖先的过错而永远地成为上帝的弃民,这对原罪理论是一个很好的注脚。自由主义者不会认同这样的道理,但自由主义的基督徒,如果他们接受奠基于圣奥古斯丁并在今天被定为正统神学的原罪理论,并且对信仰足够真诚的话,那就必然会踏进一个两难的处境:何止是父母的罪过,就连人类始祖的罪过都是担在我们每个人肩头的。

生活在21世纪的我们凭什么要为远远生活在山顶洞人、元谋人之前的人类始祖的过错负责?但是,无论在基督教的理论体系里,还是在现实世界本身,这首先不是一个应然问题,而是一个实然问题。这个责任即便我们不想担,即便认为不应该担,但它实实在在地就担在我们每个人的肩上。

「三」

无神论者可以从这个角度来理解问题,即人类始祖给了我们生命(尽管未经我们同意),所以我们有义务担负他们的罪过。当然,自由主义者也可以坚持自己的立场,只要他们能够保持道德一贯性。也就是说,我可以拒绝为我没做过的事情负责,但我应该同样拒绝为我没做过的事情享受福利。

美国历史频道在2010年4月推出了一部制作精良的纪录片《美国:我们的

故事》（*America: The Story of Us*），片头有这样一段解说词："我们是一片多民族的土地，我们是新世界的探索者，我们是聚在一起的普通人，我们渴望自由，为此甘冒一切风险。我们有勇气去梦想不可能的事情，并且使之成真。我们坚守自己的立场，义无反顾地向命运发起冲锋。"——值得注意的是，这段话在修辞上有意混同了作为美国开拓者的"他们"与作为美国现代观众的"我们"，如果站在自由主义的立场，当代美国人显然不应该僭越祖先的这份荣耀，正如从未拥有过黑奴并坚决反对奴隶制度的当代美国人不应该对祖先的历史过错做出道歉或赔偿。

这是一个相当具有普世性的问题，譬如今天的中国人为大汉皇帝高唱赞歌。尽管此人血缘意义上的祖先也许在汉代饱受皇帝的欺凌，过尽了猪狗不如的日子，然而时间却使得两千年前的铸成丰功伟绩的皇帝被认同为祖先，因为这不但有助于增进当下的民族认同，更会为个人带来出身上的优越感。那么，在公平的原则下，我们在享受祖先给我们带来的历史荣誉感的同时，理当同时承担下来祖先所犯的过错，并且想办法做出弥补。我们和祖先，构成了一种时间上的共同体，就像亚扪人或摩押人的子孙和他们的犯错的祖先构成了一种时间上的共同体一样。

时间共同体和空间共同体共同影响着、塑造着我们每一个人，地域歧视就是最显著也最令人厌恶的一种表现。在不同的人际交往的范围里，你会因为自己是一名上海人、中国人、亚洲人而受到不同程度的尊敬或歧视，其理由完全与你个人无关。人们会根据你所在的共同体的特点来给你做出初步评价，更有甚者，如果他们完全不了解你的共同体背景，通常会产生更严重的歧视。

这是人类固有的心理机制使然。我们在欧洲地图上，譬如中世纪绘制的 *Mappa Mundi*，会看到在欧洲的文明世界以外，都是一些《山海经》式的神奇国土；而在2010年成为新闻事件的那幅中国清代的《天下全舆总图》上，若干个"食人国"无辜地散布在世界的边缘。无论如何，正如米尔恰·伊利亚德在考察过世界各地的先民之后所做的结论："'我们的世界'总是在世界

第四章
作为社群主义者的上帝

中心。"[1]

这首先是一个实然问题,无论是时间共同体还是空间共同体,都实实在在地给了我们正面或负面的精神遗产,我们也实实在在地背负着这些遗产继续自己的生活,而不管我们本人会是多么极端的自由主义者,也不管我们本人愿不愿意。

如果不考虑神意,人们在考虑这类问题的时候只要自我一致就好,即接受正面遗产的时候不可拒绝负面遗产,反之亦然。但实情从来不是这样,心理学家用自我归类理论(Turner, Hogg, Oakes, Reicher & Wetherell, 1987)解释了当个人自觉地把自己归入某一个社会群体时,就会自然分享该群体的荣誉与耻辱,即便自己并未参与到那些引发荣辱的事件当中;社会认同理论(Tajfel & Turner, 1986)则用以解释人们为了维护正面的群体形象,会采取各种策略以降低该群体的负面信息对社会认同的威胁,让自己感觉"好过一点"——中国传统观念中的"为尊者讳,为亲者讳"所表现的就是这样的情况。

所以,对正面与负面的遗产同等地接受,这虽然合理,却并不合情,因为这实在有违人类天然的心理机制,尤其是让我们对自己从来没做过的、也全然反对的坏事负责,毕竟很难心服,特别当这责任过于重大的时候。

所多玛的义人们——假定有9个,刚刚突破上帝承诺亚伯拉罕的最低限度——如果他们听到了上帝和亚伯拉罕的那段对话,并且等待着所多玛注定的毁灭,他们会不会心服呢?

我想,即便是社群主义者,譬如麦金泰尔和桑德尔就在那9人之列的话,应该也不会毫无怨言地接受这一池鱼之灾的,这个结果也许只有借助《旧约·约伯记》才能勉强令人心安了。

---

[1]参见[罗马尼亚]米尔恰·伊利亚德《神圣与世俗》,王建光译,华夏出版社,2002:11-19。

「四」

上帝在人间主持正义，对连带责任的追溯范围既包括空间共同体，也包括时间共同体。在后者的意义上，除了人类始祖被逐出伊甸园，从而使子孙后代在伊甸园外的险恶世界辛苦生存之外，在律法上也有明确的体现。摩西十诫里关于禁拜偶像的戒律是："不可为自己雕刻偶像，也不可做什么形象仿佛上天、下地和地底下、水中的百物。不可跪拜那些像，也不可侍奉它，因为我耶和华你的神，是忌邪的神。恨我的，我必追讨他的罪，自父及子，直到三四代；爱我、守我诫命的，我必向他们发慈爱，直到千代。"（《出埃及记》20:4-6）

最切近的典型事例就是《出埃及记》里上帝对待埃及人的态度，一方面施展神迹威胁埃及法老，逼他答允摩西带领以色列人出境的要求，一方面又"使法老的心刚硬，不容以色列的人出离他的地"。在所有的神迹里，最令人印象深刻的是12:29-30："到了半夜，耶和华把埃及地所有的长子，就是从坐宝座的法老，直到被掳囚在监里之人的长子，以及一切头生的牲畜，尽都杀了。法老和一切臣仆，并埃及众人，夜间都起来了。在埃及有大哀号，无一家不死一个人的。"

如果有可能的话，孔子一定会质疑上帝："您的惩罚是不是太严厉了，甚至远远超过了中国法家的连坐政策。"我们已经知道，孔子对德与怨都主张给以等值的回报，所以这样看来，孔子更像一名自由主义者，而上帝则站在了社群主义的一边。即便从无神论的角度来看，上帝的价值观完全就是以色列先民的价值观，在以色列的先民看来，一个人的罪过可以使整个民族为之受罚，就连牲畜都要受到牵累。他们对"群己权界"的认识和近现代完全不同，却未必得不到近现代社会理论的支持。

如果我们找一个功利主义者来做裁判，比如边沁，他肯定会支持上帝，因为从功利主义的角度来看，孔子的"以直报怨"的主张虽然看似公平，其实却是有所偏袒的，而偏袒的恰恰是坏人。也就是说，如果我们实行"以直报怨"

的伦理，一定会鼓励犯罪，使社会变得越来越动荡不安。

譬如孔子的钱被人偷了，抓到这个小偷之后，如果只是等值地索回损失，也不过是把被偷的钱如数讨回。对于小偷而言，最好的结果是带着赃物全身而退，最坏的结果也不过是把钱全数退回，除了时间成本之外不承担任何损失。那么，假设小偷被捕的概率是9/10，这就意味着那1/10次的偷窃所得会成为他基本稳定的净收入。所以，除非孔子所在的社会里，任何一起窃案都会破获，任何一笔赃款都会被如数追回，否则就是在制度上鼓励了人们去偷窃。

当然会有人争辩说，仅仅全数的赃物并不足以补偿失窃者的全部损失，譬如孔子会因为失窃而陷入一种焦躁不安的情绪，这种精神上的损失也必须被计算在内。但是，即便精神损失可以被精确计量出来并追加到小偷身上，但小偷完全可以因此改变策略，专门找富人去偷。一般来说，赤贫的人更容易沦为小偷，富有的人对微小的金钱损失一般也不太在意，这就意味着，富人在丢掉一个钱包之后，所遭受的精神损失通常不会太大，这对小偷来讲绝对是一种值得去冒的风险。

由此我们看到，"以直报怨"的原则仅仅诉求当事人之间的公正，而在改善社会风气这一功利主义的目的上表现欠佳。要想阻遏人们的作恶企图，震慑性的惩罚显然是至关重要的。上帝在人间主持正义，所行使的常常就是震慑性惩罚。从这一点上来看，上帝的道德观念除了社群主义倾向之外，还具有功利主义倾向。在此，"正义"再一次与"公平"分道扬镳，罪与罚不应该等值，这被看作理所当然的道德观念。

在人类第二代始祖的故事里，该隐杀了兄弟亚伯，受到了上帝的惩罚。但这惩罚并不是简单地以命抵命，而是另外一种似乎也构成罪罚等值的方式："你兄弟的血有声音从地里向我哀告。地开了口，从你手里接受你兄弟的血。现在你必从这地受诅咒。你种地，地不再给你效力，你必流离飘荡在地上。"

但该隐认为责罚太重，于是，"该隐对耶和华说：'我的刑罚太重，过于我所能当的。你如今赶逐我离开这地，以致不见你面。我必须流离飘荡在地上，凡遇见我的必杀我。'耶和华对他说：'凡杀该隐的，必遭报七倍。'耶和华就给该隐立一个记号，免得人遇见他就杀他"。（《创世记》4:13-16）

这是《圣经》里的第一则震慑性惩罚的案例，它同时还透漏出这样一个信息：该隐虽然犯下了杀人的恶行，但人不可以惩罚他，只有上帝可以。——这种精神在《新约》里得到了加强，《罗马书》12:17："不要以恶报恶。"12:19："亲爱的兄弟，不要自己申冤，宁可让步，听凭主怒（或作'让人发怒'）。因为经上记着：'主说，申冤在我，我必报应。'"

约瑟的故事便很有力地佐证了这个观点。《创世记》记载，敬奉上帝的雅各生有12个儿子，但他独爱约瑟，这引起了其他儿子的嫉妒，他们终于瞒着父亲陷害了约瑟，致使约瑟被卖到了埃及。但约瑟因祸得福，做了埃及的宰相，救人无数，还在大饥荒的机缘中泯灭前仇，把全家人接到了埃及。后来雅各去世，约瑟的哥哥们生怕约瑟会无所顾忌地报复自己，但约瑟对哥哥们说："不要害怕，我岂能代替神呢？从前你们的意思是要害我，但神的意思原是好的，要保全许多人的性命，成就今日的光景。"

这就意味着，人对人施加的暴行很可能是上帝为了一个更大的安排而打下的伏笔，因此受害者便不该报复施害者。使徒时代的许多基督徒确实是这么做的，面对迫害不申辩、不反抗，以殉道为荣。[1]（在斗兽场里从容就义绝对不

---

[1] 一般来说，任何教派在发展初期总是非常虔诚的，对信仰与戒律采取一丝不苟的态度。房龙以极有文学色彩的笔调这样描写过再洗礼派的信徒："耶稣曾告诉过追随者，遭敌人打时，要把另半边脸也转过去让他打，持剑者必死于剑下。对再洗礼教徒来说，这意味着绝对的命令，不许使用暴力。……他们拒绝应征，拒绝扛枪。当他们因为主张和平主义而被捕时，他们总是心甘情愿地接受命运，背诵《马太福音》第31章第52节，直到以死亡结束他们的苦难。……耶稣教导说，上帝的王国和恺撒的王国大相径庭，彼此不能也不应该融合。很好，说得一清二楚。据此，所有的好的再洗礼教徒都小心地避开了国家的公职，拒绝当官，把别人浪费在政治上的时间用来研究《圣经》。耶稣告诫他的信徒不要丧失体面去争吵，再洗礼教徒便宁可丧失财产所有权，也不向法庭提出异议。"（[美]房龙《宽容》，迮卫、靳翠微译，三联书店，1998：241-242）

· 第四章 ·
作为社群主义者的上帝

是一件轻松的事情，今天的读者不妨从显克微支的小说《君往何方》的第3部第15章里感受一下那种惊心动魄、毛骨悚然的血腥场面。）

而且在《罗马书》的下文里还提出了这样的观点："在上有权柄的，人人当顺服他；因为没有权柄不是出于神的，凡掌权的都是神所命的。所以抗拒掌权的，就是抗拒神的命。……所以你们必须顺服，不但是因为刑罚，而是因为良心。"（13:1，2，5）正义仍然由上帝主持，只不过交给人间的掌权者代理执行，所以人们才有服从的义务。

当然，这种致命的忍从主义并不被太多的人认真信从，尤其在《旧约》传统里。就在该隐事件之后，该隐的五世孙拉麦对自己的两个妻子讲过这样一段话："壮年人伤我，我把他杀了；少年人损我，我把他害了（或作'我杀壮士却伤自己，我害幼童却损本身'）。若杀该隐，遭报七倍；杀拉麦，必遭报七十七倍。"（《创世记》4:23-24）

这一段"拉麦之歌"被称为史上最早的诗歌，除了前两句因为诗歌语言的歧义性而不易确解之外，后两句的意思却明确得很。拉麦虽然没有给出"必遭报七十七倍"的理由，但既然与"若杀该隐，遭报七倍"相承，显然认为这是一种正当的诉求。

法律该不该具有震慑性，想来在这个问题上很少有人会提出质疑，但道德该不该具有震慑性呢？如果道德也需要震慑力的话，自然容易对那些遭受道德谴责的人不够公平。那么，有失公平的道德虽然在现实世界中无往而不在，但它能够成为一种理想的道德范式吗？

支持震慑性惩罚显然是一种功利主义的态度，并非诉诸公平，而是出于维护社会秩序之类的目的。恶是有蔓延力的，这是古往今来的一种普世性的观念，所以才有斩草除根、除恶务尽的必要。商王盘庚在准备带领殷民迁都的时候发布了一篇诰令，即保存在《尚书》中的《商书·盘庚》，其中以很严厉的语气讲道："乃有不吉不迪，颠越不恭，暂遇奸宄，我乃劓殄灭之，无遗育，无俾易种于兹新邑。"大意是说，如果有人不善良，不走正道，猖狂违法，态度不恭，欺诈奸慝，为非作歹，那么我就会把他们杀掉，斩草除根，不使他们在新迁去的都邑里繁衍后代。《左传·哀公十一年》，吴王夫差准备攻打齐国，越王勾践前去朝见，慷慨地派送礼物。吴国人都很高兴，只有伍子胥既忧且惧，劝谏夫差一定要把越国这个心腹之患彻底铲除。在劝谏的言辞里，伍子胥就引用到《商书·盘庚》这段话，说这正是殷商得以兴盛的原因，而夫差背道而驰，恐怕后果堪虞。

在这里，盘庚和伍子胥都是把国家兴盛当作第一目标，而公平显然会对这一目标的实现构成阻碍。如果我们把"国家兴盛"和"公平"分别看作两项"正义"的内容的话，那么"正义"显然是分大小、分层级的，较小的、较次要的正义原则被认为应当屈从于较大的、较主要的正义原则。

这是一种结果主义的思维方式，绝大多数人在实际生活当中都或多或少地遵循着这一原则。它会导致一个颇不易回答的问题：牺牲无辜者的生命以维护集体利益，这样做是正义的吗？

「五」

《旧约·士师记》有一则涉及牺牲的故事，是说以色列的统帅耶弗他准备攻打亚扪人，于是向耶和华许愿，说只要耶和华帮助自己取得胜利，那么当自己平安归来之后，就会把家里第一个出来迎接自己的人当作燔祭献给耶和华。令耶弗他万没想到的是，战胜归来之后，第一个出来迎接自己的竟然就是自己最爱的独生女。就在耶弗他左右为难之际，女儿却深明大义，勇敢地献出了自己的生命。（《士师记》第11章）

这个故事曾经让神学家们颇感为难，于是引出了许多巧妙的解释，甚至有人执意认为耶弗他并不曾把女儿献为燔祭。[1]若从世俗的角度来看，牺牲一个无辜者的性命来保障整个部族的一场至关重要的军事胜利，这也许算不得什么错事。甚至还有霍布斯这样的哲学家，以这个例子来说明一位主权君主是有权利处死他治下的无辜臣民的。霍布斯的理由是："主权代表人不论在什么口实之下对臣民所做的事情没有一件可以确切地被称为不义或侵害的；因为每一个臣民都是主权者每一行为的授权人，所以他除开自己是上帝的臣民、因而必须服从自然律以外，对其他任何事物都绝不缺乏权利。于是，在一个国家中，臣民可以而且往往根据主权者的命令被处死，然而双方都没有做对不起对方的事。"[2]

当然，除了君主们，恐怕没人愿意接受这样的论调。

---

[1]可以参考《研读版圣经》的注释内容：虽然他许了愿，但大多数解经学者仍然认为耶弗他的行为不当。这问题很复杂。律法书（利18:21,20:2）和先知书（耶19:5；结20:30-31,23:37-39）都谴责把儿童献为祭之举，特别是在拜偶像的背景下进行。的确，这种应该谴责的习俗，正是耶弗他的敌人敬拜假神基抹时的可怕仪式（见21节）。不过，以色列人的律法也要求人把每个头生的孩子和牲畜都献给神。大多数头生的牲畜会被献为祭，但头生的孩子则要被赎出来（出13:2,12~15）。为孩子献上救赎之祭时可以用替代品，显示这种做法的背后有童祭的观念。神接受献人为祭这个观念，最清楚的例子莫过于耶稣在十字架上的牺牲。耶弗他的行为，一定要用律法对许愿的规限来判断。除了少数例外的情况，轻率的许愿（民30章），甚至在受蒙骗之下所许的愿（书9章）都要兑现。我们难以准确知道耶弗他有什么选择。或者他可用另一种祭品来赎回他的女儿，但他这样做显然会受到指摘。不过，如果不这样，他不智的许愿，就会令他处于两难的情况：或是献上有问题的祭；或是违反向神许的愿……有些解经学者认为，耶弗他没有将女儿献为祭，只是把她奉献给耶和华。这段经文虽然写得巧妙，但最好的解释仍然是：耶弗他把女儿当作燔祭献上。问题不在于守独身，而是成为牺牲。（《研读版圣经》，环球圣经公会有限公司，2008：365-366）

[2][英]霍布斯《利维坦》，黎思复、黎廷弼译，商务印书馆，1986：165。

古希腊悲剧作家欧里庇得斯写有一部《奥立斯的伊芙琴尼亚》，同样血淋淋地提出了这个有关牺牲的问题。伊芙琴尼亚是著名的特洛伊战争中希腊联军统帅阿伽门农的爱女，本来无忧无虑的生活突然遭受了一场无妄之灾。事情的起因是，阿伽门农在率军讨伐特洛伊的途中，无意间冒犯了女神阿耳忒弥斯，女神在震怒之下，止住了奥立斯港的最后一丝微风，迫使联军舰队无法出航。神职人员告诉阿伽门农，只有用伊芙琴尼亚献祭才能平息女神的愤怒。阿伽门农当然舍不得女儿，但征伐特洛伊的国家大事也不能中断。正在两难之中，众将士以反叛相胁，阿伽门农只得牺牲了女儿。女神平息了怒火，联军舰队终于顺风顺水地驶向了特洛伊。

两千多年以后，在1843年出版的《恐惧与颤栗》里，存在主义哲学家克尔凯郭尔借伊芙琴尼亚的故事来说明世俗伦理，将那位忍痛牺牲爱女的阿伽门农称为"悲剧英雄"，推尊为世俗伦理的最高形式。

在克尔凯郭尔看来，所有的人都会理解并尊重阿伽门农，"女儿俯首垂泪揉碎了父亲的心灵，父亲转过脸去伤痛欲绝，但是，英雄必须拔出刀子。当此消息传到这位父亲的家乡，美丽的希腊少女们会感到极为惭愧；而如果那位女儿已经订婚，她的对象会为分担了她父亲的行为感到自豪，而不是愤怒……"[1]

我们当然可以质疑克尔凯郭尔的想象力是否过于丰富，但这在当下的话题里并不重要，重要的是，假定克尔凯郭尔的所有描述都是真实不虚的，我们应该怎样评价这件事里所蕴含的道德价值呢？并且，千万不可以忽略，伊芙琴尼亚可否甘愿为了希腊联军的雄图大业献出自己青春的生命呢？

"自愿"是自由主义的重要原则，相应的例子我们可以举梅特林克的戏剧《莫纳·瓦纳》。莫纳·瓦纳是比萨司令官的妻子，当时的比萨正被佛罗伦萨

---

[1][丹麦]克尔凯郭尔《恐惧与颤栗》，刘继译，贵州人民出版社，1994：34。

的雇佣兵围攻,眼见不支,雇佣军统帅借机提出了一个停战条件:让美丽的瓦纳单独到自己的军营里过上一夜。虽然面临的也许是比伊芙琴尼亚的遭遇更加难挨的危险,但为了全城的安危,瓦纳终于还是如约动身了。

瓦纳的选择是不是自愿的呢,是不是一种自由选择呢?这在自由主义的阵营里会是一个争议的话题,因为反对者可能会说,瓦纳的选择是一种在他人胁迫之下的选择,是被迫而非自由选择。那么我们不妨想象一位遭遇打劫的可怜人,如果他能够在"要钱还是要命"之间做出选择,这会是一种自由选择吗?

问题的性质似乎有可能会因人而异,譬如孟子应当会认为这是一种自由选择,那么站在孟子的角度,或者问题可以这样来问:任何"两害相权取其轻"的选择是否都和"两利相权取其重"的选择属于同等性质的自由选择呢?

接下来的问题是,如果莫纳·瓦纳拒绝赴约,这会给她带来任何道德瑕疵吗?这就主要取决于社群氛围了。设若在功利主义者的考虑里,任何一位莫纳·瓦纳或伊芙琴尼亚即便心不甘、情不愿,那又有什么关系呢?

· 第五章 ·

从奥米拉斯的孩子到巴厘岛的王妃

许多人吃肉，不觉得这有什么不道德的。即便是宣扬三世因果、六道轮回的佛教徒，也只会说吃肉是你在造恶业，会使你在轮回之中饱尝恶果——这关乎你的切身利益，但无关于你的道德。而诺齐克为我们设想过这样一种境况：有某些比我们高级得多的外星人（譬如他们和我们的差别至少不小于我们和牛的差别），为了自身利益准备杀掉我们，这是否也不存在道德问题？

「一」

1973年，勒昆发表了一部幻想题材的短篇小说《走出奥米拉斯的人》，描述了一个叫作奥米拉斯的乌托邦，每个人在那里都过着人间天堂的日子，也都会在懂事之后被告知这座城市里的一个不太光彩的秘密：奥米拉斯所有生活福祉的存在（甚至包括清澈的蓝天和清新的空气），都有赖于一个被藏匿起来的孩子。这孩子被封闭在城里一个肮脏污秽的角落，饱受虐待和忽视，整日见不到一丝阳光。但如果我们把这孩子带到阳光之下，爱护他，关照他，那么奥米拉斯所有的福祉都会烟消云散。

桑德尔的《正义》引述了勒昆的这个故事，把它作为反对功利主义的一则生动鲜活的例证，认为反对边沁式的功利主义的人们会诉诸基本人权（fundamental human rights）以拒绝奥米拉斯的幸福生活。[1]

事实上，在勒昆的小说里，的确有一些人默默地离开了奥米拉斯，没有人知道他们走向了哪里。但是，不管他们最后去了哪里，可以肯定的是，他们再也找不到一个像奥米拉斯这样的人间天堂。他们也许根本就走投无路，但勒昆写到，这些离开了奥米拉斯的人"很清楚自己走向何方"。[2]

---

[1] Michael J. Sandel, *Justice: What's the Right Thing to Do*, Penguin Books, 2010：40–41.

[2] Ursula K. Le Guin, *The Ones Who Walk Away from Omelas*, New Dimensions 3.

第五章
从奥米拉斯的孩子到巴厘岛的王妃

面对奥米拉斯的问题，也许很多人都会选择离开，尽管每个人都很清楚，自己的离开不会对那个可怜的孩子有任何的帮助，对奥米拉斯的居民们也产生不了多大的影响，唯一的实际后果就是使自己的生活变差。自己的离开只是一种表态，一种代价惨痛的表态，这就是原则主义的生活态度。

在小说里，勒昆对那个无辜孩子的生活处境的不惜篇幅的描绘足以使任何一颗善良的心抑郁许久，但如果我们抛开艺术的感染力不谈，假定那孩子仅仅忍耐着轻微的痛楚，故事的结局又会如何呢？

可想而知，会有更多的人心安理得地继续在奥米拉斯生活下去，他们或许仍然会认识到，加诸那个无辜孩子身上的不幸，无论是惨绝人寰的悲剧还是微不足道的小小不适，都使自己的生活在道德上有了瑕疵。

就小说的艺术而言，勒昆的这个故事属于典型的观念先行的作品，或许会使那些怀有纯文学兴趣的读者感到不快。其先行之观念取自实用主义哲学家威廉·詹姆士，后者在1891年向耶鲁哲学俱乐部的一篇致辞里谈道："假若给我们这样一个世界，足以胜过傅立叶、贝拉米和莫里斯所描述的乌托邦的世界，所有人都可以永远过上幸福生活，但是有一个很简单的条件，那就是必须要有某个人做出牺牲，自己去世界的边缘独自忍受孤独的折磨。"[1]

这的确是一个很有挑战性的问题，它不仅挑战了边沁式的功利主义，甚至还可以拿来对罗尔斯的"无知之幕"发出质疑：威廉·詹姆士所设计的这个条件，任何一个理性的人在"无知之幕"之下都应该投票选择的，虽然自己有可能成为那个不幸的牺牲品，但理性人（或许康德除外）不应该考虑小概率事件，换句话说，这个风险是值得冒的。只是，这样一个世界，难道不是一开始就存在着道德瑕疵的吗？如果让康德来看，这算不算"以人为手段"的不道德的行为呢？

然而更加耐人寻味的是，奥米拉斯的居民是因为"发现"了这个残忍的事

---

[1] William James, "The Moral Philosopher and the Moral Life," *International Journal of Ethics*, April 1891.

实而良心不安，而在无知之幕下签订一个缔结奥米拉斯社会的契约却可以使人们心安理得地享受奥米拉斯的幸福生活，再也不会对那个牺牲者怀有任何的愧疚——因为他只是"中了彩票"，而每个人事前都自愿地投了注。

这看上去相当公平，但是，我们可以说每个人基于这一契约而享有的幸福生活是道德的吗？——公平，但未必道德，甚至并不是真正的幸福，因为至少在康德看来，奥米拉斯居民所享有的幸福并不与他们的德性匹配，而任何不基于德性的幸福都是毫无价值的。当然，奥米拉斯的幸福新居民们想来不会有太多人在意康德这种过苛的幸福标准，只是径自心安理得地享受着不幸福的幸福。

「二」

在历史上，确实有一个人的身世像极了奥米拉斯那个可怜的孩子，他就是六世达赖仓央嘉措。

1702年6月，年届弱冠的仓央嘉措在浩浩荡荡的僧团护送下离开拉萨，前往日喀则的扎什伦布寺。按照计划，他将在那里为全寺的僧众讲经，然后将由五世班禅罗桑意希为他授比丘戒。这是一个按部就班的仪式，没有人想过会出什么岔子，然而，就在所有人最最期待的目光之下，仓央嘉措先是拒绝讲经，随后甚至连受戒都拒绝了。

更有甚者，仓央嘉措不但拒受比丘戒，连以前受过的沙弥戒也请五世班禅收回，他就在扎什伦布寺，在五世班禅和所有德高望重的黄教僧侣面前提出了一个令人震惊的要求：还俗。

在西藏的佛教传统里，达赖活佛虽然是宗教之王，但同时也是世俗之王，之所以如此，是由达赖的真实身份决定的：达赖活佛轮回转世，到了仓央嘉措是六世达赖，这就意味着从一世达赖到六世，以至于万世达赖其实都是同一个人，在藏人的观念里，这个人就是观音菩萨。

藏地的观音信仰与汉地迥然不同：早在吐蕃时代，观音菩萨化身为赞普，以王权推行教化，而在吐蕃的时代终结之后，观音菩萨又化身为历代达赖活佛，把王权和教权合并在了一处。在藏人的心中，达赖活佛既然是观音的化身，自然要担负起调伏雪域众生的责任，而要负起这个责任，自然要像前代赞普那样握有至高无上的王权。这种独特的观音信仰，正是古代藏民政教合一的思想基础。

以现代的世俗眼光来看，仓央嘉措只是一个任性而毫无心机的大孩子，而以当时当地的眼光来看，仓央嘉措贵为六世达赖，哪怕最微小的举动都会引起广泛的牵连，何况是还俗这等天大的事情呢。

如果仓央嘉措真的还俗了，黄教必将面临有史以来最大的一次信誉危机，从五世班禅到三大寺的长老将无法向全藏的信众交代，敌对势力噶玛噶举派必将以此为口实兴风作浪，夺取黄教的独尊地位，从此多少寺院将遭到陵夷，多少僧侣将四处沦落，这完全是可以预见的事情。

在年轻的仓央嘉措看来，要求还俗不过意味着解放那些从古到今的政教领袖加诸自己身上的重重束缚，从此可以在广袤的蓝天下，而非布达拉宫那被砖石砌死的狭窄视域里自由地唱出妙音天女的欢歌与悲歌，从此可以随性去爱，随性去恨，随着季节的变迁去浪迹天涯，随着心情的起落去饮酒作歌……这才是他的真实性情，是人们心中那个作为浪子和诗人的仓央嘉措。但是，从他被选定为转世灵童的那一刻开始，他的生命便不再属于自己，他注定要过一种没有选择的人生，尽管那样的人生崇高而尊贵。

矛盾就在这里：他们需要一尊神，而他只想做一个凡人。用一句文学语言来说："诸神把世界托付给了他，他却只想要回他自己。"

可以说，仓央嘉措身上负担着全部藏地的兴亡荣辱，从这个意义上讲，他必须把活佛的角色好好地扮演下去；但对他自身而言，似乎除了诗酒风流之外，一切都是不可忍受的痛苦。正是这样的冲突感使他的人生笼上了浓重的悲剧色彩，使后世的人们寄予他无限的同情。但是，仓央嘉措怎样做才是对的呢，那些用尽一切办法阻止仓央嘉措还俗的人难道做错了吗？

「三」

真实的世界的确复杂得多，牺牲少数人以维护多数人利益，这在很多人看来都不仅是可以接受，甚至是应当如此的，尤其当涉及不计私利的"高尚的牺牲"的时候。

比如说，战争中的杀俘问题。战俘有没有权利，这是一个很令人纠结的问题。离开奥米拉斯的人们认为奥米拉斯的幸福生活建立在践踏那个无辜孩子的基本人权之上，所以宁可抛弃现成的幸福。但是，战俘是不是无辜的呢？

可想而知的是，战俘当中必定有无辜者的存在，哪怕为数甚少。但忙于作战的部队不可能花费大量的人力物力去做巨细靡遗的甄别工作，何况战争中伤及无辜总是在所难免。那么，在无力甄别战俘的情形下展开杀戮，这是不是一种"故意"的杀害无辜的行为呢？那么，更进一步，故意屠杀敌国的平民，这在道德上是可以接受的吗？

丘吉尔回忆1945年7月17日的下午，他突然收到了美国原子弹试爆成功的消息，随后，杜鲁门总统邀他一同商量对日作战方针，并决定对日本本土实施严厉的空袭。丘吉尔对冲绳之战的结束场面记忆犹新，那个时候，走投无路的日军拒不投降，先是军官们在庄严的仪式中切腹而死，随后，成千上万的日军排成队列，用手榴弹自尽而亡。

所以，丘吉尔和杜鲁门都预料到，和具有武士道精神的日军正面交锋，会造成英美军队巨大的人员伤亡。丘吉尔在回忆录里这样写道："现在，所有这些噩梦般的画面终于消失不见了，取而代之的是这样一个清清楚楚的景象：只消一两次的剧烈爆炸，战争就全部结束了。……我们根本就没去讨论原子弹到底该不该用。显而易见，为了避免一场巨大而不确定的杀戮，为了结束战争，为了给世界带来和平，为了解救那些饱受磨难的人民，如果以几次轰炸的代价就可以威慑敌人而达到这些目的，那么，在经历过我们所有的劳苦与危难之后，这看上去真是一种奇迹般的解脱。"

用原子弹轰炸日本得到了与会者的一致同意，丘吉尔说："连一丁点其他声音都没有。"丘吉尔并非没有意识到日本平民将会遭受的巨大伤亡，但他相信，"这种新式武器不仅会毁灭城市，还会挽救我们的朋友和敌人的生命"。[1]

之所以能够挽救敌人的生命，丘吉尔认为，原子弹的沛莫能御的威力会给奉行武士道精神的日本人一个投降的台阶，否则的话，他们很有可能会战斗到最后一个人。

1945年迄今，广岛和长崎的两颗原子弹始终都是伦理上的争议问题，在和平来临之后，即便在很多西方人看来，这种以超级武器屠杀敌国平民的事情也是不可原谅的。平民，无论如何都不能被纳入专业军人的攻击目标。

侵略与反侵略的不同性质有可能成为一个辩护理由。作为反侵略同盟的一方，出于正义的目的不妨采用一些非常手段。但反方会这样质疑道："为达目的，不择手段"本身就违背了正义规则，如果这也可以的话，那么战争的双方究竟谁才是正义的，难道只是五十步与百步之别？

相应而起的辩护可能是这样的：战争把人类带入自然状态，在自然法的支配下，人可以无所不用其极。如果在1945年可以做一次广泛的民意调查，问一问英国、美国，也包括中国，问问这些国家的所有人民，如果两颗针对日本平民的原子弹就可以结束战争，有多少人愿意？想来结果就算不是全票的话，至少也是压倒性的多数。就算投放更多的原子弹，他们也不会有什么意见。

---

[1]Winston S. Churchill, *The Second World War*, Vol.6, Houghton Mifflin Company, Boston, 1985：551–553.

这个估计有可能是准确的，但它意味着这样一个令人不快的道理：在生死攸关的时候，道德可以被弃之脑后，或者说，保种图存才是最高的道德准则。这就意味着，道德的要求其实不外乎是基因的要求；一切文明的粉饰，其根底不外是人类的生物性罢了。

普通人更愿意接受的情形也许是这样的：奥米拉斯被一个独裁政府控制着，统治者都是一些铁石心肠的人，他们在确保私利之余确实也操心着国民福利，他们相信任何统治者都需要一些忠心耿耿的佞臣去做"一些必要的脏事"。于是，关于那个可怜孩子的所有消息被佞臣们妥善地封锁了起来，永远不让那些善良而软心肠的子民知道。

事实上，这正是独裁政府的魅力所在，子民们最大限度地避免了自己的道德责任，再不用纠结于那些两难的选择，同时安享着稳定的生活。即便政府倒台，事情败露，也是由那些统治者和佞臣去承担责任，一切与己无关。

的确有人支持这样的解决方案。譬如蒙田，这位高尚的知识分子，相信自然界没有无用之物，甚至不存在所谓无用，就连我们人性中那些肮脏丑陋的东西，诸如残忍、野心、嫉妒，也都是必要的："倘若有谁消除人类身上这些病态品格的种子，他就破坏了人类生存的根本条件。同样，任何政府都有一些必要的机构，这些机构不仅卑鄙，而且腐败；恶行在那里得其所哉，并被用以维持这个社会，犹如毒药被用来维护我们的健康。虽说这些机构有了存在的理由——因为我们需要它们，而共同的必要性掩盖了它们真正的性质，但是这游戏应该让那些比较刚强、比较大胆的公民去玩。他们牺牲自己的诚实和良知，一如有些古人为保卫国家牺牲自己的生命；而我们这些比较脆弱的人，还是承担一些比较轻松、风险比较小的角色吧。公众利益要求人背信弃义、颠倒黑白、杀戮同类，让我们把这类差事让给那些更听话、更机灵的人去干吧。"[1]

---

[1][法]蒙田《蒙田随笔全集》下册，潘丽珍等译，译林出版社，1996：2。

第五章
从奥米拉斯的孩子到巴厘岛的王妃

看来,也许我们有必要重新评价那些臭名昭著的政客和政府部门,他们为了"公众利益"去做那些不得不做的脏事,去背信弃义、颠倒黑白、杀戮同类。设若他们的卑鄙、残忍、狡诈确实提高了公众利益,而我们自己恰恰就是这一公众利益的受益者之一,我们应该做出怎样的道德选择呢?

在战争时代,人们更容易接受铁石心肠、不怕做脏事的领袖。当然,也有一些人无论在任何情形下都坚持道德的准则,尤其是绝不使用暴力,这往往见于一些真诚地尊重教义的宗教人士以及坚定的原则主义人士。反抗虽然要坚持到底,但不能以任何人的生命为代价,无论是自己人的还是敌人的。

圣雄甘地在印度倡导的非暴力不合作运动就是一个显例。他以非暴力为第一原则,为此宁肯忍受失败。幸运的是,他成功了,否则不知道会给这一看似纯属"蠢猪式的仁义道德"的斗争方式赢来怎样的名声。[1]另外的问题是,当真以严苛的宗教标准衡量的话,或许连甘地这种程度的反抗也是不应该的,但这就不在当下的讨论范围之内了。

可以肯定的是,甘地会是奥米拉斯的出走者之一,孟子应当也是。当公孙丑问及伯夷、叔齐和孔子这三位圣贤的相同之处的时候,孟子答道:"行一不义、杀一不辜而得天下,皆不为也。"也就是说,如果让他们做哪怕一件不合

---

[1]甘地的成功的确有着太多幸运的成分。乔治·奥威尔在《反思甘地》一文中指出,甘地的抵抗方式在一个极权国家里是行不通的:"'在一个政府的反对者深夜里消失无踪并且再也杳无声息的国家里,基本不可能使用甘地的办法。'非暴力抵抗对派出成班成排的军人杀害平民领袖、逮捕拷打嫌疑者、设立集中营、把成千上万民众从抵抗激烈的地区放逐到国土的偏远荒蛮之地的侵略者很难奏效。"([美]迈克尔·沃尔泽《正义与非正义战争——通过历史实例的道德论证》,任辉献译,江苏人民出版社,2008:368)

道义的事，杀掉哪怕一个无辜的人而得到天下，他们都不会做。[1]

这样的问题，在坚定的原则主义者那里算不得太大的难题，而如果把问题换一个方式：假若必须做一件不合道义的事，杀掉一个无辜的人，才能挽救天下人的性命，他们会做吗？这个问题同样会把奥米拉斯的困境推向极端：假若那个无辜小孩的悲惨命运换来的不是全城居民的生活福祉，而是所有人的生命的话，该不该牺牲他呢？

如果答案是"应该"的话，那就意味着结果确实重于原则，所谓基本人权在某些情况下是可以被忽略掉的。那么下一个问题是：假若那些奥米拉斯的出走者认为在道义上应该救下那个孩子，却面临着全城绝大多数居民的抵制，不诉诸暴力则无法达到目标，那么他们该不该、又该在何种程度上诉诸暴力呢？

「四」

在这个问题之先，还有两个问题必须得到回答：（1）人可不可以杀人，是否在任何情况下都不可以杀人？（2）谁有权利为奥米拉斯的那个无辜的孩子讨还公道？

对于第一个问题，似乎只有在神学范畴里才能为"不可杀人"找到坚实的理据。譬如在《旧约》传统里，杀人的罪恶并不在其本身，而在于渎神。《创世记》9:6"凡流人血的，他的血也必被人所流，因为神造人，是照自己的形象造的"，这是洪水之后上帝与挪亚的立约，作为立约记认的虹至今仍会出现在雨后的天空。

让我们再看一个事例：《旧约·撒母耳记下》记载大卫王和拔示巴通奸，

---

[1]《孟子·公孙丑上》。

第五章
从奥米拉斯的孩子到巴厘岛的王妃

设计杀害了拔示巴的丈夫,那位忠心耿耿又能征惯战的武将乌利亚。《旧约·诗篇》第51章则是大卫王的忏悔诗,向耶和华忏悔自己的罪孽。诗中有一句话非常奇特,是说"我向你犯罪,唯独得罪了你",也就是说,大卫认为自己所犯之罪仅仅是得罪了耶和华,却不曾对乌利亚和拔示巴有任何侵犯。霍布斯就抓住这一句话作为佐证,用以说明主权君主处死无辜的臣民是完全正当的:"原因是任意做他所愿做的事情的权利已经由乌利亚本人交付给大卫了,所以对乌利亚不能构成侵害。但对上帝说来却构成侵害,因为大卫是上帝的臣民,自然律禁止他做一切不公道的事。"[1]

这就意味着,大卫王害死乌利亚,罪行不是杀人,而是渎神,他只需要向上帝忏悔,而不需要对拔示巴和乌利亚表示任何歉疚。

这似乎就是问题的终点,然而事实上只要我们也甘愿冒一点渎神的风险,还是可以再追问下去的,亦即为什么凡是渎神的就一定是不道德的?——即便在神学范畴之内,这个问题依然是个问题。如果上帝赋予人类自由意志,人就被授权通过自己的认知能力来判断自己是否应当信仰上帝。上帝是全能的,但全能未必构成你向他膜拜的理由;上帝是至善至公的,但我们完全可以因此而敬佩他,却不一定非要膜拜他;上帝是宇宙的创造者,也是我们的创造者,并且全心全意地爱着我们,但我们并不一定喜欢这个宇宙,也不一定喜欢自己,不喜欢上帝未经我们同意就把我们置诸这个世界,所以我们不愿意膜拜上帝。

自由主义的"同意"原则在这里发生着作用,父母虽然没有能力先征得子女的同意再把他们降生到这个世界,但全能的上帝一定有办法先征得我们的同意再让我们来到这个世界,甚至他的全知完全可以预先洞悉我们的意愿,那么,我们为什么要对一些完全可以预先征得我们同意却不曾如此的事情承担义务呢,尽管交给我们的可能是我们梦寐以求的天堂?

---

[1][英]霍布斯《利维坦》,黎思复、黎廷弼译,商务印书馆,1986:166。

如此，只要我们保持"同意"原则的一贯性，渎神的罪恶也就失去了道德依据，而"同意"原则恰恰是自由意志的最醒目的彰显，也就是说，只要我们对自由意志的意义的认识保持神学上的一贯性，就有理由保持"同意"原则的一贯性。

如果换到世俗的角度来看杀人的理由，那么依照孔子"以直报怨"的原则，血债血偿是无可厚非的；公平被立为第一原则，人的生命低于公平的原则。这会令人顺理成章地想到《墨子·小取》提出过的"杀盗非杀人"的著名命题，其推理结构是：某人的亲人是人，但他侍奉亲人并不是侍奉人；某人的弟弟是美人，但他爱弟弟并不是爱美人。车子是木头制成的，但乘坐车子不是乘坐木头；船也是木头制成的，但进入船舱并不是进入木头。盗贼是人，但盗贼多不是人多，没有盗贼并不是没有人。爱盗贼不是爱人，杀盗贼不是杀人。

《墨子·小取》讨论的着眼点是逻辑问题，哲学倾向只是附带出来的，但《荀子·正名》批评它是"此惑于用名以乱名者也"。虽然《荀子》不曾仔细阐发，但根据《荀子》上下文的正名原则以及现当代学者近乎一致的意见，荀子是说只要是盗，首先必然是人，盗的概念已然蕴含在人的概念当中。

但我以为荀子误解了墨子，今天的研究者们依然承袭着这个误解。墨子明明承认盗就是人，所要区分的并不是盗与人，而是杀盗与杀人。这在推论的第一步就已经表达清楚了：某人的亲人是人（首先承认了"亲人"蕴含在"人"的范畴之中，正如"盗"蕴含在"人"的范畴之中一样），但他侍奉亲人并不是侍奉人；某人的弟弟是美人，但他爱弟弟并不是爱美人——也就是说，我们不能从某人爱自己的弟弟以及他的弟弟是美人这两点上推断出他爱美人的结论，这才是《墨子》的这段文字所表达出来的确切含义。何况墨子对概念的外延、内涵清楚得很，譬如《墨子·大取》讲逻辑，说某人有一匹秦马，也就是有一匹马，所以知道他牵来的是马。

《墨子·大取》讲过"杀一人以存天下"的问题，大意是讲权衡轻重的道理：天下为重，一人为轻，似乎应该取重不取轻，但只有杀的是自己才具有道

· 第五章 ·
从奥米拉斯的孩子到巴厘岛的王妃

德价值,杀的若是他人,就没有道德价值。[1]

也就是说,杀一人以存天下,只是两害相权取其轻,原本天下人既不该死,哪一个人也不该杀,只可惜我们被逼入这一两难的境地,必须二者选一,那就只好"杀一人"了。这是极端境况之下的被迫的选择,没有任何道德权重可言。

这个问题恰恰带出了功利原则的适用范围问题,理性人在做选择的时候的确都会权衡轻重,但是,一个人如果越出私域,代替别人去权衡轻重,这算不算越俎代庖呢?如果算的话,这就意味着当你在"杀一人"和"存天下"之间艰难权衡的时候,你其实没有任何权利去决定别人的生死,无论对方是一个人还是所有人。

退一步讲,即便依据"最大多数人的最大幸福"这一功利主义的著名原则,这个生死抉择仍然不容易做。首先,遭人诟病的是,这一原则本身无法自洽,因为任何这类命题都不能包含两个"最大",最大多数人的幸福很可能会和最大幸福发生冲突。其次,即便两者不矛盾的时候,也有可能产生令人不易接受的结果。

就第二点而言,譬如为了"存天下"而面临灭顶之灾的那个人,他对生活的热爱与满意度超过所有其他人的总和,而即便杀掉了他,保全了天下,所有其他人仍然会继续以往的生不如死的艰难时世。当我们把所有人的幸福度加总(假定幸福度当真可以精确计算的话),会发现这是一个负值,而如果杀掉那个人,这个幸福度的负值还会陡然下降;假如反过来,不杀他,听任所有其他人死掉,全社会(虽然是只剩一个人的社会)的幸福度会大大增加。这就意味着,为了"最大多数人的最大幸福",让那一个人活下来,听任所有其他人死掉,这才是最优选择。如果不杀那个人,则既无法保全其他所有人,也无法保

---

[1]《墨子·大取》文意多不通畅,应当有不少错简和传抄错误,无法做出准确的理解。这里取的是谭戒甫的解释,从上下文推断,这应当是最贴近原义的。见谭戒甫《墨辩发微》,中华书局,1987:355。

全他自己的话，不去"杀一人"而听任所有人死掉仍然是最优选择，因为在幸福度的总值上，零无论如何也是好过负值的。

如果我们感觉有必要反对这种见解的话，那么康德的实践伦理所谓的"人不应该以人为手段"的说法或许就是我们最顺手的理据。但只要我们追问下去，人为什么不能以人为手段，那我们就只能走入前述所谓的基本人权的领域了。

当今的西方国家陆续废除了死刑，似乎人无论在何种情况下都不应该剥夺他人的生命，但吊诡的是，战争行为在道德上依然是被许可的。这似乎说明了一个奇怪的道理：国界就是基本人权的边界。因为，如果基本人权当真是最高原则的话，国家之间便没有理由开战。

可以构成辩护的理由是：因为对方侵犯了自己的基本人权，而为了维护自己的基本人权，便有必要在不得已的情况下侵犯对方的基本人权。这样说来，最高原则便不是基本人权本身，而是对于每一个人来说的"自己的基本人权"。每个人都没有天然的义务去尊重别人的基本人权，但当自己的基本人权遭到侵犯的时候，在捍卫的过程中，在不得已的情况下，有权侵犯对方的基本人权。这当然不是那种绝对的原则主义的道德范式，因为它不主张在任何情况下都不可侵犯任何人的基本人权。

如果你遇到这样一种情况：有人正在侵犯你的生命权，而你只有通过剥夺对方生命权的方式才能捍卫自己的生命权，你会怎么做呢？

这个问题当然不乏真实的例证，譬如一名"二战"时期的犹太人，在种族屠杀的威胁面前，如果他有机会杀出一条血路，他应不应该这样做呢？——看上去这是一个无比愚蠢的问题，然而圣雄甘地的建议是：他应该自杀，而不是反击。[1]我们当然可以不接受甘地的意见，但没理由怀疑他的真诚。

---

[1]Louis Fischer, *Gandhi and Stalin*, quoted in Orwell's "Reflections", p.468, 转引自[美]迈克尔·沃尔泽《正义与非正义战争——通过历史实例的道德论证》，任辉献译，江苏人民出版社，2008：368。

第五章
从奥米拉斯的孩子到巴厘岛的王妃

接下来让我们虚拟一个情境：你和一个同伴一起被困在一座荒岛上，你们无冤无仇，但在获救之前，岛上的食物只够一个人吃的。这就意味着，你们每个人的存在，其存在本身，就构成了对对方的生命权的侵犯：你们每吃一口粮食都是在伤害对方，你们也都同样清楚这个道理。

如果仅仅因为对方"正常进食"而杀掉对方，这可不可以被看成是一种必要的反抗，是出于捍卫自己被侵犯的生命权的一种反抗？而对方是如何实施侵犯的呢——是通过"正常进食"的方式，他每吃一口饭，都是在减损你一分的生命，而他和你一样地清楚这点。那么问题是：吃饭，是否构成了谋杀？此情此景之下，吃饭是否就是一个人为了保住自己的生命而对别人实施谋杀的一种手法呢？

我相信有许多道德高尚的人宁可选择让自己饿死，最有道德权重的结果也许是两个人一起饿死——他们明知道对方的操守和心意，也明知道自己饿死会辜负对方的牺牲，并且只会使结果更糟，但这是一个原则问题，是不可以妥协的。

但是，理据何在呢？如果不是两个个体，而是两个国家处于这种关系之中，正义性会有任何不同吗？[1]

为了解决理据问题，我们首先有必要把小岛的情境稍稍改换一下：和你在一起的并不是你的人类同伴，而是一只猩猩，这时候你会怎么做呢？

一旦换到这样的情境，似乎所有的道德难题瞬间便被一扫而光，你当然应该抢过所有的食品，甚至，如果有必要的话，可以杀掉那只猩猩，吃它的肉来改善伙食。你的理由会非常简单：猩猩不是人。斯多葛学派在两千年前的论断直到今天依然深合人心："这一学派的人大部分都主张人类对于其他动物不受公正的义务的约束，因为它们和我们不同类。"[2]

---

[1]国际事务方面的例证会在第九章提出并讨论。
[2]《名哲言行录》第66节，转引自周辅成编《西方伦理学名著选辑》上卷，商务印书馆，1987：238。

如果你是基督徒的话，连"君子远庖厨"的恻隐之心都不必有，因为在洪水之后，上帝对挪亚和他的儿子们说过："凡活着的动物，都可以做你们的食物，这一切我都赐给你们，如同菜蔬一样。"（《创世记》9:3）上帝放宽了对人（应当也包括动物）的限制，从此以后，人类便不再是可以与动物和平共处的素食主义者了。[1]

或许我们的特殊性就在于我们是人，对他人的基本人权的尊重来自我们对"人类共同体"的尊重，而对"人类共同体"的尊重则是从个人的同情心扩展来的，进而从实然变为应然，从客观事实固化为道德规范。这也就意味着，我们至多可以说我们愿意接受这种道德，但没法论证这就是对的。

退一步说，即便我们接受这种解释，恐怕不但杀不得那只猩猩，还有必要像尊重自己的基本人权一样尊重它的基本人权，甚至干脆用"他"或"她"来称呼这位多毛的同伴。——以下我们将会看到，中国儒生自幼读熟的"鹦鹉能言，不离飞鸟；猩猩能言，不离禽兽"[2]受到严峻挑战，鹦鹉和猩猩都有着被纳入人类的可能。

《新科学家》（New Scientist）杂志2003年发表了一篇显然可以支持上述意见的文章，题为《基因研究指出：黑猩猩是人》。文章介绍了新的科研成果，说人和黑猩猩的关键基因重合度高达99.4%，在现存的黑猩猩当中，有两个种类在生物学上都可以算作人类。[3]

这个发现并没有被限定在纯科学的范畴里，早在1994年，就有一些灵长类动物研究专家、人类学家和伦理学家发起了一个叫作GAP（Great Ape

---

[1]《旧约·创世记》1:29-30："神说：'看哪，我将遍地上一切结种子的菜蔬，和一切树上所结有核的果子，全赐给你们做食物。至于地上的走兽和空中的飞鸟，并各样爬在地上有生命的物，我将青草赐给它们做食物。'"这是上帝在造人之初对人类的和动物的安排，人和动物都是吃素的。

[2]《礼记·曲礼》。

[3]Jeff Hecht, "Chimps Are Human, Gene Study Implies", *New Scientist*, 19 May, 2003。

第五章
从奥米拉斯的孩子到巴厘岛的王妃

Project）的世界性组织，专门为猩猩们争取人权，也的确有越来越多的研究成果支持着他们的主张。也许在未来的某一天，猩猩的确会被自然地视为我们当中的一员，那时候的我们追忆起当年种种对猩猩的歧视，那种心态或许会像今天的美国白人追忆黑奴时代一样吧——美国人贩卖黑奴的时候，的确把黑人当成猩猩来看的。[1]

这会使我们重新审视一个从来不是问题的问题：人到底是什么，或者"我们"的边界到底在哪里？

事实上这是一个直到今天依然争议不休、莫衷一是的问题。生命伦理学的创始人弗莱彻在1979年出版的《人性》一书里，为"什么是人"提出了15条判断标准。这虽然是一次很有勇气的尝试，但我相信，即便在30多年后的今天，完全赞同这15条标准的人一定不会很多。例如标准（1）是"最低限度智力"，即智商不低于20；再如标准（8）是"关心他人"。

我们一方面有可能把平日里视为同胞的人排除在人类共同体之外，另一方面却有可能把一些一般视为"非人"的东西引为最亲密的同类。先举一个比较极端的例子：当我们说"大地母亲"的时候，几乎没有人会把这个短语做字面上的理解，但是，一位印第安的先知，万阿波（Wanapum）部落的首领苏姆哈拉（Smohalla）就是极少数的例外之一。他当真把大地当作母亲，所以拒绝开垦和耕作，因为他认为这是对大地母亲的残害，是一种罪恶的行为："你要我耕地！要我用一把刀撕开我母亲的胸脯？那么当我死了以后，她就不会再把我拥到她的怀里使我安息。你要我为了一块石头而掘地？要我在母亲的皮肤之下挖掘她的骨头？那么当我死后，我就不能进入她的体内求得再一次的重生。你要我割掉大地上的青草，晒干后把它们卖掉，使自己富得像一个白人？但是

---

[1] 据弗朗兹·法农颇带感情色彩的讲述，科学家们是在经历了极大的不情愿之后，才承认黑人也是人类的一员，承认黑人无论是体内特征还是体表特征都和白人相似，这种相似度也同样表现在形态学和生物组织学上。（Frantz Fanon, *Black Skin, White Masks*, translated by Charles Lam Markmann, Pluto Press, 1986：119）

我怎么敢割掉我母亲的头发？"[1]

这番话仅仅来自半个多世纪以前，如果我们确有为之打动的话，那么考虑到猩猩和大地母亲的差异远大于人类和猩猩的差异，接纳猩猩作为"我们"当中的一员也就算不得什么匪夷所思的事情了。

为什么猩猩会成为"我们"当中的一员呢？科学家说，因为基因证据给出了充足的证明。那么，又为什么应该使用基因为标准来确定"我们"的边界呢？——基因的相似度到底是多少，是99.4%还是100%，这是一个科学问题，一个实然问题；该不该以基因相似度来做标准，这就是一个伦理问题、一个应然问题了。

理论上说，我们完全可以用各种各样的标准来确定"我们"的边界。最极端的例子恐怕要数佛教理论中"佛性论"的一种主张："青青翠竹，尽是法身；郁郁黄花，无非般若"，说的就是植物的佛性；苏轼有诗"溪声便是广长舌，山色岂非清净身"，说的是高山流水的佛性；由动物、植物乃至无机物，万事万物皆有佛性，皆有成佛的潜质。以这个标准而论，石头、瓦片都可以说是我们的"同胞"。

道家学说里也有类似的看法，譬如五代年间，黄老一系的学者谭峭，也就是道教当中的紫霄真人，在《化书·道化》里做过理论总结，说老枫化为羽人，朽麦化为蝴蝶，这是无情之物化为有情之物的例子；贤女化为贞石，山蚯化为百合，这是有情之物化为无情之物的例子。所以说"土木金石皆有情"，万物都是一物。

以今天的知识来看，这样的观点绝不像乍看上去的那样荒诞不经，因为在进化论的意义上，复杂的生命形式正是从无机物演化而来的。

另外或嫌蹊跷的例子是，刘宋年间，何承天与颜延之辩论佛法，纠结在佛

---

[1] James Mooney, "The Ghost-Dance Religion and the Sioux Outbreak of 1890", *Annual Report of the Bureau of American Ethnology*, XIV, 2, Washington, 1896：721, 724. 转引自[罗马尼亚]米尔恰·伊利亚德《神圣与世俗》，王建光译，华夏出版社，2002：77。

教"众生"这一概念。颜延之认为,"圣人"与天地合德,并称"三才",普罗大众则与猪狗牛羊一类属于"众生"。[1]

但是,我想今天的人们或许更乐于接受布封定下的标准:"相互交配繁育出有生殖能力的幼崽的动物(无论其形态怎样不同)属于同一个自然的类。"康德认为,不同于按照相似性划分动物门类的"学术体系",布封建立的是一个"自然体系",基于布封的概念,"辽阔的地球上所有的人都属于同一个自然类,因为无论在其形态上可以发现多大的差异,他们都能相互交配繁育出有生殖能力的孩子。……对此,人们只能提出一个唯一的原因:即他们都属于一个唯一的祖源"。[2]

不知道用布封的标准应该怎么检验猩猩和人的关系,但这个标准一定就比基因相似性更加"应该"吗?甚至,若不考虑应用的便利性的话,它就一定比其他的一些标准(譬如身高、体重、肤色等等)更加"应该"吗?如果不应该的话,理由难道仅仅是应用的便利性吗?

譬如我们不妨以颜色做标准,可以说黄种人和棕熊是一类,白人和白熊是一类,黑人和黑熊是一类,这并不比蜘蛛不是昆虫,鲸不是鱼类,蝙蝠不是鸟类更加荒谬。这甚至不是什么奇思异想,而是有着心理和历史上的双重依据。——特鲁玛伊人是巴西北部的一个部族,他们相信自己是水生动物;邻近的波罗罗人自豪地说自己是红金刚鹦哥(这是一种鹦鹉)。我们很自然地以图腾崇拜来做解释,但是,据欧洲考察者的记载:"波罗罗人硬要人相信他们'现在'就已经是真正的金刚鹦哥了,就像蝴蝶的毛虫声称自己是蝴蝶一样。"列维-布留尔在《原始思维》里援引了这一记载以说明自己的"互渗律"理论:"这不是他们给自己起的名字,也不是宣布他们与金刚鹦哥有亲族关系。他们这样说,是想要表示他们与金刚鹦哥的实际上

---

[1] [刘宋]颜延之《释何衡阳达性论》,[梁]僧祐《弘明集》卷四。
[2] [德]康德《论人的不同种族》,李秋零译,《康德著作全集》第2卷,中国人民大学出版社,2004:442。

的同一。……对于受'互渗律'支配的思维来说，在这一点上是没有任何困难的。"[1]

我们还可以换一种思路，如果以沟通程度作为指标，比起一些交流起来完全鸡同鸭讲的同胞，我们对某些动物可能更感觉像是同类。[2]美国《时代周刊》2010年8月的一篇封面文章是《动物想些什么》，文中介绍了一只名叫Kanzi的倭黑猩猩，它掌握了将近400个单词，能够用句子表达思想（当然不是用说而是用手指），不但会用简单的名词和动词，还晓得from和later这类概念以及-ing和-ed之类的时态变化。[3]

卡西尔曾经试图以"符号的动物"（animal symbolicum）来取代"理性的动物"为"人"定义，他在当时就已经遇到了来自猩猩和类人猿的挑战，但他勇敢地战胜了它们。卡西尔利用当时的动物学研究成果，认为猩猩们所能够掌握的符号系统只能表达情感而无法表达意义，"这就是我们全部问题的关键：命题语言与情感语言之间的区别，就是人类世界与动物世界的真正分界线"。[4]显而易见，卡西尔在今天应该好好修订这个结论了。

至于为我们更熟悉的说法，譬如马克思说人和动物的区别就是人会制造并使用工具，但今天我们知道许多动物同样能够做到这些，只是程度较低罢

---

[1] [法]列维-布留尔《原始思维》，丁由译，商务印书馆，1985：70。

[2] 很多人对此都有同感。譬如蒙田讲过："有一位神父说过，宁愿同熟悉的狗相伴，也不要与操不同语言的人为伍，'因此，陌生人经常不被人当人相待'（普林尼语）。"[法]蒙田《蒙田随笔全集》上册，潘丽珍等译，译林出版社，1996，p.37。"普鲁塔克在什么地方说过，兽与兽的差别不如人与人的差别大。他指的是生命力和内在品质。……我愿比普鲁塔克走得更远些，我要说有些人之间的差别，要比人与兽类的差别更大。"（Ibid., p.290）

[3] Jefrey Kluger, "Inside the Minds of Animals", *Time*, Aug. 16, 2010.

[4] [德]卡西尔《人论》，甘阳译，上海译文出版社，1985：38。

了。[1]亚里士多德的定义是"人是有理性的动物",按照亚氏"种加属差"的定义方式,这实际意味着"人是'唯一'有理性的动物"(卢梭就是这么理解的)。或者我们可以诗意一些,采用帕斯卡的表达:人是一株有思想的芦苇。是的,虽然具有理性,但是非常脆弱。

以理性为人类所独有,这是一种相当常见的看法,至少在休谟的时代仍然如此,所以休谟才会在《人类理解研究》一书里专门用了一章的篇幅另辟蹊径来谈所谓"动物的理性"。[2]其中的见解并不高深,因为我们仅仅从生活经验也会知道,一只饥饿的狗不会去抢狮子嘴里的骨头,那么,这难道不是一种理性权衡的结果,不是理性压抑了冲动吗?

如果按照米塞斯的界定,"人之异于禽兽者,正在于他会着意于调整他的行动。人这个东西,有自制力,能够操纵他的冲动和情欲,有能力抑制本能的情欲和本能的冲动"[3],那么,上述那只狗分明晓得,去抢那块骨头虽然能够满足眼前利益,屈服于本能的冲动与食欲,但较之长远利益将会受到的重大损害,还是牺牲眼前利益、抑制冲动与食欲为好。以我的生活经验为证,不是任何一名人类成员都有这只狗这么高的理性水平。

---

[1]事实上,早在马克思之前,人们就已经关注过这个问题。譬如蒙田记载道:"我也不愿意略去另一条狗的故事,也是这位普鲁塔克说他亲身经历的……普鲁塔克乘在一条船上,有一条狗看见一只水罐底有一层残油。罐口小,它的舌头就是舔不到,它就去衔了几块石头放在水罐里,直到油浮到罐口让它可以舔到为止。这不是一种非常精妙的思维吗?有人说巴尔巴里的乌鸦在要喝的水太低时也是这样做的。"([法]蒙田《蒙田随笔全集》上册,潘丽珍等译,译林出版社,1996:138)这一段传说来自普鲁塔克的话虽然未必尽数属实,但与蒙田在后文里的五花八门的例证一样,至少说明了前人对这个问题是给以相当之关注的,而他们也确实抓住了问题的要害。

[2][英]休谟《人类理解研究》,关文运译,商务印书馆,1981:93-96。

[3][奥]米塞斯《人的行为》,夏道平译,台湾远流出版事业股份有限公司,1991:60。

和休谟一样热衷于研究人类理解力的洛克也注意到了同样的问题，他援引了17世纪的一篇在他看来相当可靠的文献，该文献记载了巴西的一只老鹦鹉是如何以流利的巴西话以及不亚于人类的智力水平和人类交谈的，洛克无法接受将这只鹦鹉看作人类的一分子，因为关键的区别是：鹦鹉不具备人类的外形。所以洛克说道："任何人只要看到一个同自己形象和组织相同的生物，则那个活物虽然终生没有理智，正如猪或鹦鹉一样，他亦会叫那个活物为人。并且我相信，一个人虽然听到一只猫或鹦鹉谈话，想来他亦只会叫它（或以为它）是一只猫或鹦鹉。他一定会说，前一种是一个愚昧无知的人，后一种是很聪明、很有理性的鹦鹉。"[1]

莱布尼茨也认为我们身体外貌是一个关键的区分标准，仅凭理性来区分人与动物是很危险的，因为"我承认，人肯定可能变得像一个猩猩一样愚蠢"，并且，"丝毫没有什么东西会阻止有一些和我们不同类的理性动物，就像那些在太阳上的飞鸟的诗意王国中的居民那样，或者像一只鹦鹉那样，在它死后从尘世来到这里，救了一位在世上时曾对它做过好事的旅行者的性命"。所以，莱布尼茨对亚里士多德的修正是："当我们说人是一个理性的动物时，在人的定义中似乎必须加上某种关于形状和身体构造的东西，否则照我看来那些精灵也就会是人了。"[2]

读过教会学校的好心女士们不会把问题想得像哲学家们那样复杂，她们一般会把道德的存在与否作为人畜的核心区别，但是，早在1840年，蒲鲁东就提出过这样的一个问题："人类的道德感和禽兽的道德感之间的区别是本质上的不同呢，还是仅仅是程度上的不同？"[3]蒲鲁东举证如下：

---

[1][英]洛克《人类理解论》，关文运译，商务印书馆，1983：307-309。

[2][德]莱布尼茨《人类理智新论》，陈修斋译，商务印书馆，1982：240-241。

[3][法]蒲鲁东《什么是所有权，或对权利和政治的原理的研究》，孙署冰译，商务印书馆，1982：240。

第五章
从奥米拉斯的孩子到巴厘岛的王妃

在禽兽方面,当幼小动物的孱弱使它们受到母亲的爱怜……人们可以看到这些母亲用一种类似我们那些为祖国牺牲的英雄的勇气,在小动物的生命遭到危险时尽力加以保护。某些种类的动物知道团结起来猎取食物、互相寻找、互相招呼(一个诗人也许会把这种情形说成是互相邀请)来分享它们的猎获物;有人看到它们在危难中互相救助、互相保卫、互相警告。大象懂得怎样把它的陷落在坑沟中的同伴挽救出来;母牛会把它们的牛犊放在中间,而它们自己围成圆圈,角尖向外来打退狼群的进攻;马匹和猪在听见有同伴发出痛苦的叫声时会拥到发出声音的地点去。如果谈起它们的交配、雄兽对于雌兽的恩情以及它们爱情方面的忠诚,我可以写出何等生动的描述!但是为了在各方面保持正确起见,让我们补充说,这些结群友爱的、同类相爱的动人表现并不妨碍它们为了食物和争向雌兽献媚而互相争吵、互相搏斗、用坚利的牙齿互相撕裂;它们和我们是完全相像的。[1]

当然,我们既会把禽兽看得像人,也会把人看得像禽兽。考察历史上真实存在过的界分标准,中国华夏文明往往不把"蛮夷"当作同类而视同禽兽,西方基督教(取其广义)也曾经不把异教徒当作同类而视同魔鬼,同为人类一员的观念只是在相当晚近方才普世化的。譬如汉朝和楼兰王国,在今天看来是完全对等的两个独立主权国,汉人和楼兰人都是一样的人类,但直到明末清初,当时第一流的大学者王夫之评点傅介子诱杀楼兰王这段历史,认为楼兰是夷狄,夷狄是"非人",既然不是人类,就不配得到只有人类才能得到的尊重,所以"歼之不为不仁,夺之不为不义,诱之不为不信"[2]。

标准都是人定的,是人定的就必然摆不脱个人的主观性,这就是古希腊哲

---

[1][法]蒲鲁东《什么是所有权,或对权利和政治的原理的研究》,孙署冰译,商务印书馆,1982:242-243。

[2][清]王夫之《读通鉴论》卷四。

学家普罗泰戈拉的那个著名命题:"人是万物的尺度,是存在者存在的尺度,也是不存在者不存在的尺度。"这就意味着,我们界分事物的标准不是客观事实,而是主观感受。GAP组织如果将来获得成功,不可能是因为基因上的事实,只可能是因为人们的普遍的主观认同。

既然是普遍的主观认同,就难免世易时移,没有永恒不变的标准。人界分万事万物的标准如此,道德的标准同样如此。所有的道德标准都是世易时移的,是人在相互作用中逐渐磨合出来的,出于自觉或不自觉的认同。[1]那么,回到前述的"人可不可以杀人"的问题,"人"是什么首先就没有一个清晰的标准——夷狄不是人,可杀;异教徒不是人,可杀;黑人不是人,可杀;猩猩不是人,可杀……

再者,即便"是人",也有可能因为某种原因而突然变为"非人",譬如洛克论述在自然状态中犯下了杀人罪行的人:"这个罪犯既已绝灭理性——上帝赐给人类的共同准则——以他对另一个人所施加的不义暴力和残杀而向全人

---

[1]即便是对活人和死人的区分也在遵循着这种习俗性的变动不居的标准,譬如在部落社会里,被施加了巫术的人竟然会被同胞们当作死人看待。列维-施特劳斯这样讲道:"在任何场合、任何行动中,社会公众都把这位不幸的受害者当成死者。而他本人也不再希冀能逃避已被视为他的不可抗拒的命运。不久,人们便举行宗教仪式,然后,这些对新中邪者是如此专横的力量到处出现,就是为了将他赶入幽灵的世界。首先,人们无情地切断他与家庭及社会的联系,并把他从一切使人产生自我意识的工作和活动中驱逐出去;继而,受害者便从活人的世界中被赶出去;那些令人极为恐怖的行动,那些由公众的默契产生的多种参照系统骤然消失,使牺牲者失魂落魄,最后公众断然改变了口径,将他——一个曾经赋有权利和义务的活人——宣布为死人,为人类恐惧、仪式、禁忌的对象。体格的健全并不能抵制人的社会性的瓦解。"([法]列维-施特劳斯《结构人类学》,陆晓禾、黄锡光等译,大众文艺出版社,1989:1-2)可以补充说明的是,这种"原始"的风俗在近现代社会颇有孑遗,譬如斯宾诺莎被驱逐出犹太宗教社团的仪式应当就可以看作上述"野蛮传统"的"文明版本"。

· 第五章 ·
从奥米拉斯的孩子到巴厘岛的王妃

类宣战,因而可以当作狮子或老虎加以毁灭,当作人类不能与之共处和不能有安全保障的一种野兽加以毁灭。"[1]同类事情在人类历史上屡屡发生,不是在自然状态,反而是在所谓的文明世界,往往回顾起来并不觉得有任何正义可言。

即便有了清晰的标准,问题依然难以解决。譬如对"人"的界定就是永恒不变的,其内涵就是我们当下的主流认识,那么至少可以肯定的是,牛不是人。但我们应不应该杀牛呢?杀牛,对于一个人来讲,是否不存在任何道德瑕疵呢?

这看上去是一个蠢问题,是的,许多人吃肉,不觉得这有什么不道德的。即便是宣扬三世因果、六道轮回的佛教徒,也只会说吃肉是你在造恶业,会使你在轮回之中饱尝恶果——这关乎你的切身利益,但无关于你的道德。而诺齐克为我们设想过这样一种境况:有某些比我们高级得多的外星人(譬如他们和我们的差别至少不小于我们和牛的差别),为了自身利益准备杀掉我们,这是否也不存在道德问题?[2]

这是一个富于启发性的问题,因为,如果这也可以的话,是否意味着我们之所以会问心无愧地杀牛,仅仅是因为在牛的面前,我们是当之无愧的强者?如果说只有在同类之间的残杀才是不道德的,那么既然我们确定同类的标准是如此的主观,如此的游移不定,是否可以以力量等级为标准,在某个力量等级以上的强者视彼此为同类,认为彼此不可相残,而杀害被定义为另一种群的弱

---

[1][英]洛克《政府论》下篇,叶启芳、瞿菊农译,商务印书馆,1996:9。洛克在该书的另一处同样指出:"一个人可以毁灭向他宣战或对他的生命怀有敌意的人。他可以这样做的理由就像他可以杀死一只豺狼或狮子一样。因为这种人不受共同的理性法则的约束,除强力和暴力的法则之外,没有其他法则,因此可以被当作猛兽看待,被当作危险和有害的动物看待,人只要落在它们的爪牙之内,就一定会遭到毁灭。"见该书第12—13页。

[2]Robert Nozick, *Anarchy, State, and Utopia*, Blackwell Publishers, 1974: 45–47.

者则不必负有任何内疚？

这会使我们归向臭名昭著的尼采哲学：尼采认为一个善良健全的贵族应当毫无愧疚地接受千万人的牺牲，这些牺牲者必须降为奴隶，降为工具。从尼采的意见我们可以合乎逻辑地推论出：在同样具有感知能力和思考能力的物种当中，能力较差者"理应"为能力较强者做出牺牲，正如猩猩或牛马"理应"为人类做出牺牲一样；如果一个人，一个高贵的人，对猩猩或牛马表现出任何谦卑的姿态，那么他无疑是在自取其辱、自甘堕落。

那么，接下来的推论将是令人不快的：一个赞成对猩猩或牛马可以生杀予夺的人，只要真诚地保持逻辑一贯性的话，就没有足够理由反对尼采的意见，进而对杀人问题的态度会宽容得多。

「五」

事情还有另外的一面，即杀人就一定对被杀的人不利吗？——安乐死的支持者们肯定会表示异议，在敌人日复一日的酷刑折磨中求生不得、求死不能、获救无望的人多半也不会赞同。

回顾《独立宣言》中那些激荡人心的语句："我们认为下列这些真理是不言而喻的：人人生而平等，造物主赋予他们若干不可剥夺的权利，其中包括生命权、自由权和追求幸福的权利。"——那么，问题一，假令我们确证这些的确就是我们的基本权利，那么我们可否主动放弃这些权利？问题二，如果发生了这样的事情，即生命权、自由权和追求幸福的权利彼此冲突，我们应该何去何从呢？

对于第一个问题，支持天赋人权的人一般会持反对意见：既然这些权利是天然具备的，是与生俱来的，就像基因一样紧紧伴随人的一生，那么就算有人甘愿放弃也不可能做到。——如果认可这种见解，那么天赋人权的道德色彩就

· 第五章 ·
从奥米拉斯的孩子到巴厘岛的王妃

会变得相当可疑了,譬如在生物学上,贪欲和情欲是任何生命与生俱来、根深蒂固的,但为什么就没有和生命权、自由权和追求幸福的权利一样的道德权重呢?我们显然不能因为自己天然是什么就认为在道德上应该追求什么。天赋人权在事实上也许仅仅是:我们希望有这些权利,所以我们认为自己天然拥有这些权利,并且应当拥有这些权利。

其次,天赋特质就算不可改变,但至少可以抑制它的表现。譬如你天生是一个外向的人,但只要你有足够的动机去改变,就可以选择一种离群索居的生活,每天除了川端康成的小说和叔本华的哲学之外不再接受任何信息。再如父子关系是一个生物学的事实,从生物学来说确实是断绝不了的,但在更高的人生追求面前,儿子不仅会和父亲划清界限,甚至还会在大庭广众之下以一种比任何陌生人都远为激进的态度对父亲进行殴打和凌辱。

接下来,对于第二个问题,倘若天赋人权可以被放弃的话,一个心智正常且未受到任何逼迫的成年人有没有放弃生命权的自由权;如果他经过审慎的思考,认为放弃生命权才是自己追求幸福的唯一的办法,那么他是否能够以放弃生命权的方式来行使自己追求幸福的权利呢?

反对者当然可以声称任何形式的生活都比死亡要好,但至少哈姆莱特不这样想,他既求死又畏死,求死是因为"死了,睡着了,什么都完了;要是在这一种睡眠之中,我们心头的创痛,以及其他无数血肉之躯所不能避免的打击,都可以从此消失,那正是我们求之不得的结局";畏死则是因为"惧怕不可知的死后,惧怕那从来不曾有一个旅人回来过的神秘之国,是它迷惑了我们的意志,使我们宁愿忍受目前的磨折,不敢向我们所不知道的痛苦飞去"。

这是一种相当功利主义的思维方式,之所以不敢贸然去死,只是因为无法确定死后的世界是否比现实世界更坏。否则的话,倘若死亡真的是一个人的终点,那么事情就简单多了:"谁愿意忍受人世的鞭挞和讥嘲、压迫者的凌辱、傲慢者的冷眼、被轻蔑的爱情的惨痛、法律的迁延、官吏的横暴和费尽辛勤所换来的小人的鄙视,要是他只要用一柄小小的刀子,就可以清算他自己的一生?"当然,更好的情形是像《唐才子传》所记的诗人李贺那样,上帝派出特使接他离开人世，特使告慰他说："天上比人间差乐，不苦也。"

哈姆莱特的权衡是出于避害的考虑，而在趋利的考量里，孟子舍鱼而取熊掌，裴多菲舍弃生命与爱情而选择自由，生命权都是在对自由与幸福的追求中被主动放弃掉的。于是，我们还会遭遇两个问题：（1）如果一个人的生命不是完全属于自己的，亦即他对自己的生命没有完全的所有权，是否也就没有足够的权利来决定自己的生死呢？（2）哈姆莱特式的功利主义权衡真的站得住脚吗，对利与害的内心感受真的就是生命的全部吗？

第一个问题是一个相当常见的意见，那么，当我们所信奉的神灵、所敬拜的祖先或所属的组织准许我们寻死，甚或通过什么手段或代理人夺取我们的生命，这在道德上是可以被接受的吗？

神灵与祖先助人求死的事情，譬如《左传·成公十七年》记载，在鄢陵之战中晋国大败楚国，晋国贵族范文子反而忧惧起来，让司掌祭祀的家臣为自己祈死，说道："君王骄奢却战胜了敌人，这是上天在加重晋国的内忧，祸患就要来临了。真心爱我的人只有诅咒我，使我快些死去，不要遭受祸患，这才是家族之福。"

范文子有意自杀，但囿于时代观念，只能经由祭祀这样的"正当途径"，求得祖先神灵的理解和帮助。至少从《左传》的角度看，范文子的死是出于自己的发愿，并由祖先神灵促成的，所以并未受到任何的道德非难。

还可以举一则西方的事例，这是蒙田记载下来的：

普瓦蒂埃的主教圣·伊莱尔在叙利亚的时候，得到消息说，被他连同母亲一起留在这边的他的独生女阿布拉，由于很有教养，并且漂亮富有，正当芳龄妙年，当地最有地位的显贵正追着向她求婚。他便写信给她（正如我们所见），叫她在感情上切勿看重人家提出的享乐和好处；说他在旅居中已经为她物色了一位更有地位、更加高尚得多的对象，一位有着与众不同的本领与气度的丈夫，他将奉献给她道袍和无价之宝。他的用意是使她不要贪图和习惯于世俗的享乐，以便与上帝同在。不过他觉得达到这一目的的最便捷、最可靠的办

第五章
从奥米拉斯的孩子到巴厘岛的王妃

法还是让他的女儿死去。于是他就不断地发愿、祈祷，恳求上帝将她脱离人世召到他身边去。结果确实如他所愿，因为在他回去后不久，她便离他而去。他对此显得特别高兴。……我还想把故事的结尾也说一说，虽然我原本并不打算这样做。圣·伊莱尔的妻子听到丈夫说起女儿如何在他的意愿指引下死去，说起女儿是多么幸福能够离开而不是留在人世，她对天堂的永福非常理解，所以恳切要求丈夫也为她这样做。在他们共同的祈祷下，上帝不久也将她召去。对于她的死，大家一致感到非常满意。[1]

今天的读者也许会觉得这是一篇讽刺文章，但这或许是多疑。蒙田本人是一位虔敬、正直的天主教徒，而且，当1580年他在罗马谒见教皇的时候，这部《随笔集》是得到了教廷承认的，甚至在世俗政局中，亨利三世对之也很有好评。所以，文章当中的道德含义的确是值得我们认真思考的。

至此我们应该进入上面提到的第二个问题了，即哈姆莱特式的功利主义权衡是否真的站得住脚，对利与害的内心感受是否真的就是生命的全部，这就要从功利主义的出发点说起了。

在功利主义者看来，人就是一架时刻权衡着快感与痛感的机器，导向快感的就是善的，导向痛感的则是恶的。道德或正义能否这样被还原到心理层面呢？作为功利主义的反对者，诺齐克设想过这样一种情况：有一些叫作体验机、变形机、效果机之类的东西，可以为你制造幻境，带给你任何随心所欲的体验，使你变成任何你想变成的人，制造你想要的任何效果，带给你一生一世的快乐，那么，你真的想生活在这些机器里吗？

在诺齐克看来，答案显然是否定的，理由有三：（1）我们想"做"某些事情，而不只是想获得做这些事情的感受；（2）我们想以某种方式"存

---

[1][法]蒙田《蒙田随笔全集》上册，潘丽珍等译，译林出版社，1996：246。

在";(3)这些机器会把我们限制在一个人造的世界里,使我们接触不到比人造的事物更深刻或更重要的东西。[1]

这是对功利主义的一个相当经典的反驳,但对于熟悉庄子哲学的中国人来说,它的说服力是会大打折扣的。庄子一定会反诘诺齐克:你怎么知道我们现实的生活一定不是某个不太合格的体验机所制造出来的幻象呢?

如果我们请笛卡尔加入辩论,他会毫无悬念地以"我思"证明"我在",为诺齐克的意见增加砝码。但是,当庄子思考着自己到底是庄周梦中的蝴蝶还是蝴蝶梦中的庄周时,"我思"显然只能对那个思考的主体证明其本身的存在,却证明不了这个思考的主体真实"存在"在这个世界上[2],也证明不了这个世界到底是真实的,还是由体验机制造出来的幻境,更证明不了这个思考主体的身份到底是庄周,是蝴蝶,还是无形无质、却误以为自己有个身体的一束灵魂,甚或连思考的主体也只不过是体验机编写出来的一套思维程序——这是尤其针对笛卡尔的——这架体验机精密运算着这套程序,却巧妙地并早已预先注定地使这套程序相信,所有的运算都是出于自己的思考,出于自己的"自由意志"。那么,没有自由意志的"我"究竟还能否称之为"我"呢,我们会认

---

[1]Robert Nozick, *Anarchy, State, and Utopia*, Blackwell Publishers, 1974:42–45。

[2]"我思"亦无法证明"我在"是一种物质性的存在,因为我们无法证明思维一定需要某种物质载体。可以参考以下文字:"……物理学家也不示弱,他们发现了新的更小的单位,叫作电子和质子,原子是由电子和质子构成的;若干年以来,这些小单位曾被认为具有着以前所归诸原子的那种不可毁灭性。不幸得很,看起来质子和电子可以遇合爆炸,所形成的并不是新的物质,而是一种以光速在宇宙之中播散的波能。于是能就必须代替物质成为永恒的东西了。但是能并不像物质,它并不是常识观念中的'事物'的一种精炼化;它仅仅是物理过程中的一种特征。我们可以幻想地把它等同于赫拉克利特的火,但它却是燃烧的过程,而不是燃烧着的东西。'燃烧着的东西'已经从近代物理学中消逝了。"([英]罗素《西方哲学史》上册,何兆武、李约瑟译,商务印书馆,1982:76–77)

第五章
从奥米拉斯的孩子到巴厘岛的王妃

为一个道出了"我思"的思维傀儡具有任何的主体性吗？

这就是说，当诺齐克在政治哲学或伦理学的层面上反驳功利主义的时候，他的推理至少在纯粹的哲学层面上是站不住脚的。再者，即便仅从生活经验来看，哲人往往会高估普罗大众的精神境界——亚里士多德坚信没有人会甘愿以一个小孩子的理智度过快乐的一生，穆勒则认为做一个痛苦的苏格拉底远胜于做一头快乐的猪，然而群众的格言是："宁为太平鸡犬，不为乱世百姓。"

所以，和诺齐克的结论相反，我倒是认为会有相当多的人会主动选择住到那些机器里去，一直到死；我本人也非常乐于成为这些人当中的一员，况且我们又如何能够断言此时此地的生活"不是"某个体验机所制造出来的幻象呢？

不妨从古代寻两个很可能会和我志同道合的旅伴：里斯卡"由于精神异常，总有一种奇怪的幻觉；他觉得自己永远是在一座剧场内，观看娱乐节目和世界上最美的戏剧演出。他的医生给他治愈了这种怪病，他却上告到法院，要他们恢复他的美妙的幻想能力。……毕达哥拉斯的儿子斯拉西拉乌斯也有相似的幻觉，他相信进入和停靠在比雷埃夫斯港口的船只都是为他服务的；他很高兴船只航行顺利，快活地迎接它们。他的兄弟克里托使他的神智恢复正常，他却很遗憾丧失了以前的状态，那时他的生活无忧无虑，充满了欢乐，就像下面这句希腊古诗说的：'不聪不明，一切省心。'"[1]

再者，如果从理据上继续分析，就会发现，只有当我们站在机器之外，才能像诺齐克这样评价机器里面的生活，因为一旦我们进入了机器，幻境就变成了我们所相信的真实世界，我们便只有在机器内部来认识自己以及围绕着自己的这个世界。于是我们将不会觉得自己在过着一种虚假的、被机器操控的生活，我们将由衷地相信自己的每一个决定都完全源于自己的自由意志，我们对爱和甜蜜的感受将和机器之外的感受同样的真实，我们也不可能想到这只是一

---

[1][法]蒙田《蒙田随笔全集》中册，潘丽珍等译，译林出版社，1996：171。

个人造的世界，在这个世界之外还有着"更深刻或更重要的东西"，就像我们不可能想到现实世界之外是不是还有一个更加真实的世界，在那个世界里还有许多"更深刻或更重要的东西"。

人的认知能力有多大，世界就有多大，我们不可能认识到我们的认知能力所无法达到的疆域。我们所有的认知能力，在进行所有的认知活动时，所引发的所有的反馈，确实都可以被分为快感和痛感两类，在这个意义上讲，我们"感受到"的生活就是我们全部的真实生活。反过来说就是，我们的生活不可能超出我们的感受之外。

所以在这一点上，功利主义没有错，错的是诺齐克。那么，作为一个功利主义者的哈姆莱特，只要能够调查清楚死后世界的真实信息，就完全可以在"生存还是毁灭"的纠结中轻松地做出抉择了。

「六」

在分析过"人可不可以杀人，是否在任何情况下都不可以杀人"之后，我们该着手于第二个问题了，即"谁有权利为奥米拉斯的那个无辜的孩子讨还公道"。这问题并不比第一个问题更简单些，它首先关乎"同意"原则。我们先假定那孩子已经长大了，长成了一个智力健全的成年人，那么，他本人的同意就是我们救他出火坑的必要条件。如果得不到他的同意，我们该不该向他伸出救援之手呢？

但是，不通过暴力方式的话，我们将无法得知他到底是同意还是不同意，因为他被那些留恋奥米拉斯生活的人们牢牢地看守着，不许我们接近半步。现在，给定的条件是：（1）我们完全知晓他的处境与苦难；（2）只有杀掉30名守卫，我们才能见到他，而只有见到他，我们才能获得他的授权或遭到他的拒绝；（3）在这30名守卫当中，有一半的人是被胁迫着执行守卫任务的；（4）

第五章
从奥米拉斯的孩子到巴厘岛的王妃

我们是奥米拉斯之外的人,当地的福祉与苦难对我们没有任何实际的影响,我们之所以想救他出来,只是出于纯粹的同情。

我们还可以加入另一个会使问题变得更加复杂的可选条件:(5)我们生活在一个和奥米拉斯类似的城市,城里也有一个无辜者为了我们的福祉而独自承受着暗无天日的、漫长的苦难。

选择只有两个:去,还是不去。如果选择前者,则还会引出一个有意思的问题:那个已经长大成人的可怜孩子面对着我们这群外人对奥米拉斯的入侵,亲眼看到了作为他的看守者的同胞的死,该不该为大义而忍私怨,毅然加入看守者的阵营对抗我们?一旦得知他这么做了,我们是否就应该罢手了呢,因为这是一个拒绝的信号?

这些问题并不全然是虚拟出来的,而是在真实的历史中不时出现。《宋史·南汉世家》记载南汉末年,皇帝刘鋹性格昏懦,政治全凭宦官和女子操纵,结果搞得酷刑流行,甚至触犯刑律的人会被投入像古罗马斗兽场一类的地方,与老虎和大象厮杀。苛捐杂税更不待言,刘鋹还在海南岛一带设置媚川都,强迫那里的百姓潜水到500尺以下采集珍珠。如果这些记载基本属实而不含偏见的话,那么我们就可以说,南汉人民确实生活在水深火热之中。

在赵宋与南汉并峙的时候,赵匡胤俘虏了一名南汉的扈驾弓箭手官。或许是出于好奇,赵匡胤命人给了他一副弓箭,要试试他的身手。身为皇帝扈从,本当是千挑万选的精英,可这位武官却连弓都拉不开。赵匡胤哑然失笑,便不再为难这位武官,转而问起他刘鋹的治国之道。武官便把南汉的奢靡与残暴一一道来,其内容是如此地震撼,以至于赵匡胤"惊骇曰:'吾当救此一方之民。'"

假如南汉是一片太平盛世,赵匡胤会不会放弃用兵之念,这是第九章将要讨论的问题,让我们先把注意力集中到当下。那么,如果可能的话,赵匡胤或许会援引马丁·路德·金的名言:"任何一个地方的非正义即是每一处正义的威胁。"不过,中国古代的思想资料库已经足以支持"吊民伐罪"的正义性了。赵匡胤后来确实灭掉了南汉，那么我们的问题是：假定《宋史·南汉世家》这段记载是准确无误的，假定赵匡胤当时"惊骇曰：'吾当救此一方之民'"是发自内心的，假定赵匡胤的灭南汉之举确实拯救了那一方之民，那么，赵匡胤的这番作为究竟有着怎样的道德权重呢？

无论如何，至少最后一个假定是有些证据的：南汉媚川都采珠而死的人一直很多，后来是赵匡胤废除了这项苛政。还有一个需要确认的前提是：赵宋和南汉在当时是并列的独立政权，即便从古人的"正统"来说，赵匡胤代周立宋不但是叛国篡位，更是欺侮了旧主的孤儿寡母，其道德色彩至少不比南汉更好。

我们再把这个问题反过来看一下：面对赵宋南下的军队，南汉该不该抵抗？这个问题也许应该分开来问：南汉的皇室该不该抵抗；南汉的百姓该不该抵抗？——南汉百姓或许不愿为了增加生活福祉而甘当亡国奴，又或许渴望着改朝换代而摆脱暴政的压迫，南汉皇室则似乎有足够的理由捍卫私人产业，如果子民确实可以被看作私产的话。而事实上，关于后者的争议并不像直观上的那样比前者更小，譬如白寿彝版《中国通史》第七卷"灭南汉"一节如此说道：

> 宋朝建立后，南汉不仅不称臣归附，反而出兵进攻已属宋朝的道州（今湖南道县），宋太祖遂命南唐后主李煜致书南汉后主刘鋹，令其向宋称臣并归还在后周时侵占的桂州（今广西桂林）、郴州（今属湖南）等地，遭到拒绝。[1]

这段话有着十分鲜明的价值取向，显然认为宋朝一经建立，南汉应该马上称臣归附才是，但缘由何在，书中却不曾提到，或许是将之视为某种不言而喻的真理吧。而这一则"不言而喻的真理"所暗示出来的正义原则会让人们想起

---

[1]白寿彝总主编《中国通史》第11册，上海人民出版社，2004：229。

威廉·詹姆士的话来：直到世界上最后一个人根据他的人生经验做出论断之前，伦理学是不会有什么终极真理的。[1]

那么，当我们把赵宋和南汉当作两个独立的主权国家而反对侵略战争的话，南汉那些生活在水深火热中的百姓或许一直在盼望着能有哪一支正义之师吞并自己的祖国，儒家学者在这个时候是不会反对军事入侵的。

当代西方政治哲学在处理这种问题时，一般并不反对"入侵"，而仅仅反对"占领"。[2]但是，倘若除"占领"之外再没有有效的手段以"解民于倒悬"，这又该怎么办呢？

对于这个问题，当代世界主要有两种方案，一是托管（trusteeship），即武装干涉者真正统治了它所"解救"的国家，表现得就像被该国居民所委托的那样，并寻求建立一个稳定的、或多或少被一致承认的政权；二是摄政（protectorate），即干涉者扶植一些当地的政治团体或若干团体的联合，然后使自己仅保持一种防御的姿态，以确保刚刚被推翻的政权不会卷土重来，以及法律和少数人的权利得到保障。如此一来，干涉者虽然有长期占领之实，但毕竟有一天会功遂身退的。

假如赵匡胤深入学习了当代政治哲学，他或许会被沃尔泽的意见所困扰：

---

[1] William James, "The Moral Philosopher and the Moral Life", *International Journal of Ethics*, April 1891.

[2] 参考沃尔泽的意见："人道主义干涉如果是对'震撼人类道德良知'的行为的反应（并且有合理的成功希望），它就是正当的。这句老套的说法在我看来是完全正确的。这种情况下它指的不是政治领导人的良知。他们有别的事情要操心，因而人们有理由要求他们克制自己日常的义愤和愤怒情感。它指的是普通人在日常活动中获得的道德信念。既然可以用这种信念形成有说服力的观点，我认为没有任何道德理由采取消极等待的立场，比如等待联合国（等待世界政府，等待弥赛亚……）。"（[美]迈克尔·沃尔泽《正义与非正义战争——通过历史实例的道德论证》，任辉献译，江苏人民出版社，2008：120）值得注意的是，沃尔泽特别提出了"并且有合理的成功希望"这一点，这在坚守原则主义的儒家知识分子看来是不可容忍的功利主义作风。

即便对南汉采取了上述两种方案之一，但其正义性的基础依然毫不牢靠。以武力推翻南汉政权的残暴统治，这或许还算得上是一种人道主义干涉，但是，若持续地干涉下去，以图"预防"南汉反动势力残余的反攻倒算，避免可能发生（当然也可能不发生）的流血事件，这究竟有几分道理呢——正如我们如何为了防止一个人将来"可能"犯下的罪行而预先对他进行法律制裁呢？

再者，南汉当地的政治精英们很可能希望赵匡胤的王者之师越早离开越好，他们有自信（尽管赵匡胤并不相信）自己在掌握政权之后，完全能够立竿见影地把局面控制下来。[1]

问题讨论到了这里，对于绝大多数的中国读者来说，似乎已经走得太远了，因为不要说托管或摄政的合理性，就连"入侵"也不是一个看上去多么站得住脚的道理。

似乎易于被多数人接受的方式是：先以和平手段打破信息封锁，让对方国家的人民获得充分而真实的信息，让他们知道或许还有一种更好的生活方式[2]，让他们在此基础上做出自己的抉择。但是，对方国家针对这一"信息侵略"而采取的"信息防御"是不是一种正当防卫？也就是说，这是不是合乎正义的呢？

我们不必争论这个论断的是非对错，无论如何，从中引出的一个疑难问题

---

[1] Michael Walzer, *Arguing about War*, Yale University Press, 2004：76–77.

[2] 哈耶克谈道："有人认为，那些刚刚开始公共生活的年轻人是自由的，因为他们已认同他们生于其中的社会秩序。这种说法所以是荒谬的，是由于这些年轻人可能还不知道有更好的社会秩序，即使是同他们父辈的思想完全不同的一代人也只有当进入中年后，才会考虑去改变现存的社会秩序。"（[英]哈耶克《自由宪章》，杨玉生等译，中国社会科学出版社，1998：32）然而就大众心理而言，先入为主以及"圈内人偏袒效应"会令人更加倾向于为生于其中的社会秩序做出辩护，并贬低或敌视其他形式的社会秩序。

第五章
从奥米拉斯的孩子到巴厘岛的王妃

是：如果对独立主权给予充分尊重的话，那么，打破对方国家的信息封锁这一行为本身是否就已经构成了对对方主权的侵犯呢？

但是，对主权的侵犯一定就与正义性水火不容吗？或者说，主权问题到底是不是原则问题呢？设想在无政府状态下的自然村落，你和邻居的关系就相当于两个独立主权国的关系，邻家男人唯一的工作和唯一的娱乐就是虐待妻儿，而且他的控制能力是如此之强，以至于使妻儿从来都想不到在这个世界上还有比遭受虐待更好的生活。假定你是一个有正义感的人，你会怎么办呢？

自扫门前雪一般不被看作美德，"主权不容侵犯"的想法在一些时候不仅是道德上可鄙的，也是事实上不可能的。有一则出家人的例子颇能说明问题，帮助我们看到一个清心寡欲的世界在何种情况下会出现势不两立的斗争。

大约在公元779年，吐蕃赞普（这个称谓的意思大约相当于国王）墀松德赞主持建成了著名的桑耶寺，这是吐蕃真正意义上的第一座佛寺，寺内既有佛像供奉，也有僧伽组织，佛教的本土化就此开始。作为新兴的外来宗教，佛教与当地传统的苯教自然形成了竞争的态势。于是，为了表示对两教一视同仁，也为了让两教人士增进了解、和谐共处，墀松德赞把苯教名人和佛教僧侣一并安置在桑耶寺里。但是完全出乎意料，吃斋念佛、与人为善的佛教徒居然容不下苯教徒。佛教徒提出严正抗议：一国不能有二主，一个地区也不能有两个宗教，如果赞普不肯废除苯教的话，所有印度僧侣宁愿回国。

事情的起因并不复杂：苯教徒在自己的祭祀过程中需要宰杀很多牲畜，这是他们固有的宗教仪轨，本来无可厚非，但同在桑耶寺的佛教徒自然不能容忍有人在寺院杀生。[1]杀生还是不杀生，这对两家宗教来说都属于原则问题，原则问题总是无法妥协的。

我们不妨假想一下，桑耶寺就是世界的全部，寺里的人没可能走出寺外，以寺院的中轴线为分界，苯教徒和佛教徒各居一边。看上去，大家都可以各行其是，互不越界，然而问题就是彼此都可以看到对方。那么，苯教徒可以容忍

---

[1]王森《西藏佛教发展史略》，中国藏学出版社，2001：12。

佛教徒不杀生，佛教徒却不能容忍苯教徒杀生。出于对信仰的真诚，佛教徒必然会越界干涉，甚至可能不经物主的许可而私自放走那些待宰的牛羊。即便苯教徒有着足够的强横和谨慎，以至于佛教徒的任何干涉都无法奏效，但虔诚的佛教徒仍然会继续干涉下去，至死方休。

对于这一纠葛，真实的解决方式是这样的：墀松德赞决定召开一个辩论大赛，让两教人士公开辩论教理，看看到底孰优孰劣，赢家通吃，至于输家，要么归顺对方的信仰，要么放弃宗教身份去做纳税的百姓，要么就永远离开吐蕃。

这办法看似公平，但文无第一、武无第二，输赢事实上掌握在裁判手里，而在这场辩论赛里拥有决定权的那位裁判就是支持佛教的墀松德赞本人。

果然，辩论大赛毫无悬念地结束了。墀松德赞和贵族大臣们盟会发誓，从今以后永不背弃佛教，并且下达严令：吐蕃境内上上下下必须一律尊奉佛教。除此之外，墀松德赞还为赞普与贵族的子孙们选择僧人为师，让他们攻读佛经，对僧人则划分等级，给以不同的待遇，还拨给桑耶寺二百户属民，来供应寺院僧众日常所需的人力物力。至于苯教，虽然经受了这一场灭顶之灾，但毕竟百足之虫死而不僵，心有不甘地蛰伏起来，悄悄谋划着自己的将来。

然而政治严令并不能完全禁绝古老的习俗，杀牲传统和佛教戒律最终还是在民间的博弈中达成了一个妥协：仍然用牛羊肉来祭祀神灵，但不能当场宰杀，而是在祭祀仪式之外的地方（譬如屠宰场或家里）事先宰杀好，并且不取整头牲畜，仅以一部分切割下来的骨肉祭祀。这种祭肉在当地被称为"菩萨肉"，风俗至今犹存。[1]

---

[1]周锡银、望潮《藏族原始宗教》，四川人民出版社，1999：321–322。

第五章
从奥米拉斯的孩子到巴厘岛的王妃

「七」

让我们更进一步，考察一则相当晚近的案例，以使我们可以充分地用上"文明人"的眼光。19世纪80年代，一个名叫海尔默斯的丹麦青年以动人心魄的笔调记述了自己在巴厘岛的一段见闻，其内容完全不同于高更用他那支著名的画笔告诉我们的。

其时正值一位邻国酋长的葬礼，这同时也是巴厘人一次盛况空前的庆典，所有的巴厘酋长或王公都带着大批仆从迤逦而至，以"与民同乐"的姿态观赏那位死者的尸身如何被焚化，以及他的三位王妃如何在火焰中献身燔祭。"那是一个晴美的日子，沿着把葱茏的无尽的梯形稻田截然划开的柔滑的培堤埂地遥遥望过去，一群群的巴厘人身着节日的盛装，逶迤朝着火葬地走去。他们色彩缤纷的装束与他们所经过道路上柔嫩的绿地形成了艳丽的对比。他们看上去几乎不像野蛮人，倒是更像一伙逢年过节的好人儿在进行一次欢愉的远足。整个环境看上去是那么富足、祥和和幸福，在某种意义上看上去是那么的文明，简直令人难以相信就在这样场景的几英里之内，有三个无辜的女人，为了宗教名义上的爱的缘故，将在成千上万的她们同胞面前来承受最可怕的一种死的折磨。"

围观者足有四五万人，大约占到全岛总人口的5%，而从那三位即将赴死的王妃脸上看不出一点惊慌或恐惧的神色，因为她们深信有一个无比华美的极乐世界正近在咫尺地等待着她们的到来。三位王妃的亲友们也在围观群众当中，和大家一样满怀期待。最后，盛装的两位王妃毫不犹豫地纵入火海，第三位王妃略微有些踟蹰，但在颤抖地蹒跚了一刻之后，也紧随着两位姐妹而去，没有丝毫的叹息哀恳。

作为一名来自"文明社会"的旁观者，海尔默斯如此满怀庆幸地记录着自己的观感：

这场可怕的场景在这巨大的人群中并非引起任何情感的波动，而且这场面是在野蛮的音乐声和鸣枪声中终结的。这是一个使亲睹者永远难以忘怀的场景，它带给我的心里一种非常奇异的情感去感激我所身履的文明，感激它所有的过失及所有的仁慈，感激它越来越致力于把妇女从欺诈和残忍中拯救出来的趋势。对英国统治者而言，在印度，这臭名昭著瘟疫般的寡妇殉夫习俗已经根绝了。而且无疑地，荷兰人此前也在巴厘人那儿根绝了这一制度。像这样的文献录载的是一种昭示西方文明有权去征服和以人道的名义驯化野蛮种族和取代他们的古代文明的信证。[1]

从海尔默斯的这段感言里，敏感的东方人很容易看出西方文明中心论的影子，甚或相信这是在为侵略与殖民所寻找的所谓"正义的口实"，就像中国在一千年前赵匡胤对南汉所做的事情一样。不知幸或不幸，历史的确像海尔默斯所期望的，同时也像巴厘岛的"民主主义者"或"社群主义者"所痛恨的，荷兰侵略者悍然干预了人殉这一根深蒂固的"传统文化"，以西方所谓文明世界的价值观强加于这座属于艺术的、充满牧歌风情的天堂小岛。

这种西方价值观显然不是自由主义的——让我们回顾一下米塞斯的行为通则（general theory of choice）：任何人的行为都只受到唯一的限制，即不对他人造成损害。换一种我们较为熟悉的说法，即在不损害他人的前提下，一个人可以为所欲为。那么，在巴厘岛的案例里，谁才是被侮辱与被损害的人呢？

是那三位蹈火而死的王妃吗？——在所有巴厘岛人的心里，她们明明是走上了一条被人艳羡的幸福之路，就连她们自己和她们的亲友们也都这样相信

---

[1]《1849年远东探险及赴加利福尼亚的旅行，以及1848年赴白海之途》，伦敦，1882，pp.59-66。转引自[美]吉尔兹《地方性知识——阐释人类学论文集》，王海龙、张家瑄译，中央编译出版社，2000：44-49。

第五章
从奥米拉斯的孩子到巴厘岛的王妃

着,她们是完全自愿地跳进了火海,热情地追求着来世的福祉。谁能证明她们想错了呢?

这种情形绝不只在巴厘岛才有。如果我们相信蒙田的记述,那么,"在纳森克王国,至今教士的妻子在丈夫去世时,随死者一起活埋。其他女人则在她们丈夫的葬礼上活活烧死,此时,她们不仅表现得勇敢坚强,而且喜形于色。国王的遗体火化时,他所有的妻妾、嬖幸、各种官员、奴仆都兴高采烈地扑向烈火。对他们来说,能陪伴国王的遗体一起火化,是一种无上的光荣"。[1]

这些人都是受了欺骗吗,就像巴厘岛的那三位王妃一样?

只要利益是主观的——像奥地利学派的经济学家们告诉我们的那样——那么在巴厘岛这个社群内部,虽然死掉了三个无辜者,但这不但不违背自由主义的行为通则,甚至还会取悦于最苛刻的功利主义者,因为这样的行为毫无疑问地促进了"最大多数人的最大幸福",这甚至还是一种十足的帕累托改进:在增进福祉的时候,并没有任何人的利益受到损害。

美国的人类学家吉尔兹在为哥伦比亚大学的一次演讲当中不惮篇幅地引述了海尔默斯的故事,最后毫无悬念地指出:"这正是西方人可以征服和改造东方的证明文书。如英国人在印度、荷兰人在印度尼西亚,和可以设想的比利时人、法国人和其他西方人可以有权去用他们自己的文明标准代替、更换当地古代的文明,因为他们是站在仁慈和解放生灵的一边,反对奸邪和暴虐的。"——是的,即便是穆勒这样的学者也坦然地站在这个立场上,他一定会支持西方人对巴厘岛的文化殖民,甚至是武力殖民,因为在他看来,美国白人对待印第安人的态度就"不但是正义的,而且是高尚的"。[2]如果是中国儒家,甚至就是孔孟本人,是否同样会以"君子坦荡荡"的心态主张对巴厘岛的入侵呢?

---

[1][法]蒙田《蒙田随笔全集》上册,潘丽珍等译,译林出版社,1996:54。

[2]John Stuart Mill, *Writings of John Stuart Mill*, Ney MacMinn, J. R. Hainds, and James Manab, ed., Evanston, 1945:14.

但是，吉尔兹继而又无可奈何一般地说道："当我们读完这些奇异的文献，我们觉得不仅仅是巴厘人或海尔默斯看上去在道德上是不可捉摸的；而且，我觉得除非我们有志于去解决诸如'人吃人是错的'之类的润饰性箴言之外，我们本身也是如此。"[1]

作为人类学家的吉尔兹在一个伦理学或政治哲学的问题上颇有自知之明地止步不前了，但他的确触到了症结所在。是的，"人吃人是错的"，这样一个看似不言而喻的、简单到无可复加的命题，一旦深思起来，的确是难以解决的。

「八」

古罗马哲人阿波多罗斯承认自己在偶然的必要之时也吃人肉——他是在一本叫作《伦理学》的书里写下这个内容的。今天很难想象，一个吃人的伦理学家，他的书会受到读者怎样的对待。

历史性地来看，把吃人当作错事，这只是一时一地的道德观念罢了，是人类在"文明化"之后方才固定下来的一种认识，天真的野蛮人却并不都这么想。譬如阿兹特克人囿于见识，认为吃人是一项痛苦的义务，如果拒不承担这项义务的话，太阳就会失去光亮。

根据蒙田的未注出处的记载："波斯国大流士一世问几个希腊人，给他们什么就可以使他们遵从印度人的习惯，把去世的父亲吃掉（这是印度人的习俗，认为把死人装进他们的腹中是最好的归宿），希腊人回答说，不管给什么，他们也不会这样做。大流士一世又试图劝说印度人放弃自己的做法，按照

---

[1][美]吉尔兹《地方性知识——阐释人类学论文集》，王海龙、张家瑄译，中央编译出版社，2000：54-55。

· 第五章 ·
从奥米拉斯的孩子到巴厘岛的王妃

希腊人的习惯,把他们父亲的尸体火化,印度人的反应则更强烈。"[1]

蒙田借此阐释习俗的力量,当然,吃人还有颇为现实的、功利性的理由。伏尔泰讲过自己的一段经历:"在1725年,有人带了4个密西西比的野蛮人到枫丹白露来,我曾有幸同他们交谈过。其中有一个当地妇人,我问她是否吃过人,她很天真地回答说她吃过。我露出有点惊骇的样子,她却抱歉说与其让野兽吞噬已死的敌人,倒不如干脆把他吃了,这也是战胜者理所应得的。我们在阵地战或非阵地战中杀死我们邻邦的人,为了得到一点儿可怜的报酬去给乌鸦和大蛆预备食料,这才是丑行,这才是罪恶。至于敌人被杀后,由一个士兵吃了或是由一只乌鸦或一条狗吃了,这又有什么关系呢?"[2]

伏尔泰的《哲学辞典》专门有"吃人的人"这样一个词条,所列举的事例之多令人不寒而栗,只是考虑到伏尔泰在引经据典方面一向缺乏足够的严谨,所以,这4名密西西比的野蛮人既是作者亲见,又有如此一种天真的口吻和乍看上去简直无懈可击的道理,所以尤其值得援引。他们既不是被严酷的生活逼到不得不吃人的地步,更没有表现出一点一滴的内疚感。

伏尔泰作为文明社会的精英人物,在吃人问题上和这几名密西西比的野蛮人看法一致。他在后文这样写道:

在克伦威尔时代,有一个都柏林的女蜡烛商出售用英吉利人脂肪做的上品蜡烛。过了些日子,他的一位主顾抱怨她的蜡烛不如以前那样好了,她就对他说:"先生,就是因为我们缺少英吉利人哪。"

我要问到底谁的罪过最大呢,是谋害英吉利人的那些人呢,还是这个用英吉利人身上的脂肪做蜡烛的贫妇呢?我还要问到底什么是罪大恶极,是烹调一个英吉利人做晚餐吃呢,还是用英吉利人做蜡烛在用晚餐时照明呢?我以为罪

---

[1][法]蒙田《蒙田随笔全集》上册,潘丽珍等译,译林出版社,1996:129。
[2][法]伏尔泰《哲学辞典》,王燕生译,商务印书馆,1991:135。

大恶极的是人们杀害我们。至于在我们死后用我们做烤肉或做蜡烛倒无关紧要；一个正人君子对于死后还有用途并不觉得可恼。[1]

看来伏尔泰应该能和墨子说到一起，而会被孔孟当作大敌。在推进理性以揭开启蒙时代的时候，理性已经走得过于极端，以至于不近人情了。任何一种思想主张如果想要深入人心，理性上是否圆融无碍一点都不重要，重要的是要合乎人之常情。进入文明社会之后，吃人，乃至用人的脂肪做蜡烛什么的，比杀人更加令人毛骨悚然。在这个问题上，甚或在一切相关问题上，是情绪上的厌恶程度决定了道德的维度。

在进入文明社会之后，吃人逐渐被列为禁忌，人们对杀人却有着相当程度的宽容。那么，吃人和杀人的本质区别究竟何在呢？试想在一场反侵略战争中，正义的一方在绝粮的困境下面临两种选择：（1）饿死，随之而来的是亡国灭种；（2）吃掉俘虏来的侵略者，保存生命，继续与敌人作战。如果为了正义的目的可以杀掉敌人，或者摧残敌人的尸体以达到泄愤或威吓的作用，为什么就不可以吃掉敌人呢？"壮志饥餐胡虏肉，笑谈渴饮匈奴血"，这一联脍炙人口的词句难道仅仅具有修辞上的感染力吗？

当然，我们还可以把问题设计得更极端一些，把上述第二种选择中的"俘虏"换作"同伴"。那么，为了正义而吃人，无论吃掉的是敌人还是同伴，这有什么不妥吗？

当然会有人质疑：一旦吃了人，原本正义的目标也就受到了玷污，甚至不再值得维护了。但这样的质疑在逻辑上是不成立的：我们正在为"人吃人是错的"寻找理由，而不能在这个过程中又把"人吃人是错的"预设为前提。

吃人的事情在人类历史上屡见不鲜，所以我们有足够的例子可供辨析和思考。恺撒在围攻阿来西亚的战争中，被困的高卢人内无粮草、外无救兵，于是

---

[1][法]伏尔泰《哲学辞典》，王燕生译，商务印书馆，1991：146。

第五章
从奥米拉斯的孩子到巴厘岛的王妃

开会商量办法。据恺撒的记载，这些高卢人既有主张投降的，也有建议突围的，"但最最残忍得出奇、伤天害理到极点的，莫过于克里多耶得斯的一番话，颇值得一述"。这位克里多耶得斯先是以慷慨激昂的言辞唤起了大家的荣誉感，然后建议道："我要求照我们的祖先跟钦布里人和条顿人战争时的样子做，虽然那次战争绝不足以和这次相比，但当时，他们在同等的饥饿压力之下，闭守在市镇里，就以那些年龄不适于作战的人的尸体维持生命，绝不向敌人投降。即使我们没有这样一个先例，为了争取自由，给后世树立这样一个先例，我也不得不认为这是一件极端光荣的事情。"[1]

不自由，毋宁死，也毋宁吃掉自己的未成年的同胞。这无论是在今天看来，还是在当时来自"文明世界"的恺撒看来，都是不可接受的。但是，这些野蛮而富于荣誉感的高卢战士，最终还是达成了一致：到了万不得已的关头，也就只有采纳克里多耶得斯的这个建议了。

中国的一则吃人案例看上去要文明一些：在军阀混战的东汉末年，张超固守的雍丘在曹操的围攻之下渐渐支撑不住了。张超对部下说："臧洪会来救援我们的。"部下不解："臧洪正在袁绍手下做事，袁绍和曹操却是盟友，臧洪怎么可能做出破坏袁曹联盟给自己惹祸的事呢？"张超答道："臧洪是天下义士，不会背弃旧恩。我只担心他受到强大势力的控制而不能及时赶到。"

张超所谓的旧恩，是指自己当初对臧洪有过知遇之恩，是臧洪的旧主。张超所料不差，臧洪得知旧主被困，即刻向袁绍请兵，在被袁绍拒绝之后，臧洪又请求仅带自己所部兵马救援张超，但袁绍依旧不允。结果雍丘陷落，张超自杀，全族被灭。臧洪由此而痛恨袁绍，与之断绝往来，因此而招致袁绍大军的围攻。

臧洪守城守了一年有余，粮食已经吃尽，他便杀了爱妾给众将士吃。在无

---

[1] [古罗马]凯撒《高卢战记》，任炳湘译，商务印书馆，1982：200-201。

法抵抗的饥饿之下，城中男女七八千人相枕而死，城池也终告失陷，臧洪被袁绍擒杀。

那么，臧洪到底是天下义士还是吃人狂魔呢？不少人是把他当作义士的，袁绍在擒获臧洪之后，决意杀他，臧洪的同乡陈容自幼便敬仰臧洪，其时恰恰在场，便向袁绍提出抗议，最后慷慨激昂地说："仁义岂有常，蹈之则君子，背之则小人。今日宁与臧洪同日而死，不与将军同日而生。"结果袁绍连同陈容一并杀了，致使在座诸君无不叹息，私下议论道："怎能在一天之内杀了两位烈士！"[1]

东晋年间，刘裕讨伐司马休之，写密信给司马休之的录事参军韩延之，要韩延之弃暗投明。韩延之在回信里痛斥刘裕对司马休之"欲加之罪、何患无辞"，说就算上天注定了灾祸不绝，自己也甘愿追随臧洪于九泉之下。刘裕收到回信之后，为之叹息，遍示将佐说："做人家部属的就应该像韩延之这样。"[2]

北周宣帝继位之后为政昏暴，京兆郡丞乐运带着棺材上朝谒见，面陈皇帝的八项过失。周宣帝大怒，要杀乐运，群臣无一人相救，只有元岩对人说："连臧洪都有人甘愿陪他同日赴死，何况比干呢（元岩以比干喻乐运）。如果乐运被杀，我愿意陪他同死。"[3]

但也有人不以为然，王夫之就认为张超不过是像曹操、袁绍一样的人，臧洪之义不过是为了私恩。臧洪自己纵然可以为报私恩而奋不顾身，却奈何使全城的将士、百姓都为此而死。这只是任侠，称不上义举，吃人之罪更加不可饶恕。

王夫之把臧洪与张巡、朱粲相提并论，认为天下最不仁的事情未必不是始于道义的口实，在道义的大旗之下，人们便不再觉得残忍的行为有多么难以接

---

[1]《资治通鉴》卷61。
[2]《晋书·司马休之传》。
[3]《北史·元岩传》。

第五章
从奥米拉斯的孩子到巴厘岛的王妃

受了。臧洪是出于任侠这么做的,张巡起而效法,出于尽忠也做了同样的事,后来又有朱粲这类人效法他们。每到末世凶年,在愚顽的百姓之中,人吃人的事情不断发生在父子、兄弟、夫妻之间,吃人者连难过之情都没有了,把人看得和蛇、蛙无异,哪还有君臣道义呢?

我们不免会问:设若把王夫之换到臧洪、张巡的处境上,他会怎么做呢?想来他可能投降,至多会自杀,因为他这样说过:像张巡这样的情形,明明知道城守不住,自刎以殉城也就是了;而像臧洪这样的,就算暂时降了袁绍也不算是有辱名节。[1]

以上这些议论又给我们提出了几个新的问题:(1)如果整个社会风尚都赞同甚至崇尚某种吃人行为,那么吃人可不可以算作道德的?(2)在凶年末世,人类社会退化到自然状态,道德和法律是不是就不再也不应该再具有约束力了?(3)如果吃人者和被吃者都是理性的、自愿的,吃人是不是就可以被接受呢?

问题(1)是一个针对社群主义的诘难,我将留待下文由沃尔泽提出的"弱的普遍原则"来做回答。至于问题(2),这正是现实主义的合乎逻辑的推论——譬如直到今天,仍然有许多人相信在国际事务这种"自然状态"下,"没有永远的朋友,只有永远的利益"以及"弱国无外交",道德或正义是没有任何地位的。诚如黑格尔在《法哲学原理》一书中所陈述的著名的国家理论,不同的国家在相互关系中"是处于自然状态中的"(第333节),所以国际纠纷只能并且应当通过战争手段来解决。黑格尔甚至认为战争还有一种"更崇高的目的",即促进各国民族的伦理健康,"这好比风的吹动防止湖水腐臭一样;持续的平静会使湖水发生相反的结果,正如持续的甚或永久的和平会使民族堕落"(第324节)。[2]

---

[1][清]王夫之《读通鉴论》卷九。

[2][德]黑格尔《法哲学原理》,范扬、张企泰译,商务印书馆,1979:341,348。

黑格尔的论述是如此的义正词严，以至于我们很容易在感情上接受他的结论，当然有许多人在理性上也是这样相信的。那么我们以同样的逻辑试想一下，不是在国与国的"自然状态"下，而是在人与人的"自然状态"下，道理是否同样如此呢？

「九」

中国在汉朝初年曾经陷入一种"准自然状态"，据《汉书·食货志》记载，其时接秦之敝，诸侯并起，人民失去产业生计，饥荒流行，"人相食，死者过半"。于是刘邦下令，准许人民群众卖掉孩子，准许到蜀汉地区逃荒。可见在这样的极端情形下，就连政府法令也对传统道德做出了一定程度的让步。

"自然状态"直到现代仍然是正义问题上的一个思考难点。1954年，英国作家戈尔丁出版了一篇寓言体小说《蝇王》，其情境设定是：一群男孩因为飞机失事深陷于一座荒无人烟的孤岛，不得不以自己的力量寻求生存与获救。这样的设定似乎有意展开一个青春励志的故事，但情节完全走向了相反的一面。最初，这群孩子推举了正派的拉尔夫作为领袖，在他的领导下建立了理性的生活秩序，然而性格强悍的杰克以暴力和蒙昧拉拢了越来越多的孩子，甚至还发明了宗教仪式——他把飞行员的尸体误认为幽灵，便以猎杀来的野猪的头颅向这个"超自然力量"献祭。杰克的队伍在不断壮大的同时，也日益变得可怖起来，终于发展到了一个顺理成章的结局：杀人。他们发动叛乱，杀死了拉尔夫的助手，拉尔夫也在自卫当中杀死了杰克的人。人与人的厮杀就这样开始了，直到一艘路过的英国军舰发现了他们，把他们重新载回了"文明社会"。

戈尔丁的寓言是不是过于悲观了呢？也许是的，但他至少在故事的结尾给

第五章
从奥米拉斯的孩子到巴厘岛的王妃

我们留下了"一艘路过的英国军舰"。

在这部小说出版30年后,即1983年,戈尔丁发表诺贝尔文学奖的获奖致辞,为评论家们加诸自己身上的"悲观主义者"这个头衔进行辩解,辩词中有这样一段耐人寻味的内容:"我非常怀念一位杰出的女性,她就是500多年前的挪威人朱莉安娜。她曾经被魔力控制,魔鬼将一颗胡桃大小的东西放在她的手心,告诉她这就是地球,还把地球上将会发生的千奇百怪的悲剧一并告诉了她。但在最后,她的耳边突然出现了一个声音,告诉她这些事都会过去,所有的生物都会安然无恙,地球上的一切都只会变得更好。"

这是一位步入晚年的伟大文学家的信念与希望,但是,让我们回到《蝇王》的故事:这个故事真正震撼人心的地方并不是结尾处那艘终于来临的军舰,而是在军舰来临之前,在我们甚至并不确信最后会不会等来军舰的那段堪称"自然状态"的日子里所发生的一切。未来注定的"更好"并不会使过去的苦难变得云淡风轻——假如人们可以选择的话,至少有一些人宁愿从来不曾活过,也不愿去经受某些生活的苦难,而无论在这苦难之后会等来多大的幸福。

我们还有必要追问的是,在那艘军舰救出孩子们之后,当孩子们重新回到了"文明社会"之后,他们会如何反思自己曾一度陷入的野蛮与癫狂,又该如何、又该在多大程度上为自己的那段行为负责呢?这些问题可以被简化为一个最单纯的表达形式:他们到底做错了吗?

在《蝇王》发表的5年之前,即1949年,美国法理学家富勒在《哈佛法学评论》上发表了一则假想的奇案,是说有五名探险者被困在一处山洞里,在水尽粮绝而又确知短时间内无法获救之后,一个叫威特莫尔的人提议抽签吃掉一个同伴以救活其余四人,这个提议获得了一致通过。但是,就在抽签之前,突然有人反悔了,而这个人恰恰就是威特莫尔自己。他的反悔没能阻止先前的集体决议,其余四人还是把抽签进行了下去,而抽签的结果,那个"应该"被吃掉的人,天可怜见,恰恰又是威特莫尔。他们当真吃了他,而在获救之后,这四个人以杀人罪受到起诉,并被初审法庭判处绞刑。

富勒虚构了最高法院上诉法庭五位大法官对此案的判决书,分别体现了不同流派的法哲学思想。1998年,法学家萨伯延续了富勒的构思,假想这一奇案在50年后再获审理,又有九位大法官各抒己见。

其中有一位福斯特法官认为四名被告无罪,他的一项理由是:"当威特莫尔的生命被被告剥夺时,用19世纪作家的精巧语言来说,他们并非处在'文明社会的状态',而是处在'自然状态'。这导致我们联邦颁布和确立的法律并不适用,他们只适用源自与当时处境相适应的那些原则的法律。我毫不犹豫地宣布,根据那些原则,他们不构成任何犯罪。"[1]

福斯特法官所谓的"源自与当时处境相适应的那些原则的法律"就是所谓的自然律,即不存在法律与道德约束的自然状态下的自然规则,在这种自然规则下,人为了求生,杀人也好,吃人也罢,都没有什么不对的。事实上,在真正近乎自然状态的原始社会里——这是人类学家告诉我们的——的确就是这个样子。最令人为难的问题是,当我们已经"文明化"了,有了"文明人"的道德与法律了,当生存环境由于某种原因突然退回到了自然状态,我们是应该坚守原有的道德,还是放弃这些,做一个道德上的自然人?

在这个选择之中,后者往往都不会令人愉快——试想当蛮族入侵,摧毁了一切的文明与秩序,使社会陷入一种自然状态,而你作为俘虏面临两种选择:被杀,或者投降并助纣为虐、屠杀同胞,你会怎么选择呢?福斯特法官又会怎么选择呢?

至于问题(3),如果吃人者和被吃者都是理性的、自愿的,吃人是不是就可以被接受呢?——在《资治通鉴》关于臧洪的记载里,有一处细节是不曾被王夫之提及的,即城中绝粮之后,臧洪知道守不住了,便对将吏士民发话

---

[1] [美]萨伯《洞穴奇案》,陈福勇、张世泰译,三联书店,2009:22–25。

道:"袁氏无道,图谋不轨,且不肯救援我的长官(张超)。我臧洪出于大义不得不死,但诸君与此事无关,不该受我的连累,不妨赶在城池陷落之前带着妻儿出城。"众人却都感于臧洪之义,不忍离去。这就意味着,臧洪并不能说"连累"了全城,大家都是求仁得仁罢了。

当然,全城的将吏士民都不顾自己与妻儿老小的性命而甘愿追随臧洪,这实在不近人情。但即便这段记载是有水分的,至少也说明了史官的价值倾向。只是,在臧洪杀妾的时候,那位爱妾是否也感于夫君之义而自愿献出生命和血肉,这就不得而知了。但在当时,小妾的地位与其说更近于人,不如说更近于私有财产,她的意见被忽视是完全合情合理的。也就是说,至少在相当程度上,这位小妾可不可吃,只需要得到臧洪的同意,并不需要得到小妾本人的同意。那么,王夫之所谴责的吃人之罪究竟何在呢?

「十」

这种事情甚至还可以举出当代的例子,迈克·桑德尔就举过一个基于"自愿"的人吃人的案例:事情发生在2001年的德国,阿尔冈·梅维斯,一名42岁的电脑技师,在互联网上发布了一则征求志愿者的广告,希望那些想要被杀并被吃掉的人能和自己联系。大约有200人回复了梅维斯的广告,有4个人亲自找过梅维斯面谈,最后的"幸运儿"是伯恩德-约尔金·布兰德斯,一名43岁的软件工程师。布兰德斯和梅维斯一边喝着咖啡一边敲定了具体事宜,布兰德斯提供自己的生命和血肉,而梅维斯所能提供的东西除了这种匪夷所思的体验之外就再无其他了,尤其没有任何的金钱补偿。也许在一般人看来,这绝对称不上一笔合适的交易,但是,布兰德斯接受了。

随后,梅维斯果然杀了他的这位客人,分割他的尸体,分装在塑料袋里放进了冰箱。直到被捕的那天,梅维斯已经吃掉了布兰德斯身上的超过40磅肉,主要是用橄榄油和大蒜烹调加工的。[1]

桑德尔援引这一案例质疑自由主义的道德信条：两个成年人自愿缔结契约，互相也不存在任何欺骗，处置的是自己的身体而不是其他任何人的，那么按照自由主义的标准，这种行为是没理由被禁止的，德国政府更不该对梅维斯判刑。

对梅维斯的判刑在社群主义的语境下倒是更容易讲通的，虽然这个案例看上去和海尔默斯所记述的巴厘岛人殉事件是如此相似，但是，一处关键的差异是：巴厘岛的人殉是被整个社会——无论观众还是死者——所欣然接受的，是深深扎根于自己的社群文化的，梅维斯事件却大大有违于自己所在的社群伦理。从这层意义上说，梅维斯之所以必须受到惩罚，不是因为他要对具体的那个被吃掉的人负责，而是因为他"伤害了我们的感情"。

但这真是一个很好的理由吗？这理由的背后实在是一种强权的逻辑：我们是多数，梅维斯是少数，仅此而已。我们不妨设想一下，当我们置身于海尔默斯所在的巴厘岛上，眼睁睁看着三位美丽而无辜的女子即将纵身火海，我们完全出于高尚的情操以及最基本的人道主义精神挺身而出，施加"援手"，那么当我们这样做的时候，是否也深深伤害了所有巴厘人的感情呢，而他们又该以怎样的手段处置我们这些僭妄的渎神者呢？

当然，我们认为应当给人的生命以最大限度的尊重，我们会响应康德的主张，相信人只能是目的，不能是手段，但这只是"我们的"共识，我们之所以如此尊重生命，很大程度上是因为我们不相信永生（即便许多名义上的基督徒也是这样），否则我们很可能就会带有一些古老的达西亚部族的习气——这是图拉真治下的罗马帝国所遇到的一个极其令人生畏的对手，"除了一般野蛮人所有的强悍和凶恶之外，他们更有一种厌恶生命的情绪，这是因为他们真诚地

---

[1] Mark Landler, "Eating People Is Wrong! But Is It Homicide? Court to Rule", *New York Times*, December 26, 2003, p.A4. Michael J. Sandel, *Justice: What's the Right Thing to Do*, Penguin Books, 2010：73-74.

第五章
从奥米拉斯的孩子到巴厘岛的王妃

相信灵魂不死和轮回转世之说"[1]。

这正是普世性伦理之所以难以成立的一大症结，只要人们对生命的本质存在歧见，只要今生与永生无法调和，那么无论是"己所不欲，勿施于人"的古训也好，无论是康德的定言令式或罗尔斯的无知之幕也好，无论是功利主义的权衡计算或自由主义的行为通则也好，任何规则都不可能放之四海而皆准，我们除了无可奈何地接受那种令人生厌的道德相对主义或文化相对主义之外，再也没有别的办法。

我们不妨以这个角度试探一下罗尔斯的"无知之幕"——在订立社会契约的初始状态，倘若参与者都是18世纪欧洲的正派的知识分子，罗尔斯似乎认为他们理应这样思考："是的，在新世界里我也许会不幸'投生'为一个无神论者，我可不希望因此而遭受迫害，所以我需要在契约里设计清楚，新世界不能歧视无神论者。"

但是，因为他们足够正直，所以他们更加合乎情理的思考方式应该是："是的，在新世界里我也许会不幸'投生'为一个无神论者，这是多么可耻的事啊！任何无神论者都应当受到社会的唾弃，我不能因为自己有成为无神论者的可能而在这份社会契约里设计任何偏袒无神论者的条款。我是一位正派的绅士，不是那种自私自利的小人。"

中国的古典君子也会采取这种原则性的判断方式，依据孔子的教导："富与贵，是人之所欲也，不以其道得之，不处也；贫与贱，是人之所恶也，不以其道得之，不去也。君子去仁，恶乎成名？君子无终食之间违仁，造次必于是，颠沛必于是。"[2]如果畏惧在新世界里陷于"贫与贱"的处境而在"无知之幕"下动摇心中固有的道德原则，这还如何配称君子呢？

即便出于对私利的考虑，对《圣经》怀有足够真诚的基督徒很可能会期待

---

[1] [英]爱德华·吉本《罗马帝国衰亡史》上册，黄宜思、黄雨石译，商务印书馆，1997：22-23。

[2]《论语·里仁》。

一个普遍贫困的世界,因为"骆驼穿过针眼,比财主进神的国还容易呢","你们不能又侍奉神,又侍奉玛门"(《新约·马太福音》19:24,6:24),普遍的贫困至少可以消除自己在新世界变成富人的危险。这不仅是可欲的,而且是必须。如果在新世界里不幸生为一名富人,那么即便有幸听到福音,怕也很难割舍家业,而一贫如洗的人抛家舍业总会容易得多。甚至,他们不会希望在新世界里生为除基督徒之外的任何人,哪怕是专制君主或者富商大贾。同样地,对原始教义怀有足够真诚的佛教徒也很可能同样期待一个贫穷的世界,因为普遍的贫穷最有助于人们克制贪欲,而贪欲正是"三毒"之中最可怕的一项。[1]

虔诚而刻板的基督徒甚至不会希望新世界里消除了奴役和压迫的现象,因为他们偏偏渴望充当受奴役、受压迫的角色,除此之外的任何生活方式都是不可欲的。一个由专制暴君统治的国度可能是非常理想的,因为所有人都要给这位暴君做牛做马,任凭生杀。虽然他们也有可能不幸在新世界里生为那位暴君本人,但在理性的人看来,如此小概率的事件实在不应该作为判断的依据。

更有甚者的是,如果让使徒时代的基督徒在无知之幕前与他人订立契约,

---

[1]事实上在古代欧洲这确曾一度成为基督徒的普遍精神,人们轻视物质财富的生产,甘愿以今生的困苦换取永生的福祉,以致经济发展相当缓慢。不过在罗尔斯撰写《正义论》的时候,基督教世界早已经从所谓促进了资本主义发展的新教伦理滑向了现实主义,佛教更是在两千年来不断发展出新奇教义向世道人心妥协,权力和财富不但不再构成修行障碍,反而变成大有助益的东西。如果我们把宗教看作某种形式的群众运动的话,那么对于阿道夫·希特勒的以下意见就不应该因人废言——希特勒指出,一个运动提供的岗位和职位愈多,"它吸引到的劣质人才就愈多,到头来,这些政治攀援者会充塞于一个成功的党,致使其昔日的忠诚战士再也无法认出它的本来面目。……这样的事情发生时,一个运动的'使命'就寿终正寝了"(转引自[美]埃里克·霍弗《狂热分子》,梁永安译,广西师范大学出版社,2008:29)。

第五章
从奥米拉斯的孩子到巴厘岛的王妃

结果会是什么样呢？对于这些可敬的人士来说，殉道而死是人生最理想的目标，他们该设想怎样一种社会结构，以使自己无论成为这个世界当中的任何角色都会拥有较大的殉道机会？而满心世俗趣味的其他人，又会如何与他们达成妥协呢？

所以罗尔斯为无知之幕提出的一项预设是非常必要的，即所有人的利益需求大致相近。这在自然状态下是大致不谬的，却完全违背了"文明社会"的基本事实。

反驳者也许会说，罗尔斯还有一项预设，即协商契约的所有人都是理性的，尽管不可能具备完全的理性，所以那些真诚的宗教信徒并不符合这项预设。——然而罗尔斯对自己所使用的"理性"概念是有过清晰界说的，简而言之，不过是对于不同偏好的合乎逻辑的权衡能力而已，除了一个例外（即"没有妒忌心"），完全符合社会理论对"理性"这一概念的通常理解。[1]那么，依照这样的标准，让我们以一心殉道的基督徒为例，如果他们对殉道的追求并不是在某种特殊情境下突然头脑发热的结果，而是在冷静的状态下经过审慎权衡之后欣然赴死，那么他们当然就是理性的。

于是，凡此种种会很容易使我们倾向于沃尔泽的意见，追寻一种普遍的正义理论是不可能的，谁也没有办法跳出自己的历史与文化。那么，只要一个社会的运作方式吻合该社会成员的普遍共识，这个社会就是一个正义的社会。这就意味着，我们不可能通过哲学论证来确立正义原则，而只有通过文化阐释。文化，我们知道，是永远摆不脱相对性的。

那么，按照沃尔泽的这个标准，我们看来可以认定巴厘岛虽然存在着令欧洲"文明社会"忍无可忍的人殉现象，但就其自身来说是完全合乎正义的。——这绝不是一个会令我们大多数人欣然接受的结论，就连沃尔泽本人也会感到踟蹰，所以他还提出了一个"弱的普遍准则"，认为存在着很少的一些

---

[1] John Rawls, *A Theory of Justice*, The Belknap Press of Harvard University Press, 1971: 143.

真正具有普遍性的权利,是所有的社会都应该遵守的,譬如无论在任何社会,种族灭绝和奴隶制都是不正义的。[1]

然而事实上,沃尔泽的这些"最低标准"恰恰使他落到了自相矛盾的境地:他自己也不曾跳出自己的历史与文化。是的,至少古代的雅典和斯巴达人不会接受他的标准,亚里士多德也一定会起而与之论战。

---

[1]Michael Walzer, *Thick and Thin: Moral Argument at Home and Abroad*, Harvard University Press, Cambridge, Mass, 1994.

· 第六章 ·

自由意志的两难

康德在纯粹理性上悬置了自由意志,但为了捍卫道德,在实践理性上不得不预设了自由意志以作为道德的前提。是的,自由意志问题在学理上确实可以悬置,但很现实的问题是,我们的道德和法律却不可能有哪怕一分钟的闲置。那么可想而知的问题是,我们不再可以对善与恶的责任人理直气壮地加以表彰或谴责,法律判决更会失去扎实的正义根据。

「一」

公平原则，或"以德报德，以直报怨"原则，存在一个难于确定的问题，即如何确定"等值"。在正义女神的天平上，寻求正义的一方该在天平的另一端放上多大的砝码才可以恢复天平的平衡呢？

试想有一个极度厌世的抑郁症患者谋杀了一个朝气蓬勃、热爱生命、前途无限光明的大好青年，那么，对杀人者的处决当真遵循了等值原则吗？正义女神手里的天平会不会不但没有平衡，反而倾斜得更严重了呢？就杀人凶手的个人感受而言，能够被处以死刑不仅算不上惩罚，简直就是一种求之不得的福利。

也许这个杀人凶手本人也是一名受害者，甚至他才是这场不为人察知的阴谋中唯一被针对的目标。事情是这样的：一个老谋深算的杀人狂想要满足自己的杀人癖好，但他既不想被人寻仇，也不想被法律制裁，甚至不愿意接受旁人的道德谴责，于是他精心挑选了一对天生抑郁的男女，促成了他们的和谐而绝不美满的婚姻，看着他们生下孩子，看着这孩子不但继承了父母的抑郁基因，还整日被养育在挥之不去的忧伤气氛里。然后，杀人狂处心积虑地营造着这个孩子的生活环境，安排他住在最邪恶的街区，在一所地狱一般的学校里读一些比地狱更阴郁的书，灌输他悲观主义的信仰，激发他对乐观人士的仇恨与嫉妒……没有太大的悬念，这孩子长大之后，就成了那起凶杀案里的凶手，然后被捕，被判决，被处死。

第六章
自由意志的两难

的确,即便一生在这样的环境里成长,这孩子并不"必然"变成一个厌世的杀人凶手,但其或然性"必然"远远大于生长在阳光下的同龄人。那么,他为自己的谋杀行为所需要付出的"等值"的代价究竟是什么呢?

或许有人会质疑这个例证的荒诞,然而事实上,这个看似极端的故事并不是完全向壁虚构的。1948年5月的一期《纽约邮报》刊载了一篇新闻稿,题为《男孩凶手早在他出生前就命该如此》,描述的是"一个12岁的男孩怎样因谋杀了一个女孩而被判入狱,以及他的父母的背景,包括酗酒的记录、离异、社会失调和局部麻痹症"。约翰·霍斯泊斯在《自由意志和精神分析》(1950)里提到了这个例子,进而问道:"我们还能说他的行为——尽管是自愿的,也确实不是在枪的胁迫下所做的——是自由的吗?这个男孩很早就表现出行为残忍的倾向,以此来掩盖他潜在的受虐心理,以及以此来'证明他是一个男人';他母亲的溺爱只会使这种倾向恶化,直到他杀了那个他所爱慕却冷落了他的女孩——不是仅仅在盛怒之下,而是有谋算地、深思熟虑地谋杀她。他的犯罪行为,或就那点而论,他生命中的大部分行为是自由的吗?"[1]

霍斯泊斯继而应用弗洛伊德的精神分析理论来解答这个颇为棘手的伦理问题——尽管今天我们知道这是一条很不牢靠的道路,但霍斯泊斯的确提出了一个很好的问题。尤其重要的是,这个问题还会把我们引入一个更加令人困惑的领域,即人应当在何种程度上为自己的行为负责?——怎样回答这个问题一般取决于回答者的社会地位,权贵和富人喜欢"有付出就有回报""是金子总会发光"这类论调,穷人如果还不曾被话语权的垄断者们彻底蛊惑的话,往往会对权贵和富人们的侵略性姿态感到刻骨的仇恨和深沉的无奈。

事情总有例外,19世纪英国的空想社会主义者约翰·格雷虽然坚定地站在工人阶级一边,但也语重心长地劝告工人兄弟们:"我们很愿意认为,罪恶不是由任何一个个别的人和任何一个阶级产生的。我们很愿意承认,对于一个由

---

[1][美]霍斯泊斯《自由意志和精神分析》,汪琼译,《20世纪西方伦理学经典》第1册,中国人民大学出版社,2003:514。

于他无力判断的情况而偶然处于压迫者地位的人,哪怕怀有一点点的敌意都是非常不公平的。"[1]

可是,有哪一个压迫者不是"由于他无力判断的情况而偶然处于压迫者地位"的呢?一个人的生命中究竟有多少成分绝对不属于"命运的安排"?

让我们再看看事情的另外一面:维多利亚时代的英国曾经流行过一种"矫治哲学"(philosophy of rehabilitation),它在相当程度上被贯彻到司法实践当中。持这一信念的人一般都会把人的罪恶主要看作身心缺陷或对社会的适应不良的结果,所以,我们对罪恶要做的主要不是惩罚,而是教育,这才是监狱的最恰如其分的职能。

"劳动改造"就是矫治哲学的一种实践形式,至少在理论上或意图上是要通过劳动提高罪犯的思想觉悟。那么,教育和惩罚,哪种方式才更加符合公平原则呢?要想回答这个问题,我们必须直接面对哲学史上最具争议性的几大核心问题之一:人到底有没有自由意志?[2]

斯宾诺莎在他的名著《伦理学》里论证过一项经典命题:"在心灵中没有绝对的或自由的意志,而心灵之有这个意愿或那个意愿乃是被一个原因所决定,而这个原因又为另一原因所决定,而这个原因又同样为别的原因所决定,如此递进,以至无穷。"[3]——苛刻一点来看,如果这一命题成立的话,该书题目所标明的"伦理学"也就无法成立了。

是的,我们之所以认为人应当对自己的行为负责,是出于对自由意志的认

---

[1] [英]约翰·格雷《人类幸福论》,张草纫译,商务印书馆,1984:30。

[2] 矫治哲学的批评者认为,奉行矫治原则的社会必然拒斥民主政治,因为,如果说人们是自由而平等的,那么也就意味着他们必须为自己的所作所为承担责任,接受法律的裁判,而不是在医院里等待治疗。(F. D. Wormuth, *The Origins of Modern Constitutionalism*, New York, 1949:212)

[3] [荷兰]斯宾诺莎《伦理学》,贺麟译,商务印书馆,1997,p.87。

同。[1]对一个我所仇恨的人，而我又有着杀他的能力，那么我既可以杀他，也可以不杀，到底怎么做，取决于我"自己的"决定；既然是我"自己的"决定，我就应当为此承担责任。但是，站在今天的知识背景来看，人似乎是基因和环境的产物，那么我们真的拥有我们自以为拥有的自由意志吗？假令我们没有，或在相当程度上没有自由意志，又该如何为自己的行为负责呢？所有的正义、公平、道德、伦理，又该在哪里找到自己立足的依据呢？

有一句名言一直被归在古希腊哲学家留基波的名下："没有任何无缘无故的事情，万物都是有理由的，并且都是必然的。"即便这句话的出处不那么可靠，但至少留基波的弟子，原子论者德谟克利特，是一个严格的决定论者，坚信这世界上的万事万物都是依据自然律，沿着固定的轨道滚滚向前。从那至今的两千多年，西方哲人们对自由意志存在与否的争论始终纠结不定。

中国哲人在这方面关注得少些，但也不乏卓越的洞见，譬如《庄子》有两则耐人寻味的"罔两问景"的故事：

罔两问景曰："曩子行，今子止；曩子坐，今子起；何其无特操与？"景曰："吾有待而然者邪？吾所待又有待而然者邪？吾待蛇蚹蜩翼邪？恶识所以然！恶识所以不然！"（《庄子·内篇·齐物论》）

众罔两问于景曰："若向也俯而今也仰，向也括撮而今也被发，向也坐而今也起，向也行而今也止，何也？"景曰："搜搜也，奚稍问也！予有而不知其所以。予，蜩甲也，蛇蜕也，似之而非也。火与日，吾屯也；阴与夜，吾代也。彼吾所以有待邪，而况乎以无有待者乎！彼来则我与之来，彼往则

---

[1] 参见Ibid., p.41. "只要人们相信万物之所以存在都是为了人用，就必定认其中对人最有用的为最有价值，而对那能使人最感舒适的便最加重视。由于人们以这种成见来解释自然事物，于是便形成善恶、条理紊乱、冷热、美丑等观念；又因为有了人是自由的这个成见，便产生了如褒和贬、功和罪等观念。"

我与之往,彼强阳则我与之强阳。强阳者又何以有问乎!"(《庄子·杂篇·寓言》)

故事的大意是说,影子的影子问影子:"你一会儿坐着,一会儿起来,一会儿束发,一会儿披发,你怎么就没有个主心骨呢?"影子回答说:"我是因为有待才会这样的吧,我所待的东西也有它自己的所待,有光的时候我就出现,没光的时候我就消隐。我是谁的影子就跟着谁一起活动,这有什么可问的呢!"

这很容易让我们想起佛教的缘起法。与庄子同为轴心时代的名人,释迦牟尼所悟出的道理,亦即使佛教区别于当时印度各大教派的核心理论,就是这个缘起法。简言之,就是发现了这个世界的基本规律就是因果律,既没有无因之果,也没有无果之因,万事万物都陷在这个因果的链条里挣脱不出。所谓陷在因果律里,也就意味着人生是不由自主的,是受所谓"业力"主宰的。不由自主而想自主,陷在因果律里而想跳出因果律,受制于业力而想摆脱业力的束缚,这才有了真如实相、寂静涅槃等理论。

庄子虽然没有用论说的形式把这个问题阐释清楚,却以寓言的手法把它形象地表达出来了。如果以逻辑推理的形式表述,其最精当者恐怕莫过于法国哲学家霍尔巴赫1770年在阿姆斯特丹匿名出版的《自然的体系》一书中的论断:"在一切都是彼此连结着的这个自然之中,没有原因的结果是决不存在的;而且,在物理世界中,一如在道德世界中,所有一切都是不得不按照自己的本质而活动的种种可见的或隐蔽的原因的必然结果。在人里面,自由则只不过是包含在人自身之内的必然。"[1]

因果律必然导致宿命论——所以霍尔巴赫继而讨论的恰恰就是宿命论的问题——而宿命论该如何与自由意志相协调呢?这也就是说,因果律该如何与自

---

[1] [法]霍尔巴赫《自然的体系》上卷,管士滨译,商务印书馆,1964:192。

由意志相协调呢？

的确，要解决自由意志的问题，就必然绕不开因果律。因果律的问题无论在哲学上还是在神学上都是一个经典的两难问题，不承认因果律当然会很麻烦，但承认了因果律一样会很麻烦。

首先是第一因的问题：有没有第一因，第一因是什么，没法解决；其次是承认了因果律就等于承认了宿命论，也就等于否定了自由意志，否定了自由意志也就意味着我们不该为自己的一切所作所为负责；但承认自由意志的话，就有把人置于上帝之上的嫌疑。——这是哲学与神学史上纠结甚久的一大经典难题，相关论述俯拾皆是，譬如中世纪的圣奥古斯丁和裴拉鸠斯的论战就是围绕着这个问题的，论战的结果是：主张人可以根据自由意志做出道德决定的裴拉鸠斯被判为异端，他和他的追随者们从此失去了上天堂、得永生的资格。

饶有趣味的是，这场论战如果放在今天，许多基督徒一定会站在裴拉鸠斯的一边反对奥古斯丁，殊不知"预定论"是神学里源远流长的一套理论。2008年环球圣经公会出版的《研读版圣经》面对这个看似两难的问题，谈到"改革宗神学家在处理这个课题时，通常会把人的自由行为、人的道德自由意志和绝对自由做出区分"。但无论如何，道德的处境看上去总归不那么豁然明白：

> 道德自由意志就是当面对一个环境的时候，有能力做出任何可能的道德选择。自第二世纪后，无数基督教神学家（例：亚历山大的革利免、俄利根）都主张堕落了的人类拥有这么一种意志。他们否定人类是受制于堕落了的道德境况，相反，却坚持堕落了的人类有能力随己意做出任何选择，包括凭自己的力量和意志选择顺服或信靠福音。这样的观点完全违背圣经。奥古斯丁及其后的改革宗神学家均准确断言，尽管人类在堕落之前拥有道德自由意志，原罪却使我们失去它。[1]

---

[1]《意志的自由与束缚：我有自由意志去相信吗？》，《研读版圣经》，环球圣经公会有限公司，2008：342。

这一观念在《圣经》当中的确有着明确的渊源，譬如《新约·罗马书》9:20圣保罗的一段教诲："被塑造的怎可对塑造它的说：'你为什么把我造成这个样子呢？'陶匠难道没有权用同一团泥造一个用途尊贵的器皿，又另造一个用途卑贱的器皿吗？"

倘若严守《圣经》文本的话，我们可以确定，上帝至少没有赋予人类"完全的"自由意志。例证比比皆是，譬如摩西带领同胞们走向应许之地的路上，需要经过希实本王西宏的地界，摩西派遣使者好言求告，虽然答应摩西的请求看上去对西宏的利益不会有任何损害，但西宏执意不允，以至于事情必须通过战争才能解决。读者或许会责备西宏的不智，然而责任并不在——至少并不完全在——西宏身上，拒绝向以色列人借路并非出自他的自由意志。

"但希实本王西宏不容我们从他那里经过，因为耶和华你的神使他心中刚硬，性情顽梗，为要将他交在你手中，像今日一样。"（《申命记》2:30）肉眼凡胎之人可能看不出上帝在这一事件中的巧妙作为，误以为是西宏自己"心中刚硬，性情顽梗"，但摩西知道真相，于是，"耶和华我们的神将他交给我们，我们就把他和他的儿子，并他的众民都击杀了。我们夺了他的一切城邑，将有人烟的各城，连女人带孩子，尽都毁灭，没有留下一个。唯有牲畜和所夺的各城，并其中的财物，都取为自己的掠物"。（《申命记》2:33-35）

这一模式在《旧约》当中不断重演，以至于益发使人怀疑人究竟在多大程度上应当为自己的决定负责，又在多大程度上可以决定自己的命运。耶稣在被钉上十字架的时候说："父啊，赦免他们！因为他们所做的，他们不晓得。"（《新约·路加福音》23:34）西宏的所作所为当然是自己"不晓得"，迫害耶稣之人的所作所为也属于自己"不晓得"，那么，究竟哪些人的作恶才是自己晓得的呢？罗素问过这样一些问题：

但是你所爱的人们遭的不幸又当如何对待呢？试想一想欧洲或中国的居民在现时期往往会遇到的一些事。假定你是犹太人，你的家族被屠杀了。假定你

第六章
自由意志的两难

是个反纳粹的地下工作者,因为抓不着你,你的妻子被枪毙了。假定你的丈夫为了某种纯属虚构的罪,被解送到北极地方强迫劳动,在残酷虐待和饥饿下死掉了。假定你的女儿被敌兵强奸过后又弄死了。在这种情况下,你也应该保持哲学的平静吗?

如果你信奉基督的教训,你会说:"父啊,赦免他们,因为他们所做的他们不晓得。"我曾经认识一些教友派信徒,他们真可能深切、由衷地讲出这样的话,因为他们讲得出来,我对他们很钦佩。[1]

试想一下,那些作恶多端的人如果晓得了神意和宇宙的规律,晓得了天堂和地狱,那么只要他们没有彻底丧失理智,就没理由再做下任何恶事了。全能的上帝当然也有能力把任何人教育明白,而如果"他们所做的,他们不晓得",上帝也确实有理由赦免他们。按照中国儒家的说法,正是"不教而诛谓之虐"。

如果这样的观点可以接受的话,那么西宏到底应该受到怎样的处置才算得上公正呢?

无论如何,在西宏故事的基础上,圣保罗经典的"器皿说"就是呼之欲出的了。这一基本神学教义经过奥古斯丁的发展,后来又被路德和加尔文带进了新教各派。恰巧庄子也做过同样的比喻——奄奄一息的子来豁达地说:"譬如一位铁匠正在打铁,铁块突然从炉子里跳出来,要求铁匠一定把自己铸造成干将、莫邪这样的宝剑,那么铁匠一定会认为这是一块不祥之铁。人也是一样,偶然得了人形,就喊着'我是人!我是人!'造物主一定会认为这是不祥之人的。现在我就把天地当作大熔炉,把造化当作大铁匠,随他把我变成什么样吧。"[2]

---

[1] [英]罗素《西方哲学史》下册,马元德译,商务印书馆,1982:103-104。

[2]《庄子·内篇·大宗师》。

庄子的铁匠在东方并没有像圣保罗的窑匠在西方那样引发那么大的关注和影响，但庄子对"有待"的分析，很容易让人想起圣保罗那个窑匠的比喻，我们生而为人到底是必然的还是偶然的，通往天国的门票到底是在自由意志的指引下自己争取来的，还是被上帝预先分配好的？神学界硝烟未定，哲学界又有莱布尼茨和柏格森继续对垒，直到20世纪70年代，J. F. 里奇拉克仍然就这个问题撰述专书"力图澄清事实"，但对其结论，我们也只能见仁见智了。

「二」

又或者"自由意志"这个说法本身就很成问题，就像霍布斯所论说的，"自由意志"这个词就像"圆四角形"一样并不成立。当然，霍布斯这里所驳斥的自由是指那些"不受反对阻挠的自由以外的任何自由"。[1]他并非一个彻底的决定论者，当他与约翰·布拉姆霍尔主教讨论自由意志的时候，将一个人是否"意欲意欲"（whether I will to will）的问题当作荒谬之语。但是，若把他所谓的自由扩展到我们当下语境里所讨论的自由，"自由意志"一词本身不自洽的说法也是完全站得住脚的。[2]

追问下去的话，我们有任何一个念头是没有原因的吗，而其原因不是被其他更先在的原因锁定为结果的吗？即便在神学意义上，相信上帝赋予了我们自由意志，但这必然说明上帝也在同时破坏了因果律。

必然性和偶然性也是一种常见的解决方案，但这其实也和随机性的问题一样，所谓偶然性也仅仅是相对于观察者而言的，如斯宾诺莎断言所谓偶然性只

---

[1] [英]霍布斯《利维坦》，黎思复、黎廷弼译，商务印书馆，1986：30。

[2] *Hobbes and Bramhall on Liberty and Necessity*, Cambridge University Press, 1999：16。

· 第六章 ·
自由意志的两难

是人类"无知的托词"。是的,之所以我们会觉得一件事情的出现是偶然的,仅仅是因为我们缺乏有效的观察手段罢了。正如常被人拿来质疑因果律的测不准原理,实则该原理否定的只是观测数据的顺序的可预测性,并不曾对因果律有丝毫动摇。[1]所以对这个问题继续追问下去的话,就很容易陷入两难,也就是康德所谓的四个"二律背反"的第三则,或许这个问题当真处在人类理性所无法企及的某个地方吧。[2]

康德在纯粹理性上悬置了自由意志,但为了捍卫道德,在实践理性上不得不预设了自由意志以作为道德的前提。[3]是的,自由意志问题在学理上确实可以悬置,但很现实的问题是,我们的道德和法律却不可能有哪怕一分钟的闲置。那么可想而知的问题是,我们不再可以对善与恶的责任人理直气壮地加以表彰或谴责,法律判决更会失去扎实的正义根据。

---

[1]参见[德]奥特弗里德·赫费《康德的纯粹理性批判——现代哲学的基石》,郭大为译,人民出版社,2008,第15.4节《概率论能够取代因果性吗》:206—211。

[2]参见康德《纯粹理性批判》,邓晓芒译,人民出版社,2004,pp.374—379。另外,康德在《法的形而上学原理》一书中曾相当牵强地试图弥合这个问题:"我们甚至无法理解上帝如何能够创造自由的生命;如果人们未来的一切行为都已经为那第一次的行动事先所决定,于是,未来的行为便都包括在合乎自然规律的必然的链条之中。那么,他们不可能是自由的。可是,作为人,我们事实上是自由的,因为,通过道德和实践关系中的绝对命令,这种自由被证明是理性的一种权威的决定。可是,从理论的角度看来,理性当然不能把这种因果关系的可能性变成可以理解的,因为它们两者(自由和绝对命令)都是超感觉的。"(《法的形而上学原理——权利的科学》,沈叔平译,商务印书馆,1991:100)

[3]参见[德]康德《道德形而上学原理》,苗力田译,上海人民出版社,1988:103:"不论在我们之中,还是在人类本性之中,我们都不能证明,自由是某种真实的东西。仅仅是在我们看来,如果我设想一个东西是有理性的,并且具有对自身行为因果性的意识,即具有意志的话,就必须设定自由为前提。这样我们就发现,据同样的理由,我们必赋予每个具有理性和意识的东西以依照其自由观念而规定自身去行动的固有性质。"

所以，基督教的一种伦理观用在这样的情境下或许最是恰如其分：我们应该憎恨罪恶本身，而不是犯下这些罪恶的人。基于这个理由，刑罚的意义也就应当在于维护社会秩序，而不在于寻求公正了。——这当然也是一种权宜之计，因为彻底的决定论如果属实的话，无论我们做什么、怎么做，其实都是注定的事。我们只是为了生活的便利而假定了自由意志的存在，一切道德和法律就建立在自由意志这个"假定"的基础之上，甚至就连这种假定也是为因果律所注定的结局。

即便退而求其次，我们为了生活便利而接受自由意志的假定[1]，但至少在现实层面上，在寻求公正的过程中，我们是有着相当的能力对人的行为做出甄别，粗略地判定哪些行为应当归因于自由意志，哪些行为应当归因于环境的影响，而后，只对自由意志发生作用的那一部分寻求"等值"意义上的公正。

笛卡尔在开始自己的哲学思考的时候说过这样一番话："由于很久以来我就感觉到我自从幼年时期起就把一大堆错误的见解当作真实的接受了过来，而从那时以后我根据一些非常靠不住的原则建立起来的东西都不能不是十分可疑、十分不可靠的，因此我认为，如果我想要在科学上建立起某种坚定可靠、

---

[1]另外，在心灵鸡汤的庸俗层面上，对自由意志的抹杀亦是一种"高贵的谎言"，这里值得参考哈耶克的意见："经常有人断言：惟有成功者才相信个人应独自对他自己的命运负责。这句话本身，不像作为其根据的另外一句话——即因为人们成功了，所以才相信要对自己的命运负责——那样令人难以接受。但我自己更倾向于认为二者的联系恰恰相反，人们是由于持有这种信念，所以才经常获得成功。某人可能相信他所取得的一切成就都只应归功于他的努力、技艺和智能，尽管这种看法在很大程度上是错误的，但却可能对增加其活力和促使其周密行事产生最有益的影响。而且即使成功者的这种自鸣得意经常让人难以忍受和令人不满，但关于成功完全依赖自己的信念在实践中却可以最有效地诱发成功的行动。个人如果愈是喜欢因其失败而指责他人或环境，他便可能愈不满和愈无效率。"（[英]哈耶克《自由宪章》，杨玉生等译，中国社会科学出版社，1998：121–122）

第六章
自由意志的两难

经久不变的东西的话,我就非在我有生之日认真地把我历来信以为真的一切见解统统清除出去,再从根本上重新开始不可。"[1]——有笛卡尔这样深刻的自我反省意识的人从来都是凤毛麟角的,我们"自从幼年时期起"就被动接受下来的种种无论真实还是荒谬的见解往往正是塑造我们之所以成为"我们自己"的重要因素。

那么,笛卡尔真的是个例外吗?如果请爱尔维修来做评判,他应当会讲笛卡尔之所以在成年之后出现了这种深刻而彻底的反思意识,也完全是出于后天环境的影响。

爱尔维修的颇为极端的后天决定论在20世纪得到过心理学的强大支持。1925年,华生发表了他的名作《行为主义》,宣称自己可以在一个独立的环境里随心所欲地把婴儿培养成任何类型的人——医生、律师、富商甚至盗贼,而无论这些婴儿的先天禀赋和祖辈特征都是什么。随着行为主义日渐成为主流思潮,1948年,具有明星气质的心理学名家斯金纳出版了一部畅销小说《沃尔登第二》(*Walden Two*),描述了一个行为主义者的乌托邦世界。该书巨大的吸引力使得一些真诚的美国读者在1976年按图索骥地创建了一处"双橡公社",遗憾的是,其结局没能脱出人类历史上所有乌托邦的俗套。

当代心理学虽然已经不再接受极端的行为主义解释,但不可否认的是,行为主义确实道出了相当程度的真理,而且是些极易被生活常识所接受的真理。让我们看一下环境影响力的比较极端的例子,达尔文在《人类的由来》一书中讲道:"文献上记录着,印度一个以杀人越货为业的帮会的会员(an Indian Thug),因为他没有像他父亲一样,于往来客商中杀那么多的人,越那么多的货,自愧不如,并引为终身一大憾事。在文明尚属早创状态的种族里,说实在话,对陌生人进行抢劫一般是被认为颇有光彩的事情。"[2]另如威尔·杜兰

---

[1] [法]笛卡尔《第一哲学沉思集》,庞景仁译,商务印书馆,1986:14。

[2] [英]达尔文《人类的由来》,潘光旦、胡寿文译,商务印书馆,1983:177。

所记："狩猎与游牧部落经常对定居的农耕集团施以暴力。因为农耕是教人以和平的方法过着平淡无奇的生活，以及终生从事于劳动工作。他们日久成富，却忘记了战争的技巧与情趣。猎户与牧人他们习于危险，并长于砍杀，他们对战争的看法，只不过是另一种形式的狩猎而已，不会感到如何的苦难。"[1]

「三」

杀人如此，自杀亦然。涂尔干在《自杀论》里分析不同的社会背景对自杀者的影响，以统计数据说明，在有着极接近之文化背景的天主教、新教和犹太教社会里，新教徒的自杀比例最高，而后依次是天主教徒和犹太教徒。

涂尔干的分析是："宗教之所以使人避免自杀的欲望，不是因为宗教的某些特殊的理由劝告他重视自己的身体，而是因为宗教是一个社会，构成这个社会的是所有信徒所共有的、传统的、因而也是必须遵守的许多信仰和教规。这些集体的状态越多越牢固，宗教社会的整体化越牢固，也就越是具有预防的功效。信条和宗教仪式的细节是次要的。主要的是信条和仪式可以维持一种具有足够强度的集体生活。因为新教教会不像其他教会那样稳定，所以对自杀不能起同样的节制作用。"[2]

也就是说，集体生活的组织化程度对个体的自杀行为起着至关重要的制约作用，那么，假定我们可以将同一个人复制成从身体到思想都完全相等的几个人，将他们分别放置在涂尔干所统计过的不同的社会环境里，那么我们就可以粗略预测出他们在今后的人生中的自杀概率。

那么，在其中当真有人自杀之后，我们在评定自杀者应该在多大程度上为

---

[1][美]威尔·杜兰《世界文明史》，东方出版社，1998，vol.1：19。
[2][法]涂尔干《自杀论》，冯韵文译，商务印书馆，2001：167。

自杀行为负责的时候,是否有必要把相应的概率计算在内呢?若是换到以自杀为风尚的社会环境,我们又该如何评定呢?——这些问题并非向壁虚构,至少古罗马社会就存在着这种风气,所以孟德斯鸠说:"在罗马人,自杀这个行动是教育的结果,同他们的方式和习俗有关系。"[1]

又如作为文明人的我们抓住了古印度那个杀人越货的帮会当中某个成员,他杀了我们当中的一员,如果仅仅出于寻求公正的目的而处置他,他又该在多大程度上为自己杀人越货的行为负责呢?养成杀人越货的癖好,这在多大程度上是他自己的错呢,我们又该不该为了那些不属于他自己的错而惩罚他呢?如果主要应该为之负责的是那个帮会的全体(是整个帮会养育并塑造了他),那么在我们寻求公正的时候,是否应该向该帮会的所有成员复仇呢,尽管该帮会的其他成员丝毫不曾侵犯到我们?这样看来,"株连"反而比"罪止及己身"更加符合公平原则。

但是,株连的限度应该保持在哪里呢?这当然只是一个纯粹的理论上的问题,我们一旦株连该帮会的所有成员,随即便会对每一名成员分别追溯其之所以被塑造成今天这个样子的罪魁祸首——无论是基因上的还是共同体文化传统上的,譬如生性暴虐的父母或从小接受的教育,然后再一代人一代人地追溯下去。

只要我们这样做了,就该以同样的理由检查一下我们那个被杀的同伴,他是不是真的那么无辜呢?是的,帮会为了抢夺他的财物而杀了他,但他的那些财物是怎么得来的呢?

这就使得在我们讨论株连的合理性之前,这位看似全然无辜的受害者首先有必要站在历史的高度检讨一下自己——可资借鉴的是西班牙剧作家何塞·埃切加赖的名剧《是疯狂还是圣举》(1877),剧中描写一位饱读诗书的可敬男

---

[1] [法]孟德斯鸠《论法的精神》,张雁深译,商务印书馆,1995:237。详情参看[法]孟德斯鸠《罗马盛衰原因论》,婉玲译,商务印书馆,1995:67-68。

子在意外得知自己并非已故父母的亲生儿子之后，毅然放弃了丰厚的遗产，他认为自己倘若不这样做的话，便无异于巧取豪夺的盗贼。于是，正如埃切加赖在剧名上所标举的问题：主人公的这一举措究竟是疯狂还是圣举呢？

好的，假如我们和那位受害者都看过了埃切加赖的这部戏剧，并且我们已经确认，受害者被匪徒劫掠的那些财物完全是他作为一名白领职员的合法收入，至于他本人，更是一个吃斋念佛的好人。但是，他所就职的公司在一个世纪前刚刚创立的时候，是因为大量使用童工才没有在激烈的竞争中被同行挤垮，而确认他的收入"合法"的这个国家是靠着一连串的令人发指的侵略行为才巩固了今天的局面，并且对那个古印度帮派野蛮的生存状况负有直接责任……

当然，古代施行株连政策的统治者们一般不是出于对公平的尊重，况且如此苛刻的公平条件也只能是一种理论上的情形而已。周武王在孟津大会诸侯，准备攻伐纣王，誓师以声讨纣王的罪过，说他"罪人以族，官人以世"，即无论判罪还是授官，都搞亲属扩大化。[1]

这段誓师之辞即《尚书·周书·泰誓》，属于《古文尚书》。清代经学名家阎若璩考订《古文尚书》之伪，对于"罪人以族，官人以世"这一节文字，声泪俱下地痛斥伪作者的"不仁"。因为在阎若璩看来，古时本来并没有族诛

---

[1] "罪人以族，官人以世"出自《尚书·周书·泰誓》，《孔传》释义为："一人有罪，刑及父母兄弟妻子，言淫滥。官人不以贤才，而以父兄，所以政乱。"《正义》释义为："秦政酷虐，有三族之刑，谓非止犯者之身，乃更上及其父，下及其子。经言'罪人以族'，故以三族解之。父母，前世也；兄弟与妻，当世也；子孙，后世也。一人有罪，刑及三族，言淫滥也。古者臣有大功，乃得继世在位。而纣之官人，不以贤才，而以父兄，已滥受宠，子弟顽愚亦用，不堪其职，所以政乱。'官人以世'，唯当用其子耳，而传兼言兄者，以纣为恶，或当因兄用弟，故以'兄'协句耳。"

之刑，人殉亦晚至秦武公时方才出现，就连以暴虐著名的有苗氏也不过止于肉刑而已，族诛之刑是秦文公二十年才有的，而这也仅仅见于秦国一地，源自戎人之法，很久之后才被中原文化接受。《古文尚书》的伪作者应该是偶然见到《荀子》有"（乱世）以族论罪，以世举贤"之语，遂增篡至《泰誓》文中，使后世嗜杀的帝王有了文献上的口实，也使读者以为族诛之刑远在三代之时就已经有了。[1]

阎若璩的意见到了今天又成为争议的焦点，张岩提出反驳说："其一，考古学家已经解决用殉之事始于何时。其二，商代末期暴政中使用重刑的可能性远大于没有使用。如果殷纣荒淫残暴没有到达一定程度（《牧誓》'俾暴虐于百姓，以奸宄于商邑'），何来诸侯联军（周、庸、蜀、羌、茅、微、芦、彭、濮）的兴师问罪，何来姬发'恭行天之罚'，乃至周革商命。"[2]

在人殉的起始时间上，阎若璩确实说错了，但他的论点并没有受到根本性的动摇，因为在张岩的第二点反驳上，"荒淫残暴"和"兴师问罪"显然不存在必然联系，毕竟话语权从来都掌握在胜利者的手里。退一步说，即便确证了纣王的荒淫残暴，但也无法确证"罪人以族，官人以世"就是"荒淫残暴"当中的一项，这只能形成或然性的结论。

张岩继而将《泰誓》"罪人以族，官人以世"与《荀子·君子》中"以族论罪，以世举贤"的一段对比来看，认为"实际情况更可能是后者袭用前者，由于记忆不准，略有改动，失其原义"。[3]

武王既然声讨纣王"罪人以族，官人以世"的乱政，周人理当奉行相反的政治原则才是。《左传·昭公二十年》记载，齐景公派公孙青去卫国聘问，卫灵公称道公孙青有礼。齐景公很高兴，便赐所有大夫饮酒，说公孙青之所以赢得这样的名誉，都是各位大夫教育得好。但苑何忌推辞道："如果大家因为公

---

[1][清]阎若璩《尚书古文疏证》第六十三，上海古籍出版社，1987，据乾隆十年眷西堂刻本影印：358-360页。
[2]张岩《审核古文尚书案》，中华书局，2006：189。
[3]Ibid., p.189-190.

孙青的受赏而受赏，自然也会因为公孙青的受罚而受罚。《康诰》说过'父子兄弟，罪不相及'，更何况在臣子之间。臣下不敢因为贪图君王的赏赐而违背先王的话。"

看来苑何忌并不认为自己对公孙青教育有功，觉得因此而受赏太过牵强。我们不妨把苑何忌的话引申为现代的一种个人主义观点：我就是独立的我，请把我当作一个独立的个体来对待，我只对自己所做的事情负责，无论是享有荣誉还是承担罪名。事实上，周人就算较少地"罪人以族"，却一直在"官人以世"，因为世卿世禄的制度正是周人宗法封建的一大核心，苑何忌的发言应当是因为过于特殊才被记录在案的。

另一方面，彻底的个人主义者古往今来都相当罕见，因为这违背了人的天然的心理定式——我们总是把自己放在群体里来认识自己的。尤其在积极的一面，一个从未对本民族做过任何贡献的人也会欣然享受民族自豪感。人，在纯粹的世俗意义上讲，的确如马克思所言是"一切社会关系的总和"。[1]那么，人的一切社会关系该不该，又该在何种程度上，为人的善恶承担责任呢？

「四」

亚当·斯密在《道德情操论》里论述报复的问题，做了这样一个结论：

当我们的敌人显然没有给我们造成伤害的时候，当我们认为他的行为完全合宜的时候——即处于他的境地我们也会干出同样的事，从而应该从他那儿得

---

[1]如果涉及宗教，就会使情况变得复杂一些。譬如克尔凯郭尔肯定不会同意马克思对"人"的定义，因为这样的定义完全排除了神秘性与超越性。在社会关系以外的人或许才是"真正"的人，因为人越是孤独，就越接近上帝。

到全部不幸的报应——在那种场合，如果我们存有一点最起码的公正和正义之心的话，就不会产生任何愤恨之情。

如果以这样的视角想想敌人对我们的伤害，譬如美国历史上被白人强迫为奴的黑人，假若设身处地到白人主人的境地，想到自己会被"一切社会关系总和"塑造成现在这个样子，在一个文化共同体里从小到大浸淫着主流道德观，天经地义地相信黑人天生就该做奴隶——只需要凭借直观就足以洞悉这一真理，如果我们读过一些书的话，就会完全服膺于亚里士多德的教诲：卑下的人天然就该成为奴隶，当然"他还是有别于其他动物，其他动物对于人的理智没有感应，只是依照各自的禀赋（本能）活动。但努力的被应用于劳役同驯畜的差别是很小的，两者都只以体力供应主人的日常需要。……自然所赋予自由人和奴隶的体格也是有些差异的，奴隶的体格总是强壮有力，适于劳役，自由人的体格则较为俊美，对劳役便非其所长，而宜于政治生活。……自然所赋予人类的体格既有区别，而且区别的程度竟有如神像和人像之间那样的优劣分明，那么，大家就应该承认体格比较卑劣的人要从属于较高的人而做他的奴隶了"[1]。

如果想通命运角色的不同完全源于上天的安排，甚或进而怀疑自由意志的存在与否的话，那么一名黑奴是否只要"存有一点最起码的公正和正义之心的话，就不会产生任何愤恨之情"？

这样的话，不但我们可以毫无怨言地接受命运的任何安排，甚至可以在美学意义上悠然欣赏人世间一切的不公不义。是的，所有的人生都可以被看作叔本华所谓的第三种悲剧。

叔本华把悲剧分为三种类型：第一种悲剧，故事里总有一两个穷凶极恶的人，坏话说尽，坏事做绝，在善良的主人公的命运里缔造悲剧——这样的大反

---

[1] [古希腊]亚里士多德《政治学》，吴寿彭译，商务印书馆，1965：15–16。

派，譬如《奥赛罗》中的雅葛，《威尼斯商人》中的夏洛克；第二种悲剧，造成不幸的罪魁祸首并不是某一两个坏人，而是盲目的命运，也就是偶然和错误——最著名的例子就是索福克勒斯的《俄狄浦斯王》，西方大多数的古典悲剧都属于这一个类型，近些的例子则有莎士比亚的《罗密欧与朱丽叶》、伏尔泰的《坦克列德》；第三种悲剧，不幸也可以仅仅是由于剧中人彼此的地位不同，由于他们的关系造成的，这就无须作者在剧中安排可怕的错误或闻所未闻的意外，也不必安排什么穷凶极恶的坏人，所有的角色都只需要一些在道德上平平常常的人物，由作者把他们安排在非常普通的情境之下，只是使他们处于相互对立的地位罢了。他们只是为这种地位所迫而彼此制造灾祸，我们却不能说他们当中到底有谁做错了。

在这三种悲剧当中，叔本华认为第三种最为可取，因为这一类悲剧并不是把不幸当作一个例外来指给我们看，不是把不幸当作罕见的情况或是罕见的穷凶极恶的人带来的东西，而是把它当作一种轻易的、自发的、从人的最自然的行为和性格当中产生的、近乎人的本质所必然产生的东西，这样一来，不幸也就和我们接近到可怕的程度了。而且在这样的悲剧里，主人公连鸣不平都不可能，因为他实在怪不了任何人。[1]

在中国的文学传统里，第一种悲剧的例子我们很容易想到：比如《孔雀东南飞》，悲剧的造成都是因为有个恶婆婆。通俗故事总是需要反派，没有强大的反派就不会有强烈的戏剧冲突。我们看民间流传得最广的故事：杨家将的故事里有个潘仁美，《岳飞传》里有个秦桧，而在"四大名著"里，《三国演义》有个曹操，《水浒传》有个高俅，《西游记》更有无数的妖魔鬼怪。但《红楼梦》不同，在全书那么多的角色里，究竟谁是反派呢？

确实有人找出过这个反派。近几十年来最流行的说法就是认为贾政是反派，说他虚伪、冷酷、专横、假道学，甚至说曹雪芹已经用了谐音来揭露他的

---

[1][德]叔本华《作为意志和表象的世界》，石冲白译，商务印书馆，1982：350-353。

"假正"——俞平伯先生便这样讲:"从给他取名这一点,即在贬斥。书中贾府的人都姓贾原不足奇,偏偏他姓贾名政。试想贾字底下什么安不得,偏要这政字。贾政者,假正也,假正经的意思。书中正描写这么样一个形象。"[1]

但是,只要我们换个角度,尤其是遵从亚当·斯密的建议,我们把自己设身处地,假想到贾政这个角色里,就会发现贾政的所作所为在他那个位置上也全都是合情合理的。

在王国维看来,《红楼梦》正是叔本华所谓的第三种悲剧。仅就宝玉和黛玉的事情而言,贾母喜爱宝钗的温柔娴雅,而不喜欢黛玉的孤僻小性,又信了"金玉良缘"的话,急着给病中的宝玉冲喜。王夫人本来和薛家就亲,王熙凤则掌握着持家的大权,于是嫉妒黛玉的才干,担心黛玉若嫁了宝玉便会掣肘自己。至于袭人,眼见得尤二姐和香菱的遭遇,又听了黛玉"不是东风压西风,就是西风压东风"的话,便免不得为自己的命运忧心,于是和王熙凤一般的心思……所有这一切都是人物角色因为自己所处的位置而不得不然的。宝玉之于黛玉,虽然信誓旦旦,对最爱自己的祖母却不能明言,这也是人之常情罢了,又何况黛玉一个小女子呢。[2]

由此种种原因,"金玉良缘"终于胜过了"木石前盟",又哪有蛇蝎之人物或非常之变故从中作梗呢?悲剧的发生,不过就在通常之道德、通常之人情、通常之境遇之间。那么,我们该到哪里去寻求正义呢——"有人还要求所谓文艺中的正义,这种要求是由于完全认错了悲剧的本质,也是认错了世界的

---

[1] 俞平伯《贾政》,《俞平伯全集》第6卷,花山文艺出版社,1997:38。

[2] 参见王国维《红楼梦评论》《静安文集》《王国维遗书》,上海古籍书店,1983(据商务印书馆1940年版影印),第6册,第51-52页。王国维的看法也许不会得到当代红学研究者的普遍认同,因为至少在《红楼梦》前八十回里,王熙凤撮合"木石前盟"的情形所在多见,而王国维囿于当时的学术视野,视一百二十回本《红楼梦》为完璧,一切推论都是在这个基础上做出来的。

本质而来的。"[1]

  对叔本华的这句话，这里当然只取其字面的意思。我并不认为世界的本质就是"作为意志与表象的世界"，但只要我们接受了对自由意志的怀疑，接受了人作为一切社会关系总和的存在，我们就只好相信，对正义的追求确实是因为"认错了世界的本质"。

---

[1][德]叔本华《作为意志和表象的世界》，石冲白译，商务印书馆，1982：351。

·第七章·

原罪的两难

在信仰的表达上，风雨晦暝、生老病死愈是无法把握，生活的不可控感也就愈强，祭祀和崇拜也就愈是程式化。而一旦生活的可控感变强了，祭祀和崇拜的程式化自然就会放松。所以，对于那些希望以宗教信仰来维护社会公平的主张者来说，这是一个难解的悖论。宗教信仰可以维护社会稳定，但难以追求社会公平。

「一」

"有人抱着自己的婴孩来见耶稣，要他摸他们，门徒看见就责备那些人。耶稣却叫他们来，说：'让小孩子到我这里来，不要禁止他们，因为在神国的，正是这样的人。我实在告诉你们：凡要承受神国的，若不像小孩子，断不能进去。'"（《新约·路加福音》18:15—17）

这是耶稣行历中很著名的一段故事，除在《路加福音》之外，同样出现在《马太福音》和《马可福音》里。这里之所以选用《路加福音》的版本，是因为在前两部福音书里，耶稣为之按手祝福的都是"小孩"，这里则指明是"婴孩"。这样咬文嚼字也许无甚必要，但为了把意思表达得更加精确一些，为了把"正义"的处境逼得更加极端一些，"婴孩"还是比"小孩子"更加恰如其分。

耶稣为什么说人若不像小孩子便进不了神的国呢？答案似乎是显而易见的：小孩子，尤其是婴孩，刚刚降临人世，还未曾受到世俗的玷污，成年人只有自净自洁，修炼出婴孩一般的无玷的心，才有资格升入天国。

洗礼仪式便被一些神学家赋予了如此这般的深层含义。米尔恰·伊利亚德这样写道：

在与洗礼仪式相关的进一步联系中，基督被置于与亚当相并列的位置中。在圣徒保罗的神学理论里，亚当和基督的并列已经有了一个重要的位置。"借助于洗礼，"德尔图良肯定地说，"人类恢复了与上帝相同的品性。"至于西

第七章
原罪的两难

利尔,他说:"洗礼不仅仅是从原罪中的净化,是对神的皈依,而且也是耶稣受难的象征。"洗礼时的赤裸,也同时具有一种仪式的和形而上学的意义。在这种仪式中,他们抛弃了"堕落和原罪之旧外衣,在对耶稣的模仿过程中,受洗之人脱下了他们的旧外衣,抛弃了在亚当犯原罪之后所穿上的衣服"。而且这也是一种对原初的天真无邪状态的回归,是对亚当堕落之前状态的回归。"噢,多么美好!"西利尔写道,"在万物的眼中,你是赤裸的,毫无羞愧之感。在你心中,你确实拥有亚当早期的美好,他在伊甸园全身赤裸,心地坦然。"[1]

乍看上去,这应该是对"凡要承受神国的,若不像小孩子,断不能进去"这一段耶稣训诫的阐释与深化,但是,仔细琢磨之下,"对原初的天真无邪状态的回归"似乎与对婴儿状态的回归不可同日而语。

婴孩的身上难道就没有一点罪恶吗?圣奥古斯丁写《忏悔录》检讨自己的一生,就是从婴孩时代开始检讨的。他认为任何一个哪怕仅仅出世一天的婴孩都不是纯洁无瑕的,因为他们会哭着索要有害的东西,对那些不顺从自己要求的大人报以怨怼,还会充满忌妒地盯着一同吃奶的兄弟,"可见婴儿的纯洁不过是肢体的稚弱,而不是本心的无辜……不让一个极端需要生命粮食的弟兄靠近丰满的乳源,这是无罪的吗?"[2]

当奥古斯丁长大一些之后,作恶的习气像所有人一样变本加厉起来。他既不是被迫作恶,也不是无意识地作恶,而是"毫无目的,为作恶而作恶"——他偷了梨,然后胡乱拿去喂了猪:

主,你的法律惩罚偷窃,这法律刻在人心中,连罪恶也不能把它磨灭。哪一个窃贼自愿让另一个窃贼偷他的东西?哪一个富人任凭一个迫于贫困的人偷

---

[1] [罗马尼亚]米尔恰·伊利亚德《神圣与世俗》,王建光译,华夏出版社,2002:74-75。

[2] [古罗马]奥古斯丁《忏悔录》,周士良译,商务印书馆,1996:10。

窃？我却愿意偷窃，而且真的做了，不是由于需要的胁迫，而是由于缺乏正义感，厌倦正义，恶贯满盈。因为我所偷的东西，我自己原是有的，而且更多更好。我也并不想享受所偷的东西，不过为了欣赏偷窃与罪恶。

在我家葡萄园的附近有一株梨树，树上结的果实，形色香味并不可人。我们这一批年轻坏蛋习惯在街上游戏，直至深夜；一次深夜，我们把树上的果子都摇下来，带着走了。我们带走了大批赃物，不是为了大嚼，而是拿去喂猪。虽则我们也尝了几只，但我们所以如此做，是因为这勾当是不许可的。

请看我的心，我的天主啊，请看我的心，它跌在深渊的底里，你却怜悯它，让我的心现在告诉你，当我作恶毫无目的，为作恶而作恶的时候，究竟在想什么。罪恶是丑陋的，我却爱它，我爱堕落，我爱我的缺点，不是爱缺点的根源，而是爱缺点本身。我这个丑恶的灵魂，挣脱你的扶持而自趋灭亡，不是在耻辱中追求什么，而是追求耻辱本身。[1]

奥古斯丁就是在这样声泪俱下的忏悔中追问自己作恶的根源，可怕的答案使他的灵魂为之颤抖：作恶并不是以恶行为手段来达到什么目的，作恶本身才是目的。

偷梨一类的事情在所有人身上或多或少都存在着，人在天性中就有追求恶的一面，这是与生俱来的，是人类"原罪"的无可抵赖的明证。

但奥古斯丁搞错了一点，他偷梨子的这种冲动，包括所有人同样性质的冲动，其实并不是偷窃或犯罪的冲动，不是"追求耻辱本身"的冲动，而是一种试图冲破禁忌的冲动。那么，渴望冲破的禁忌的冲动又是从何而来呢？

婴孩没有任何禁忌，可以赤裸裸地表达他所能够表达的一切欲望和情绪。如果让奥古斯丁真的恢复了一颗婴儿的心，便很可能不再会发生偷梨的事情，因为他不再被任何禁忌所束缚，也就自然消弭了那种试图冲破禁忌的冲动以及

---

[1] [古罗马]奥古斯丁《忏悔录》，周士良译，商务印书馆，1996：29–30。

由之而来的"不道德的"快感。所以他不再会"毫无目的,为作恶而作恶",也不可能再去哀叹什么"我爱堕落,我爱我的缺点,不是爱缺点的根源,而是爱缺点本身"。

但这样一来,奥古斯丁的道德难题虽然解决掉了,他身边的人却不得不面对着更大的难题:如果在商店里看到美食,如果在大街上看见美女,这位有着婴儿之心的成年人会有什么反应呢?如果一个人要抢他的奶瓶,他会不会毫不犹豫地打死这个人呢?

他的行为完全是可以预期的,而这样看来,杀人、抢劫、强奸,就像婴儿吃奶一样,本身并不构成任何罪恶,是社会的道德禁忌使之成为罪恶。除非我们像奥古斯丁一样,认为罪恶已经在婴儿身上充分地表现出来了。

「二」

种种难题似乎不得不使我们期待神祇,因为若不引入神祇的话,我们对正义的寻求也许永远禁不起刨根究底的追究。不过,对神祇的引入也许并不像乍看上去的那样会使问题变得简单——我们首先就会回到那个"自由意志"的两难的处境。

汉献帝建安四年,武陵郡有一位叫作李娥的妇人在60岁那年因病亡故,被葬在了城外。14天之后,李娥的邻居有个叫蔡仲的,偷偷挖开了李娥的坟墓,想要盗窃陪葬的财宝。蔡仲用斧头去劈李娥的棺材,突然听见李娥在棺材里边对自己说话:"蔡仲,小心别碰到我的头!"蔡仲惊慌失措,拔脚就跑,却偏偏被县吏看到。一番审讯之后,蔡仲供认不讳,按律当判死刑,并且陈尸示众。消息传开,李娥的儿子听说母亲死而复活,便从坟墓里接出了母亲,带她回家。

这个离奇的故事并非出自认真的史料,而是晋人干宝《搜神记》里的一篇。我们当然不必深究李娥的复活是真是假，这里值得留意的是蔡仲的罪名——在古人的观念里，盗墓的确是令人发指的恶行，对盗墓者判处死刑，乃至陈尸示众，这在古人看来确属罚当其罪，但是，事情并不这么简单，因为故事还有下文。

武陵太守听说了李娥死而复活的消息，便召她来询问详情。李娥答道："听说是司命召错了人，于是就要把我放还阳间。我在阴间正往回走着，不想遇到了姑表兄刘伯文，彼此不禁又惊又泣。我对他讲：'我被错召到此，现在要被放还阳间，可我既不知道回去的路，又没力气一个人走，你能不能给我找个同伴呢？再说从我被召来至今，已经十多天了，我的身体肯定已经被家里人下葬了，我就算回到阳间，又怎么出得了坟墓呢？'刘伯文便把我的苦处转达给了户曹，户曹回复说：'现在武陵郡西边有个叫李黑的男人也该被放回去，可以叫他来做伴，再让李黑去找李娥的邻居蔡仲，让他去墓地把李娥挖出来。'就是这样，我才和李黑一起回到了阳间，还给刘伯文的儿子刘佗捎去了他父亲的一封信。"

武陵太守听罢事情的原委，感慨道："天下事真不可知也！"于是向中央政府呈递奏章，陈述本案始末，建议赦免蔡仲，因为他虽然有挖坟掘墓的事实，但确属鬼使神差，不是自己应该为此负责的。皇帝做了批复，认可了太守的意见。[1]

故事叙述至此，我们很自然地会产生一个疑问：假若武陵太守并不是一个太有好奇心的人，那么蔡仲一案就只有维持原判了，连蔡仲自己都不知道自己的所作所为并不是出于自由意志。而如果说神祇的考虑从来都是周到的话，武陵太守必定会查清蔡仲的冤情，那么武陵太守的所作所为究竟又有几分是出于自由意志呢？

中国的传统神祇具有和古希腊的奥林匹斯诸神一般的神人同形同性的特

---

[1] [晋]干宝《搜神记》卷十五。

第七章
原罪的两难

点，也许不足以承担为世间贯彻正义的使命，那么，若我们引入至善至公并且全能的上帝，总该可以了吧？

是的，即便在彻底的无神论者那里，看来也会认为有必要编织一种"高贵的谎言"，就像伏尔泰的那句名言所说的："即使上帝不存在，我们也需要创造一个上帝；即使你只统治一个村庄，它也需要上帝。"

然而事情远比看上去要复杂得多。如果像奥古斯丁说的那样，连婴儿都是染有原罪的，那么我们所有人遭受的一切苦难都很难和原罪脱离干系，但原罪理应归咎于亚当和夏娃，我们凭什么要为之负责呢？即便是最苛刻的社群主义者，想来也不会承认这种过于夸张的连带责任吧？

这是一种相当近乎人情的质疑，所以历史上总是会有神学家并不赞同为奥古斯丁所建立的原罪理论。所有的反面意见都可以归入两大派系，一是为了"善"而反对，一是为了"真"而反对。

康德就是前者的代表，他认为原罪理论势必削减人们的道德义务。康德的以下反驳颇有几分自由主义的精神："无论人心中在道德上的恶的起源是什么性质，在关于恶通过我们族类的所有成员，以及在所有的繁衍活动中传播和延续的一切表象方式中，最不适当的一种方式，就是把恶设想为是通过遗传从我们的始祖传给我们的。因为关于道德上的恶，人们完全可以说诗人关于善所说的同样的话：族类、祖先，以及那些不是我们自己创造的东西，我都不能把它们算作我们自己的。"[1]

而在后者的代表里，奥古斯丁的著名论敌裴拉鸠斯是相当值得一提的。在他看来，人类始祖虽然滥用自由意志犯下了罪，但这罪"在事实上"并不具有

---

[1] [德]康德《单纯理性限度内的宗教》，李秋零译，中国人民大学出版社，2003：27。当然，康德也是接纳上帝的，在他的宗教研究里，虽然前提是"道德为了自身起见，（无论是在客观上就意愿而言，还是在主观上就能够而言）绝对不需要宗教，相反，借助于纯粹的实践理性，道德是自给自足的"，然而结论是"道德不可避免地要导致宗教，这样一来，道德也就延伸到了人之外的一个有权威的立法者的理念"。（见该书1793年第1版序言）

遗传性，一个婴儿就是一个纯洁无瑕的全新的开始，为了亚当和夏娃的罪而惩罚所有人类是不公正的，因而上帝不可能这样安排；那么，既然每个人的生命都是无瑕的、全新的，只要善用自由意志而行善去恶，当然就会获得拯救；人类的罪并不是被耶稣基督救赎了的，他只是为我们做出了善的榜样。

如果站在无神论的角度，我们会很轻松地把问题归之于"古代观念"——对于那些生活在公元前的古人来说，相信罪恶带有遗传性并不那么困难。荷马笔下的希腊世界就是这样，譬如显赫的庇勒普斯家族：

这个王朝的建立者，亚洲人坦达鲁斯，是以直接对于神祇的进攻而开始其事业的；有人说，他是试图诱骗神祇们吃人肉，吃他自己的儿子庇勒普斯的肉而开始的。庇勒普斯在奇迹般地复活了之后，也向神祇们进攻。他那场对比萨王奥诺谟斯的有名的车赛，是靠了后者的御夫米尔特勒斯的帮助而获得胜利的。然后他又把他原来允许给以报酬的同盟者干掉，把他扔到海里去。于是诅咒便以希腊人所称为"阿特"（ate）的形式——如果实际上那不是完全不可抗拒的，至少也是一种强烈的犯罪冲动——传给了他的儿子阿特鲁斯和泰斯提司。泰斯提司奸污了他的嫂子，并且因而便把家族的幸运，即有名的金毛羊，偷到了手中。阿特鲁斯反过来设法放逐了他的兄弟，而又在和解的借口之下召他回来，宴请他吃自己孩子的肉。这种诅咒又由阿特鲁斯遗传给他的儿子阿伽门农。阿伽门农由于杀了一只做牺牲的鹿而冒犯了阿耳忒弥斯；于是他牺牲自己的女儿伊芙琴尼亚来平息这位女神的盛怒，并得以使他的舰队安全到达特罗伊。阿伽门农又被他的不贞的妻子和她的情夫，即泰斯提司所留下来的一个儿子厄极斯特斯，谋杀了。阿伽门农的儿子奥瑞斯提斯又杀死了他的母亲和厄极斯特斯，为他的父亲报了仇。[1]

---

[1][英]罗素《西方哲学史》上册，何兆武、李约瑟译，商务印书馆，1982：34—35，引鲁斯（H. G. Rose）《希腊的原始文化》，1925：193。

第七章
原罪的两难

"阿特"（ate）显然就是一种具有原罪性质的遗传基因，中译者认为这是"指由天谴而招致的一种愚昧和对于是非善恶的模糊而言"。类似的观念在其他的文化传统里也不乏例证，当时的人们并不觉得其中存在有任何的不妥之处，只是随着文明的演进，原来不是问题的问题才渐渐开始成为问题了。

所以，裴拉鸠斯对原罪的阐释自有其合理的一面，而他的论敌奥古斯丁终于被尊为正统也不是什么不易理解的事情。今天我们还会面临这种时代观念上的"代沟"问题：沦为异端的裴拉鸠斯主义在今天看上去远比奥古斯丁的正统神学更加贴合我们一般人的朴素的道德情操，也是当代许多平信徒自然而然的信念所在；而奥古斯丁以自杀为喻，认为正如一个业已自杀的人不可能自己去恢复生命，人既然用自由意志犯了罪，也就从此丧失了自由意志，要想获得拯救就只有依靠上帝的恩典。[1]

在与裴拉鸠斯的论战当中，奥古斯丁走向了预定论，亦即认为上帝在创世之初就已经出于某种我们无法窥测的理由决定了哪些人将被拯救，哪些人将受永罚。这样看来，贩卖赎罪券——罗马教廷历史上最著名的一桩丑闻——反而很有一些积极意义，因为它鼓励了人的主观能动性，宣扬人可以凭借自己的善行（即购买赎罪券）进入天堂。

如果我们固守文本的话，那么《新约》似乎确实有着预定论的倾向，强调恩典而非善功。在《马太福音》第20章里，耶稣做了一个葡萄园的比喻：葡萄园的主人请工人来干活，讲定了一天的工钱是一个银币，但就在这一天里，他陆续请了好几批工人，越是后来的工人显然工作时间就越短，而在一天结束的时候，这位葡萄园主人却付给了每个人同样的工价：一个银币。先来的工人当然不满，但葡萄园主人理直气壮地说："朋友，我并没有亏待你。你我不是讲定了一个银币吗？拿你的工钱走吧！我给那后来的和给你的一样，是我的主

---

[1][古罗马]奥古斯丁《教义手册》第30章，《奥古斯丁选集》，基督教文艺出版社（香港），1986。

意。难道我不可以照我的主意用我的财物吗？还是因为我仁慈你就嫉妒呢？"改革宗的《研读版圣经》对这段故事如此诠释道："要得到神手中一切美善的东西，只能倚靠神的恩典。"[1]这就像被误传为仓央嘉措的那首《见或不见》所谓的"你爱，或者不爱我，爱就在那里，不增不减"，神并不会因为你多做善功或更加虔敬而给你更多一分的恩典。

预定论后来得到了马丁·路德与加尔文这两支新教大宗的宣扬，路德甚至提出，一个人是否相信上帝，连这都是上帝预先安排好的。如果说这种论调不太招人喜欢，这应该是很可理解的。于是，路德与人文主义者伊拉斯谟的反复论战成为16世纪20年代欧洲世界的一大思想景观。

作为旁观者的我们，出于今天的朴素的世俗伦理，会很自然地站在路德的对立面上，甚至今日路德宗（即狭义的基督教）的平信徒也很难接受路德的"祖训"。但是，自由意志论之所以被定为异端，因为深究下去的话，上帝的全能就会受到质疑。因为，如果上帝的至公当真意味着他对世人的善恶可以精确地把握，并且精确地给以等值的回报的话，那么上帝就一定是完全依据理性行事的。这也就意味着，上帝的心思和行为是可以被人们以理性去预测的。即便我们不可能十分准确地预测，至少可以知道，只要我们行善，上帝就会奖励我们，只要我们作恶，上帝就会惩罚我们。如果上帝是可以被理性预测的，那么他就不是无限的，而是有限的，至少是被理性限制住的。《西敏斯特信仰宣言》这样讲道：

3.5，人类中被预定得永生的人，是神在创立世界根基以前，按照他永恒不变的目的，并他旨意所出的隐秘筹谋和良好关怀，已在基督里拣选了他们得永远的荣耀。这完全出于神无偿的恩典与仁爱，而并非是由于神预见他们的信心或善行，或他们致力坚守两者其中之一；也不是受造物本身有什么条件或原

---

[1]《研读版圣经》，环球圣经公会有限公司，2008：1501。

第七章
原罪的两难

因推动神拣选他。这一切都是为使神荣耀的恩典得着称颂。[1]

7.1，神与受造物相隔实在太遥远，虽然有理性的受造物必须服从神——他们的创造主，但他们永不能从他身上获取好处，得到幸福和报偿，除非神主动纡尊降贵，用订定盟约的方法，来建立神人关系。[2]

这似乎是西方神学与中国宗教理论的一大不同。尽管也感慨过"神之格思，不可度思"（《诗经·大雅·抑》），不知道神祇究竟何时降临，不过在中国信仰传统的最高追求里，从来都是善有善报、恶有恶报；基督教神学却极其在意理论上的逻辑一贯性，求真的精神不曾被实用主义彻底压倒。当然，实情也更有可能是：无关地域的分野，这是宗教领域里的知识精英与普罗大众所必然会形成的区别。

上帝既然不可以受限于理性，所作所为就必须带有任意性才行。也就是说，一个人或者可能积德行善而受罚，或者可能无缘无故而受赏，上帝的旨意完全是不可揣摩的，给人的永生与永罚完全取决于他的"不测之威"。

「三」

"不测之威"在中国传统里是作为一种政治哲学出现的，统治者很忌讳被臣子与下民们看透自己。譬如东汉年间，陇西发生了羌人叛乱，当地长官张纾捉住了叛军首领，却把他放了回去。随后又有一支叛军进犯金城塞，又被张纾

---

[1]《西敏斯特信仰宣言》3.5，《研读版圣经》，环球圣经公会有限公司，2008：2141-2142。

[2]《西敏斯特信仰宣言》3.5，《研读版圣经》，环球圣经公会有限公司，2008：2144。

打败。叛军首领率众请降,没想到却被张纾用毒酒杀了。王夫之评论这件事,说张纾如此毫无逻辑地行事来展示自己的"不测之恩威",结果致使羌人之祸在秦、陇一代绵延几百年才告平定。张纾这一生一杀是如此的不可测度,搞得羌人不知道是顺服更好还是叛乱更好。[1]

张纾之所以要树立"不测之恩威",应当是为了自己的安全着想,这正是古代中国的统治阶层中一以贯之的政治传统,源于申不害的法家学说。作为统治者,一旦被臣属或下民摸清了自己的心理模式和行为模式,轻则会被利用,重则地位——甚至性命——不保。制度要规范,赏罚要有明确的制度标准,但统治者的心思还是要让人捉摸不定的好。

与之相对照的是,古希腊人的神明观念恰恰相反。他们迷恋几何学的秩序与简洁,相信日月星辰之所以会有规律地运行,正是因为其背后有着完美的神明意志在推动着。"一切运动的最后根源便是'意志':在地上的便是人类与动物的随心所欲的意志,在天上的则是至高无上的设计者之永恒不变的意志。"[2]在这里,"任意性"反而被认为是不够完美的体现,不该成为神的属性。但是,随着知识的演进,我们可以越来越精确地计算出日月星辰的运动轨道,预测出它们在将来任一时间里的具体方位,如果我们面对的真是这种类型的上帝,也许的确不是一件好事。

在西方预定论的神学传统里,上帝之于世人,在表现形式上略似张纾之于叛军,存在着很大的任意性。《旧约·约伯记》里,约伯所受的苦难以及上帝对这一切苦难的解释,就很能说明个中道理。《基道释经手册》如此指出过这一问题的复杂性:

又或试看约伯的例子。在约伯和他的同伴讲了许多话之后,神终于在约伯

---

[1][清]王夫之《读通鉴论》卷七。
[2][英]罗素《西方哲学史》上册,何兆武、李约瑟译,商务印书馆,1982:263。

的朋友面前裁定他的无辜:"我的怒气向你和你两个朋友发作,因为你们议论我不如我的仆人约伯说的是。"(伯42:7)可是,他的朋友实质上是试图裁定神是公义的、惩罚恶人、奖励义人,而约伯则不断提出抗议,说神是在无理迫害他。换言之,如果神赞同约伯是对的话,那么神必定是不义了,因为约伯似乎在指斥神的不义。答案可能在于,当神宣布约伯可能是对之时,祂并非指着约伯所说的每一件事而言。不过,我们再次得到提醒:切勿像约伯的朋友那样,太容易解释人类的苦难问题,给予过分简化的理由。[1]

霍布斯在《利维坦》一书中讨论过约伯问题的复杂性,用他的话说:"我们虽然可以说:死是因罪进入了世界(这话的意思就是说:如果亚当没有犯罪,他就绝不会死,也就是他的灵魂绝不会和他的躯体脱离),但却不能根据这一点推论说:上帝没有理由像他对其他不能犯罪的生物那样使没有罪的人受苦。"[2]

但值得欣慰的是,《旧约·那鸿书》1:3点明了"耶和华不轻易发怒,可是大有能力;他绝不以有罪的为无罪"。只是,具有如此任意性的上帝又怎能说是至公的呢?这就不是人类的智慧所能测度的了,就像我们可以追问为什么偏偏以色列人是上帝的选民而中国人不是,为什么在《旧约》里边上帝只帮助以色列人东征西讨,那些被讨伐的民族又该到哪里去寻求公正呢?

这样看来,任意性似乎会导致人们因为"天威难测"而降低虔敬的程度,然而事实恰恰相反。心理学可以为这一现象提供解释——斯金纳的一则实验是:一只特殊的箱子(即著名的斯金纳箱)里有一只老鼠,它要想吃东西就得去压一下箱子里的一根杠杆。而食物其实是定时提供的,时间间隔是一分钟。

---

[1] [美]威廉·克莱因、克雷格·布鲁姆伯格、罗伯特·哈伯德《基道释经手册》,尹妙珍、李金好、罗瑞美、蔡锦图译,基道出版社,2004:91。

[2] [英]霍布斯《利维坦》,黎思复、黎廷弼译,商务印书馆,1986:280。

也就是说，不管老鼠压多少次杠杆，只要一分钟没有过完，食物是不会掉进箱子的；只有在等满一分钟的时候去压杠杆，食物才会掉进来。

一段时间之后，老鼠有了丰富的经验，掌握了这个时间规律，于是，它只会在一分钟将至的时候集中做出反应，不会再胡乱压杠杆地做无用功了。

另外一只箱子里还有一只老鼠，也是靠压杠杆来获得食物，与前一只老鼠的情况不同的是：提供食物的时间间隔很不规律，有时候只过了30秒就有食物，有时候却要等上好几分钟才有，平均值是一分钟。一段时间之后，这只老鼠也有了丰富的经验——他会比前一只老鼠更加频繁地去压杠杆，而且，虽然食物出现的时间不规律了，但老鼠压杠杆的行为却变得更加均匀了。

斯金纳做过许多这类实验，观察出低等动物具有和人类一样的"迷信行为"，他甚至训练出了一只"迷信的鸽子"（Skinner，B. F.，1948）。此时若站在唯物主义的立场回顾费尔巴哈的那个著名论断"宗教根源于人跟动物的本质区别：动物没有宗教"[1]，那么，任何一颗多愁善感的心都难免会泛起一丝悲哀。

的确，尽管有伤尊严，但不得不承认人类在这一点上的表现和老鼠或其他什么低等动物并无二致。譬如一家工厂向工人支付报酬的标准是：每做完100个成品就可以领取100元报酬，那么工人很可能会努力完成100个成品，然后休息一会儿，领完工资后再开始第二轮工作；而如果这个工厂是随机支付报酬的，工人就会把自己的工作安排得均匀很多。

在信仰的表达上，风雨晦暝、生老病死愈是无法把握，生活的不可控感也就愈强，祭祀和崇拜也就愈是程式化。而一旦生活的可控感变强了，祭祀和崇拜的程式化自然就会放松。所以，对于那些希望以宗教信仰来维护社会公平的主张者来说，这是一个难解的悖论。宗教信仰可以维护社会稳定，但难以追求社会公平。

---

[1] [德]费尔巴哈《基督教的本质》，荣震华译，商务印书馆，1984：29。

第七章
原罪的两难

所以，在神学政治里，对公平的追求有必要寄托在彼岸世界。用奥古斯丁的道理来说，如果现世社会报应不爽，那么"最后审判"岂不是没有必要了？换个角度来看，当我们看到好人倭蹇一生，恶人富贵无边，这只是我们人类眼中的不公，神却不一定这么想，他的安排一定有他自己的道理，否则岂不是可以被人的浅薄心智加以测度了吗？——作为奥古斯丁的支持者，蒙田做过一个还算巧妙的比喻："太阳愿意投射给我们多少阳光，我们就接受多少。谁要是为了让自己身上多受阳光而抬起眼睛，他的自以为是就要受到惩罚，丧失视力就不要感到奇怪。"[1]——事实上，蒙田也不曾完全把握住"任意性"的精髓，因为他还是不经意地表露了一个人的自以为是"必然"会受到惩罚。

中国传统很难接受这种道理，而日本在这一点上却有着与西方神学相通的认识。又因为日本人熟稔中国文化，所以批评起来很有针对性——18世纪的日本学者本居宣长这样讲过："中国人思考问题有一个习惯，就是喜欢对邈不可见的抽象事物讲一番应该这样、不应该那样之类的大道理，以一己之心推测世间万物，认为所有的事情都符合自己设定的道理，天地之间、万事万物概莫能外，而对于那些与道理稍有不合的事物，便加以怀疑，认为它不应存在……实际上，天地之理绝非人的浅心所能囊括，无论多么智慧深广的贤人，都带有人心难免的局限。"

在做过这番分析之后，本居宣长开始谈论日本的神是如何与众不同，其实归根结底还是一个"任意性"的问题："日本的神不同于外国的佛和圣人，不能拿世间常理对日本之神加以臆测，不能拿常人之心来窥测神之御心，妄加善恶判断。天下所有事物都出自神之御心，出自神的创造，因而必然与人的想法有所不同，也与中国书籍中所讲的大道理多有不合。"[2]

---

[1][法]蒙田《蒙田随笔全集》上册，潘丽珍等译，译林出版社，1996：244。

[2][日]本居宣长《石上私淑言》，第85节，《日本物哀》，王向远译，吉林出版集团有限责任公司，2010：243–244。

所以，就算是引入了神的概念（像伏尔泰所建议的那样），只要我们对神学抱有几分真诚，就很难解决这样一对矛盾：一边是神的任意性，另一边是俗人心目中的公平。除非我们完全放弃世俗的公平观念，单单凭着信仰，无论在任何情况下都相信神的至公。然而这样一来，政治哲学与伦理学也就失去了独立的身份，甚至不再有存在的必要了。

第八章 正义

康德的失误

事实上，任何一种经过理性的审慎权衡而得到履行的责任，都是一种偏好，一种"情感上的"偏好，因而也都是逐利的——换句话说，是追求幸福的，而道德价值与幸福无关的说法是不可能成立的。康德的谬误就在于把道德问题当作了理性问题，而道德是本该属于情感范畴的。

「一」

种种关于正义的理论在刨根问底的追问之下都显出了或多或少的尴尬，也许我们应该换个思路，从世界现有的道德秩序入手，在各个国家与民族当中寻找正义的最大公约数，亦即找出那些最基本的、普世共同遵守——或认为"应当"遵守——的规则。这规则不该是一些具体的目标（譬如敬神、守信、助人为乐），而最好是某种抽象的公式（譬如康德的绝对律令、米塞斯的行为通则、罗尔斯的无知之幕）。

这件工作的确有人做过了。1993年在芝加哥召开的国际伦理大会上，把"己所不欲，勿施于人"这个抽象的道德公式定名为"黄金规则"，因为在各个民族、各种文化背景里，都有着与之相同或极其相近的箴言，只是表达方式略有不同罢了。

这是一条建立于公平基础之上的道德公式，我们可以代入无限多的具体内容，譬如：我不想被杀，所以不该杀人；我不想被人掠夺财产，所以我不该掠夺别人的财产；我不想受人压迫，所以我不该压迫别人……看上去，如果人人都能遵守这条黄金规则的话，现实世界将会美好得令人不再对天堂怀有任何期冀。

然而实际情况并不这么简单，我们以上文提到的臧洪事件为例，臧洪杀掉爱妾给守城将士吃肉，我们可以对他发出这样的质问："如果你自己不愿被杀，不愿被人吃掉，就不该杀掉自己的爱妾给将士们吃。"但是，臧洪是当时著名的"天下义士",是天下人的道德楷模,而那些赞美他、景仰他、效法他的人里,诸如韩延之和元岩,也都是知书达理、大义凛然的一时俊彦,他们怎么可能不晓得"己所不欲,勿施于人"这一则孔夫子亲口教导的至理名言呢?

事实上,他们当然晓得这个道理,但另有两个理由:(1)身份等级有别,妾的身份即便不能说"不是人",至少也是在人格上不能和夫君平起平坐的人;(2)仁义或善也是有等级的,为了更高一级的善,可以牺牲掉次一级的善,"大义灭亲"说的就是这个道理。

所以,"己所不欲,勿施于人"在现实当中并不是一个纯粹的公式,而是在其他的若干正义原则之下伴随而行的。要想彻底驱除这些干扰,把有条件的黄金规则变为无条件的黄金规则,我们就会遇到康德的定言令式,即纯粹实践理性的基本法则:"要这样行动,使得你的意志的准则任何时候都能同时被看作一个普遍立法的原则。"[1]而且,康德认为,"人们必定'愿意'我们的行为准则'能够'变成普遍规律,一般说来,这是对行为的道德评价的标准"。[2]

---

[1]参见[德]康德《道德形而上学原理》,苗力田译,上海人民出版社,1988:65。"一切命令式,或者是假言的(hypothetisch),或者是定言的(kategorisch)。假言命令把一个可能行为的实践必然性,看作是达到人之所愿望的,至少是可能愿望的另一目的的手段。定言命令,绝对命令则把行为本身看作是自为地客观必然的,和另外目的无关。任何的实践规律,没有不是把可能行为看作是善良的,从而对一个可以被理性实践地决定的主体来说,是必然的。所以,所有的命令式,都是必然地按照某种善良意志规律来规定行为的公式。那种只是作为'达到另外目的的手段'而成为善良的行为,这种命令是假言的。如果行为自身就被认为是善良的,并且必然地处于一个自身就合乎理性的意志之中,作为它的原则,这种命令是定言的。"见该书第72页,"定言命令只有一条,这就是:要只按照你同时认为也能成为普遍规律的准则去行动。"

[2]Ibid., p.75.

「二」

在康德设计的几个例子里，说谎的例子是最有名的一个。说谎是否道德呢？如果说谎变成了一条普遍准则，人人都说谎，那么谎话也就没人相信了。也就是说，在康德的规则下，说谎变成了一件自我毁灭的事情，所以我们不该说谎。这是一个相当简单的准则，任何人都可以轻松地理解并便捷地采用。用康德的原话来说就是：

为了给自己寻找一个最简单、最可靠的办法来回答不兑现的诺言是否合乎责任的问题，我只须问自己，我是否也愿意把这个通过假诺言而解脱自己困境的准则变成一条普遍规律；也愿意它不但适用于我自己，同样也适用于他人？我是否愿意这样说，在处境困难而找不到其他解脱办法时，每个人都可以做假诺言？这样，我很快就会觉察到，虽然我愿意说谎，但我却不愿意让说谎变成一条普遍的规律。因为按照这样的规律，也就不可能做任何诺言。既然人们不相信保证，我对自己将来的行为，不论做什么保证都是无用的。即或他们轻信了这种保证，也会用同样的方式回报于我。这样看来，如果我一旦把我的准则变为普遍规律，那么它也就毁灭自身。因此，用不着多大的聪明，我就会知道做什么事情，我的意志才在道德上成为善的。[1]

康德的规则看上去与"己所不欲，勿施于人"属于同一类型，然而康德是不赞成这一条古老格言的，因为"它不是一条普遍规律，它既不包括对自己责任的根据，也不包含对他人所负责任的根据。好多人都有这样一种看法，除非

---

[1][德]康德《道德形而上学原理》，苗力田译，上海人民出版社，1988：52。

他有借口不对别人做好事,别人也就不会对他做好事。最后因为,它不是人们相互间不可推卸的责任,并且那些触犯刑律的人,还会以此为根据不服法官的判决,逃避惩罚"[1]。

也就是说,"己所不欲,勿施于人"这一原则的缺陷是它太有功利性,甚至罪犯可以对法官说:如果你自己不愿意被人判刑,就请你也不要判我的刑。这样的逻辑自然无法被人接受,所以康德要找的是一个纯粹的道德准则,这就是他著名的定言令式(又译作定言命令、绝对命令)。

但是,这一纯粹的道德规则也引来过一些相当棘手的问题。就近来说,桑德尔设计了一个问题:如果你的朋友躲避追杀而逃到你家,杀手追到门口,向你打听你朋友的下落,那么你该不该说谎呢?——答案是:你依然不可以说谎,亦即不可以违背康德的定言令式,但你可以讲些"有误导作用的事实"。

邓晓芒举过一个贪污的例子以说明康德的过于形式主义的缺陷:譬如你受托保管别人的财产,你该不该中饱私囊呢?应用定言令式,如果所有受托保管别人财产的人都去贪污,也就不会有任何人委托他人保管财产了,贪污这个规则也就自我毁灭掉了;但是,这个论证是以私有产权为前提的,如果换到公有制下,委托的财产就算被贪污了,但委托人还是有可能继续找人托管财产,因为财产反正不是自己的。

同样的问题我们还可以列举很多,但我想症结主要出在表述方式上。在康德的说谎者的例子里,说谎者有其特定的处境,即"处境困难而找不到其他解脱办法",所以他要用定言令式裁决的并不是简单的"是否应该说谎",而是"在处境困难而找不到其他解脱办法时,我是否也愿意把这个通过假诺言而解脱自己困境的准则变成一条普遍规律"。桑德尔则把问题过度简化为"是否应该说谎",所以才会蹊跷地得出"在朋友被杀手追杀时,自己也不该对杀手说谎"的结论。

---

[1]Ibid., p.82.

而所谓"有误导作用的事实",既是"误导",就已经怀了欺骗的动机,已经属于欺骗之一类;"以真话骗人"从来都是狡黠的人们相当擅长的事情,那么,难道说谎是不可以的,欺骗却是可以的吗?

对于桑德尔的问题,我们还可以在不改变实质内容的前提下换一种表达方式,即"我该不该以说谎的方式做出有利于一个陷于急难中的朋友的事情?"或者索性换成"该不该保护朋友",再以定言令式加以考核;同理,在邓晓芒的那个问题上,我们也完全可以把具体的"贪污"换作其背后的更具实质性的抽象内容,亦即"我该不该做损害无辜者利益的事",而这一标准对委托人当然也同样适用。种种五花八门的具体问题都可以被抽象化地表述成"有利"与"不利"的问题,然后再代入定言令式做一番道德考察。

但这样一来,我们马上又会面临新的问题:"利益"究竟是什么?又该怎样衡量有利与不利?

譬如有这样一个问题:"我们该不该做素食主义者呢?"将要回答这个问题的两个人都学过康德哲学,但一个是佛教徒,另一个是基督徒。佛教徒(这里特指中国的佛教徒)自从梁武帝以来就秉承素食传统,基督徒则相信《圣经》的话,上帝在洪水之后赐福给挪亚和他的儿子:"凡活着的动物,都可以做你们的食物,这一切我都赐给你们,如同菜蔬一样。"(《创世记》9:3)

不知道康德会怎样回答这个问题,事实上他的确注意到"幸福是个很不确定的概念……幸福概念所包含的因素全部都是经验的,它们必须从经验借来……幸福并不是个理性观念,而是想象的产物",但是,在他看到了幸福的主观色彩之后,就转而寻找一种客观的普遍规则去了。而不确定的、饱含主观色彩的"幸福",与"利益"会有什么区别呢?

「三」

放弃了对主观性的深入辨析而走上了寻找客观性的普遍规则之路，这应当是康德的一大失误。在他为了说明定言令式而设计的四个例子里，除了说谎的例子之外，另外三个也同样是有马脚可寻的。第一个例子讨论的是主动求死的问题：

一个人，由于经历了一系列无可逃脱的恶邪事件而感到心灰意冷、倦厌生活，如果他还没有丧失理性，能问一问自己，自己夺去生命是否和自己的责任不相容，那么就请他考虑这样一个问题：他的行为准则是否可以变成一条普遍的自然规律。他的行为准则是：在生命期限的延长只会带来更多痛苦而不是更多满足的时候，我就把缩短生命当作对我最有利的原则。那么可以再问：这条自利原则，是否可能成为普遍的自然规律呢？人们立刻就可以看到，以通过情感促使生命的提高为职志的自然竟然把毁灭生命作为自己的规律，这是自相矛盾的，从而也就不能作为自然而存在。这样看来，那样的准则不可以成为普遍的自然规律，并且和责任的最高原则是完全不相容的。[1]

康德在这里为大自然预设了一条并不与之相符的特质，即"以通过情感促使生命的提高为职志"，他认为这样的大自然不可能"把毁灭生命作为自己的规律"，然而今天我们知道，生物体为了基因的复制或传递而牺牲生命的确就是大自然颠扑不破的规律。并不悲观厌世的雄螳螂在交尾之后被刚刚还在一起缠缠绵绵的伴侣吃掉，化作了后者身体内用以抚育后代的养分，

---

[1][德]康德《道德形而上学原理》，苗力田译，上海人民出版社，1988：73。

甚至连微生物在种群面临危机的时候也会出现可歌可泣的"自我牺牲"的行为。

我们还可以用更简单的办法来质疑康德的这个例证，也就是把厌世者的那条行为准则——"在生命期限的延长只会带来更多痛苦而不是更多满足的时候，我就把缩短生命当作对我最有利的原则"——请每一个人回答，或者我们把它表述成"当生活变成无可避免且连续不断的酷刑折磨的时候，我就把结束生命当作对我最有利的原则"，我想除了一些极其坚韧的宗教人士之外，这的确会成为一条广为接受的普遍原则。即便表述为"在犯了违背道德和人情的严重罪行以后，自己悔恨，而不知道如何是好的时候，自杀寻死，借以忏悔罪过，像这样的自杀，就不一定是坏事"，若放到有武士道精神的日本文化里，想来会得到许多有识之士的赞同。事实上，引号里的这段话正是19世纪的日本哲学家中江兆民讲的。[1]

古罗马有着极其相似的风俗，自杀在那里甚至是一种普遍的"习惯"。个中缘由，孟德斯鸠在《罗马盛衰原因论》里多有列举，其中最重要的一点应当就是对自尊的维护了。孟德斯鸠以富于诗意的笔调写道："我们竟然这样尊重自己，那就是我们由于一种自然的和朦胧的本能而同意结束自己的生命，这种本能使我们爱自己甚于爱自己的生命。"[2]中国西汉时代的官僚阶层也是以同样的流行方式来维护自尊的，因为他们以接受司法调查为耻，后世的一些儒家学者对这种独特的历史风气颇为缅怀，认为这是士大夫高贵精神的体现。

是的，若在生与义之间做出选择，对于孟子这样的人，不义而偷生正是"在生命期限的延长只会带来更多痛苦而不是更多满足的时候"，所以甘愿"缩短生命"；文天祥在《正气歌》里吟咏的"鼎镬甘如饴，求之不可得"，

---

[1][日]中江兆民《一年有半》，吴藻溪译，商务印书馆，1997：22。
[2][法]孟德斯鸠《罗马盛衰原因论》，婉玲译，商务印书馆，1995：67-68。

第八章
康德的失误

同样表达了求死的心志。他们当会认为，所有人在同样的情形下都应该做出相同的选择，否则才不符合正义的标准，才是真正不道德的。

一个相信"国家利益高于一切"的人，在行将就木的时候毅然决然地自我了断，以此为国家节约资源，这在许多人看来或许是相当高尚的。传说中斯巴达宪法的创始人，伟大的莱喀古士，在决定自我牺牲之前讲过如下的话："一个有理性的人所具有的一切能力都能够用于行善的目的，而在他毕生为他的国家服务之后，如果可能的话，他是应该使自己的死为国家谋求更多的利益的。"威廉·葛德文，这位信奉唯理主义的政治哲学家，认为自杀是我们的许多天赋能力之一，所以应该受到道德的规范，自杀之前要审慎地权衡利弊才行——莱喀古士就是葛德文所列举的一位在自杀问题上的道德楷模。[1]

"权衡利弊"，看上去这才是合乎理性的做法。即便在相反的情况下，譬如即便像洛克这样主张人既无权剥夺自己的生命，也无权把自己交由任何人奴役的伟大哲人，也认为当一个人因为做了坏事而理应处死的时候，他的生命权丧失给谁，谁就可以暂时饶过他的性命，让他为自己服役，"当他权衡奴役的痛苦超过了生命的价值时，他便有权以情愿一死来反抗他的主人的意志"[2]。洛克的隐含道理应该是这样的：这个人因为犯罪该死，所以在理论上已经是个死人了，他因为不堪奴役而自杀，只不过是在事实上完成了自己的死亡。一个人不可能死两次，所以在他活着为奴的时候，其实是作为死人而存在的。

但无论如何，他毕竟还是自杀了，这是不是意志薄弱的体现呢？王国维曾撰文表达意志薄弱的结果，除了废学之外另生有三种疾病，即运动狂、嗜欲狂、自杀狂：

---

[1] [英]威廉·葛德文《政治正义论》，何慕李译，商务印书馆，1982：93-94。

[2] [英]洛克《政府论》下篇，叶启芳、瞿菊农译，商务印书馆，1996：9。

前二者之为意志薄弱之结果，人皆知之。至自杀之事，吾人姑不论其善恶如何，但自心理学上观之，则非力不足以副其志，而入于绝望之域，必其意志之力不能制其一时之感情，而后出此也，而意志薄弱之社会反以美名加之。吾人虽不欲科以杀人之罪，其可得乎？[1]

撰写此文的20年后，王国维投昆明湖自尽，遗书于三子贞明说："五十之年，只欠一死，经此世变，义无再辱……""只欠一死"之语出自吴梅村的名句"浮生所欠只一死，尘世无由识九还"，那是明清易代之际，深负明朝皇恩的吴梅村当死而未死，这是否也是"意志薄弱之结果"呢？这样看来，人的"缩短生命"的企图，真的通不过康德的定言令式的考核吗？

我们还可以设想这样一个场景：一名被俘的士兵即将接受讯问，要他供出同伴的藏身之所，而他知道敌军掌握了一种人脑读取技术，可以获知任何人的秘密，所以，即便自己的意志力可以抵御一切严刑拷打，但在这项高科技面前，再强大的意志力也无济于事。这时候他偶然发现了一个自杀的机会，那么，他该不该就此自我了断呢？

这是1955年一份基督教学刊提出的问题，"人脑读取技术"则是我的加工，为的是把问题简化，免得有人坚持说意志力可以战胜一切。原文作者怀有唯实论的态度，认为价值是事物的内在属性，也就是说，在当下这个问题里，"自杀"这件事就其本身来说具有"内在的恶"——无论任何人、任何情境，只要自杀，就是不对的。

同样具有基督教背景的伦理学家弗莱彻，"境遇伦理学"的发明人，则站

---

[1]王国维《教育小言》十则，《静安文集续编》《王国维遗书》第6册，上海古籍书店（据商务印书馆1940年版影印），1983：58。

在唯名论的一边指斥上述见解之僵化与荒谬。[1]而站在康德的立场上，我们也许可以换一个视角来解决这个问题：不错，自杀是恶，出卖同伴也是恶，但是，当一个人不得不在这两件恶事之间做出选择的时候，若他选择了罪恶程度较低的那个，这个行为应该算善吧？——但是，如果可以这样来解决问题，那么，即便在康德那里，道德上对"自杀"的禁令也就不再是不可动摇的了，而任何原本在定言令式的准绳之下被孤立权衡的事情如今都可以在"关系"当中被如此这般地重新考虑了。康德也许不会喜欢这样的事。

我们继续看那个被俘士兵的例子，假设他深知敌军的人脑读取技术的厉害，于是为了不泄露军事机密，为使祖国免受致命的核打击，他毅然结束了自己的生命。自杀之后，他灵魂遇到了一位天使，天使赞叹说："你真是太伟大了！"他淡然地说："这不算什么，换作任何人都会这么做的。"——这恰恰是一个应用定言令式决定自杀的例子，看来定言令式不仅与"人是目的"这两条原则终于会有发生冲突的时候，其本身也是很难自洽的。譬如，若墨子和杨朱分别学习了康德哲学，一起面对"要不要拔一毛以利天下"的道德抉择，墨子当然愿意"拔一毛以利天下"成为普遍原则，杨朱也当然愿意"不拔一毛以利天下"成为普遍原则，并各自坚信在自己的主张成为普遍原则之后并不会导致自我毁灭。或以罗素的一个更为极端的例子：一个患忧郁病

---

[1][美]约瑟夫·弗莱彻《境遇伦理学》，程立显译，中国社会科学出版社，1989：52："内在论者即律法主义者，一直支配着基督教伦理学。布伦纳说：'基督教道德总认为最符合律法主义的观点是最为严肃认真的，其祸根就在于此。'我们至少有一些人清楚地知道，内在论者从未真正地注意到实证的、外在论的观点。因此，在爱的压力下，他们不得不提出'小恶'（或其反面'大善'）之说。一切律法主义的支柱是关于价值（善或恶）即行为'中'的属性的观念。道德神学中的这股形而上学势力促成了下述荒谬观点：被俘士兵在严刑拷打之下，即使为了避免向敌人出卖同伴，也不可以自杀，因为自杀本身具有内在的恶。"

的人完全可能想要人人都自杀。[1]

「四」

接下来，在试图了断生命的人与说谎者之后，康德为我们列举的第三个人是一个懒汉：

> 第三个人，有才能，在受到文化培养之后会在多方面成为有用之人。他也有充分的机会，但宁愿无所事事而不愿下功夫去发挥和增长自己的才干。他就可以问一问自己，他这种忽视自己天赋的行为，除了和他享乐的准则相一致之外，能和人们称之为责任的东西相一致吗？他怎能认为自然能按照这样一条普遍规律维持下去呢？人们可以像南海上的居民那样，只是去过闲暇、享乐、繁殖的生活，一句话，去过安逸的生活，而让他自己的才能白白地在那里生锈。不过他们总不会"愿意"让它变成一条普遍的自然规律，因为作为一个有理性的东西，他必然愿意把自己的才能，从各个不同的方面发挥出来。[2]

康德认为这个懒汉应当施展出自己的才能，但不曾说清这到底是出于自我

---

[1] 罗素的完整议论如下："但也有一些行为，康德必定会认为是不对的，然而用他的原则却不能说明它不对，例如自杀；一个患忧郁病的人完全可能想要人人都自杀。实际上，康德的准则所提的好像是美德的一个必要的标准，而不是充分的标准。要想得到一个充分的标准，我们恐怕就得放弃康德的纯形式的观点，对行为的效果作一些考虑。"（[英]罗素《西方哲学史》下册，马元德译，商务印书馆，1982：254）

[2] [德]康德《道德形而上学原理》，苗力田译，上海人民出版社，1988：74—75。

实现的需要（马斯洛式的），还是出于服务社会的需要（蜘蛛侠式的），也许这两者都是不应该的。

曾有朋友因为儿子整天只看漫画、不念功课而大感烦恼，说是用尽了所有办法都无济于事，所以很为他的将来发愁。我的建议是，如果对孩子实在没有办法的话，就只能在自己身上下功夫了？——家长只好辛苦一些，赚够孩子一辈子的生活费，让孩子高高兴兴地看一辈子漫画。朋友对我的建议感到匪夷所思，认为无论如何也不能让孩子长大之后变成一个废物。那么，现在我们假定这位朋友有能力让小孩子过上这样的生活，即依靠家长留下的遗产，在数不尽的漫画书中度过快乐的一生。但问题是，他认为这是"不对"的，小孩将来必须成为一个对社会有用的人。

尽管概率不高，但他的想法显然有可能扼杀一个伟大灵魂的成长。譬如古希腊的戏剧家欧里庇得斯事实上就过着类似于整天看漫画的日子：他继承了大笔的遗产，用这些钱为自己购置了大量的抄本书籍，成为雅典第一个拥有大藏书室的人，于是他整天在自家埋头看书，很少参加公共事务。他虽然因为戏剧成就被我们铭记至今，但这对他自己的生活而言，只是一个美丽的副产品罢了。再如名气更大的欧几里得，据罗素讲，"据说有一个学生听了一段证明之后便问，学几何学能够有什么好处，于是欧几里得就叫进来一个奴隶说：'去拿三分钱给这个青年，因为他一定要从他所学的东西里得到好处。'然而鄙视实用却实用主义地被证明了是有道理的。在希腊时代没有一个人会想象到圆锥曲线是有任何用处的；最后到了17世纪，伽利略才发现抛物体是沿着抛物线而运动的，而开普勒则发现行星是以椭圆而运动的。于是，希腊人由于纯粹爱好理论所做的工作，就一下子变成了解决战术学与天文学的一把钥匙了"。[1]

哈耶克正是站在这个角度上极力推崇遗产制度，但我们暂且抛开功利主义的考虑，只就当事人的生活本身来说，如果欧里庇得斯不曾创作过任何一部戏

---

[1] [英]罗素《西方哲学史》上册，何兆武、李约瑟译，商务印书馆，1982：271-272。

剧，难道就有什么应该被人指责的地方吗？

那个爱看漫画的孩子岂非一样，所以，自由主义者一般不会认为我的建议有什么不妥——让我们套用米塞斯的行为通则，看一辈子漫画难道会侵害到什么人吗？显然不会，只需要父母多付出一些辛苦，但只要父母出于爱心甘愿付出更多的辛苦，这也就没有什么再可挑剔的了。

那么，我们再假定这个孩子具有超常的音乐天赋，即便不加以任何培养，也会成为一个比古往今来的所有音乐家更加耀眼的人物，但是，在看漫画书和展示音乐才华之间，他选择了前者，这可会伤害到谁吗？

若从功利主义的角度着眼，一个有闲阶层的存在对社会的发展进步可谓意义重大，即便其中一些人或无所事事，或穷奢极欲，但是？——譬如在哈耶克看来？——这是自由所必须付出的代价，"而且，将有闲者当中的最有闲者的消费判定为挥霍并令人讨厌，很难说这个判定所持的标准，同一个埃及农夫或一个中国苦力将美国大众的消费判定为挥霍时所持的标准，有多大的不同"。[1]

再者，其实严格来说，看漫画同样为社会做了贡献，因为这会为漫画事业的发展提供动力，是以消费刺激生产。这个可怜的孩子，他对一些特定的漫画书的钟爱还会在为这些漫画书的作者提供经济福利之外，让他们体会到被人认同的快感。由此我们不妨参照一下哈耶克提出的几个问题："职业网球选手或高尔夫球选手，同那些将时间用于改进这些运动的富有的业余爱好者相比，难道就真的那么显然是社会的更为有用的成员吗？领薪受聘的博物馆馆长就一定比私人收藏家更为有用吗？"[2]

然而吊诡的是，假若这个孩子突然变得勤奋上进，反而会伤害别人。高校的录取名额是有限的，当你赢得了一个名额，也就意味着有一个人因为你而失

---

[1][英]哈耶克《自由宪章》，杨玉生等译，中国社会科学出版社，1998：183。

[2]Ibid., p.184.

第八章
康德的失误

去了一个名额。就业机会也是有限的，尤其在经济不景气的时期，那么当这个孩子长大之后，勤勉地谋得了一份差事，这也就意味着有一个人因此而丢掉了这份差事。资源永远是有限的，在成功者的喜悦背后，永远是失败者的沮丧、泪水，以及白白浪费掉的努力。失败者所受到的伤害，甚至会比遭受赤裸裸的暴力侵犯更加难挨。

约翰·斯图亚特·穆勒早在150年前就想到过这个问题，所以对自由主义原则做了颇多的限制。穆勒的意见是：

首先我们不能认为仅仅因为这一点，即对他人的利益造成或显或隐的损害，就足以成为社会干涉的正当理由，更不能认为这样的干涉永远都是正当的。在许多情况下，一个人在以合法手段追求某个合法目标的时候，难免会造成其他人的痛苦或损失，也难免会截夺了其他人应当享有的好处。这种发生在个人利益之间的冲突通常是由糟糕的社会制度引起的，只要制度不变，冲突便不可避免。

但也有一些利益冲突是在任何体制下都会发生的：一个人无论是谋得了一份热门职业，还是通过了一场严苛的考试，只要他是在竞争性的资源中超过了别人，他就是从别人的损失、失望以及白白浪费掉的汗水当中收获了自己的利益。

但是，人们普遍都会承认，为了促进人类的普遍利益，这种事情不该成为我们前进道路上的障碍。换句话说，社会并不认为那些在竞争中不幸落败的人在法律上或道德上有任何免于痛苦的权利，而只有当人们用上了一些不被普遍利益所允许的手段——譬如欺诈、背信弃义或强迫——来获取成功的时候，社会这才应该出面干涉。[1]

---

[1] John Stuart Mill, *On Liberty and The Subjection of Women*, Penguin Books, 2006：106-107.

在穆勒的观念里，自由原则一方面以"不损害他人利益"作为唯一的行为准则，一方面又承认了基于这一准则的行为难免会损害他人利益，尽管这种损害是"正当"的。这的确是一个功利主义者眼中的自由原则，后者意义上的损害之所以正当，是因为"为了促进人类的普遍利益"。但如果我们追问下去，什么是"人类的普遍利益"呢，这只会得出见仁见智的答案。

真正的自由主义者的自由原则应当纯粹得多，不必考虑什么"人类的普遍利益"，但也不得不承认穆勒所面对的那个难题：损害他人利益实在是个难免的事情。然而自由主义可以有着完全不同于功利主义的解决方案：只要竞争是公平的，竞争可能造成的收益与损失都是事先被清晰获知的，参与者自愿进入了这个博弈的竞技场，这就足够了，就可以使自由原则不必附加上功利主义那些模棱两可的补充与限定而一以贯之地被奉行下去。

那么，那个酷爱漫画的孩子，倘使终其一生都自愿退出竞技场，过着与世无争的散淡生活，即便以穆勒的标准也极少（谁都不可能完全没有）伤害其他人的利益，这又有什么不对呢？——除非他是一名真诚的基督徒，并且以《新约·帖撒罗尼迦后书》的教诲严格自律："我们在你们那里的时候，曾吩咐你们说，若有人不肯作工，就不可吃饭。"（《帖后》3:10）

确实有一种源远流长的价值观认为任何人都不应该不劳而获，但如果我们追问一下，为什么不可以不劳而获呢？——17世纪的空想社会主义者德尼·维拉斯在乌托邦小说《塞瓦兰人的世界》里很精辟地谈到过这个问题，他借乌托邦的立法者之口，认为适度的劳动有益于身心健康，所以塞瓦兰人"不大会陷于那种由于游手好闲而导致的恶习。如果他们不以正当的事务来驱除游手好闲，那是会造成恶习的"。[1]

如果把人不是作为个体，而是作为社会当中的一分子来看待的话，维拉斯的担心确实是有道理的。但康德显然不会站在这种"社会主义"的立场，那个

---

[1] [法]德尼·维拉斯《塞瓦兰人的历史》，黄建华、姜亚洲译，商务印书馆，1986：132。

爱看漫画的孩子也幸好没有生在塞瓦兰人的地方。

当然，这只是一个过于极端的例子，然而事实上，只要我们稍稍多想一刻，就会自然地站到康德的对立面去，因为康德的这番道理在相当程度上剥夺了个人选择的自由，而且通不过他自己给出的定言令式的考核。

试想一下，假若你很有音乐天赋，而你对木工抱有异常浓厚的兴趣（尽管你的手艺平平），两者只能选择其一的话，你会"愿意"选择音乐吗？换个问题：你想选择自己"愿意"选择的生活方式，而这可以成为一条普遍的准则吗？

既有所追求，又有能力去完成自己的追求，这应该是很多人对生活的完美期冀。《列子·杨朱》里有这样一则故事，卫国的端木叔是子贡的后代，享受着巨额遗产而好吃懒做，过着大国君主一般的奢华生活。只要自己想要的东西，无论花费多大的代价，没有弄不到手的；外出游览，无论山长水远，没有到不了的地方。他款待的宾客每天数以百计，厨房里烟火不绝，厅堂里音乐不断。但就算这样家产也还是败不完，端木叔就广散钱财，先分发给宗族本家，继而分发给街坊邻居，继而再分发给全国民众。60岁那年，端木叔觉得身体不行了，索性抛弃家室，把金银珠宝、妾媵奴婢广散出去，一年之间就把家财彻底散尽了。他生了病，家里没有一点药品；等他死了，家里也拿不出丧葬费来，还是国内受过他施舍的人凑钱安葬了他，又退还一些财产给他的子孙。禽滑釐听说了端木叔这些事情之后，说道："这是一个放荡的人，辱没了他的祖先。"段干木却说："端木叔是个通达的人，德行比他的祖先更好。他的所作所为虽然让人们惊奇，却是情理之所必然。卫国的君子以礼教束缚自己，哪里领会得到端木叔的思想境界呢。"

可想而知，主流舆论是会谴责端木叔的，就像谴责那个靠着遗产而一辈子看漫画的孩子一样，两者只在程度上有些差别罢了。最普遍的谴责理由应该来自这样一条箴言：人不可以不劳而获，或者说，不劳而获是可耻的。但是，享受遗产而不劳而获，这到底有何不道德可言呢？[1]

现在，我们可以设想端木叔是一个天资聪颖的人，只要他肯参加工作，他一定会成为第一流的政治家、第一流的工程师或者第一流的水手，但一个人仅仅因为拥有某一方面的特长就必须发挥这一特长吗，无论他有没有更想要的生活？如果按照康德的论述，一个人的天资或特长尽管有可能成为他的幸福生活的源泉，但同样有可能成为他无法追求自己想要的生活的束缚。

「五」

接下来让我们来看康德列举的最后一个例子，这个例子说的是一个"事事如意的人"：

还有第四个事事如意的人，在他看到别人在巨大的痛苦中挣扎，而自己对之能有所帮助时，却想到这与我有什么关系呢？让每个人都听天由命，自己管自己吧。我对谁都无所求，也不妒忌谁，不管他过得很好也罢，处境困难也罢，我都不想去过问！如果这样的思想方式变为普遍的自然规律，人类当然可以持续下去，并且毫无疑义地胜似在那里谈论同情和善意，遇有机会也表现一点的热心，但反过来却在哄骗人、出卖人的权利，或者用其他办法侵犯人的权利。这样一种准则，虽然可以作为普遍的自然规律持续下去，却不能有人"愿意"把这样一条原则当成无所不包的自然规律。做出这样决定的意志，将要走向自己的反面。因为在很多情况下，一个人需要别人的爱和同情，有了这样一条出于他自己意志的自然规律，那么，他就完全无望得到他所希求

---

[1]对这个问题我将在《古代中国的正义两难》一书中讨论古代中国的特权合理性观念的时候再做分析。

第八章
康德的失误

的东西了。[1]

如果古代的中国哲人可以在这时候站出来发表质疑的话，我想杨朱肯定是第一个。杨朱最著名的主张是"人人不损一毫，人人不利天下，天下治矣"？——尽管真实的杨朱已经无法考索，但我们不妨就以思想史上的重镇，即《列子·杨朱》，来宣示杨朱这种看上去颇嫌荒谬的独特见地。

杨朱以为人人只应当守好自己的私域，既不可牺牲一根毫毛以利天下，也不可以全天下来奉养己身——这是一种极端的表达方式，实际意思应当是说，个人对天下要采取一种不取不予的态度，如果人人都能如此，那么天下就会大治。

这是一个有趣的悖论，因为杨朱就在这样讲的时候，已经是在试图以自己的思想来利天下了。如果他真诚地信奉自己的主张，显然应该缄口不言才是。对此我们倒也不必深究，只需要关注杨朱这一观念本身，试想如果让杨朱来思考自己的绝对律令，那么他一定会非常"愿意"把各人自扫门前雪的思考方式变为普遍的自然规律。

那么，康德一定会这样质问杨朱："难道你就敢断言，你这一辈子都不会需要别人的爱和同情吗？当你生病的时候，当你老弱无力的时候，难道也不需要吗？"

康德当然低估了中国道家的豁达境界，从庄子以至杨朱，都可以很轻松地对这个问题说不。不过，我们也不妨放低标准，假定杨朱真的需要就医看病和私人护理，那么，他应该也有能力回答康德的质疑，亦即引述亚当·斯密那段广为征引的名言："确实，他通常既不打算促进公共的利益，也不知道他自己是在什么程度上促进那种利益。由于宁愿投资支持国内产业而不支持国外产业，他只是盘算他自己的安全；由于他管理产业的方式目的在于使其生产物的

---

[1][德]康德《道德形而上学原理》，苗力田译，上海人民出版社，1988：76。

价值能达到最大限度，他所盘算的也只是他自己的利益。在这场合，像在其他许多场合一样，他受着一只看不见的手的指导，去尽力达到一个并非他本意想要达到的目的。也并不因为事非出于本意，就对社会有害。他追求自己的利益，往往使他能比在真正出于本意的情况下更有效地促进社会的利益。"[1]那么，在斯密的社会里，当杨朱需要就医看病或私人护理的时候，完全可以不需要"别人的爱和同情"。

而事情的相反一面——即便不是杨朱顾虑过的，至少也是斯密顾虑过的——由"爱和同情"维系起来的社会或许并不像看上去的那样温馨、和谐。譬如在西方传统里（尤其是基督教传统里），高利贷长期受到道德上的歧视，而这里所谓的高利贷，是指任何索取利息的借款，而不仅仅是索取较高利息的借款。据亚当·斯密记载，英国的亨利八世曾经颁布法令，规定一切利息均不得超过10%，后来，热心宗教的爱德华六世因为受到宗教的影响而禁止一切利息，但是，"这种禁令，和同性质的其他各种禁令一样，据说没有产生效果，而高利贷的弊害，没有减少，反而增加了。于是，亨利八世的法令，由于伊丽莎白女王第13年的法令第8条的规定，又发生效力了"。[2]

那么，基于上述信息，对于任何一名普通人而言，我们在应用康德的定言令式而决定我们"是否应该出于爱与同情而帮助别人"的时候，似乎有必要考虑到杨朱和亚当·斯密的顾虑，难免会产生一些举棋不定的感觉，而定言令式作为道德准则的唯一性也就显得有些可疑了。

---

[1][英]亚当·斯密《国民财富的性质和原因的研究》下卷，郭大力、王亚南译，商务印书馆，1983：27。

[2][英]亚当·斯密《国民财富的性质和原因的研究》下卷，郭大力、王亚南译，商务印书馆，1983：81-82。

「六」

康德的伦理学是一种"责任伦理学",认为道德价值与幸福无关,而仅仅在于履行责任。那么,一个天然的利他主义者,一个会从助人为乐当中体会快感的人,他出于"爱与同情"而做的事情没有任何道德权重,而仅仅是一种爱好罢了,就像对荣誉的爱好一样。

为了说明这个问题,康德设计了一个极端的例子:有这样一个人,"心灵上满布为自身而忧伤的乌云,无暇去顾及他人的命运,他虽然还有着解除他人急难的能力,但由于他已经自顾不暇,别人的急难不能触动于他。就在这种时候,并不是出于什么爱好,他却从那死一般的无动于衷中挣脱出来,他的行为不受任何爱好的影响,完全出于责任。只有在这种情况下,他的行为才具有真正的道德价值"。[1]

现在,我们的问题是,康德设计的这位自顾不暇的悲剧人物,当他助人急难的时候,是否当真"不受任何爱好的影响,完全出于责任"?

事实上,任何一种经过理性的审慎权衡而得到履行的责任,都是一种偏好,一种"情感上的"偏好,因而也都是逐利的——换句话说,是追求幸福的,而道德价值与幸福无关的说法是不可能成立的。康德的谬误就在于把道德问题当作了理性问题,而道德是本该属于情感范畴的。

这个问题是1737年休谟在《人性论》一书中解决掉的。休谟认为,道德准则不是由理性得来的,"当你断言任何行为或品格是恶的时候,你的意思只是说,由于你的天性的结构,你在思维那种行为或品格的时候就发生一种责备的感觉或情绪。因此,恶和德可以比作声音、颜色、冷和热,依照近代哲学来

---

[1][德]康德《道德形而上学原理》,苗力田译,上海人民出版社,1988:48。

说，这些都不是对象的性质，而是心中的知觉……对我们最为真实而又使我们最为关心的，就是我们的快乐和不快的情绪；这些情绪如果是赞成德而不赞成恶的，那么在指导我们的行为和行动方面来说，就不再需要其他条件了"。[1]

情绪上的快乐或不快，正是"利益"或"幸福"的实质。当然总是有人在反对这种功利主义式的说辞，譬如弗兰肯纳在《自然主义谬误》（1939）中指出这样的推论缺乏一个必要的前提，仅仅从"只有快乐才是人们所想望的"并不能直接推出"快乐是好的"，而要改成："只有快乐才是人们所想望的"（大前提），"凡是人们想望的都是好的"（小前提），"所以快乐是好的"（结论）。

但这样一个三段论似乎仍嫌不足，因为大前提和小前提就其内容本身来说仍然是有待证明的，尤其是小前提，它是由事实判断过渡到价值判断，这一过渡是没有任何必然性的；况且，如果我们据此推论出淫欲是好的，恐怕很难为两千年来的主流道德观念接受，但不可否认的是，淫欲确实给人快乐。

---

[1] [英]休谟《人性论》，关文运译，商务印书馆，1996：509。休谟接下来做了一则重要的补充，点出许多"通俗的道德学体系"都混淆了实然与应然的概念："对于这些推理我必须要加上一条附论，这条附论或许会被发现为相当重要的。在我所遇到的每一个道德学体系中，我一向注意到，作者在一个时期中是照平常的推理方式进行的，确定了上帝的存在，或是对人事作了一番议论；可是突然之间，我却大吃一惊地发现，我所遇到的不再是命题中通常的'是'与'不是'等连系词，而是没有一个命题不是由一个'应该'或一个'不应该'联系起来的。这个变化虽是不知不觉的，却是有极其重大的关系的。因为这个应该或不应该既然表示一种新的关系或肯定，所以就必须加以论述和证明；同时对于这种似乎完全不可思议的事情，即这个新关系如何能由完全不同的另外一些关系推出来的，也应当举出理由加以说明。不过作者们通常既然不是这样谨慎从事，所以我倒想向读者们建议要留神提防；而且我相信，这样一点点的注意就会推翻一切通俗的道德学体系，并使我们看到，恶和德的区别不是单单建立在对象的关系上，也不是被理性所察知的。"

第八章
康德的失误

当然我们也无法以同样的方式论证淫欲是坏的，问题的症结在于，若孤立地看待任何人，则功利主义的意见没错，若把个体放在群体之中，就会出现磨合或博弈的问题。然而归根结底，任何权衡无一例外地都可以放在由快感与痛感这两极所连成的度量尺上。

当我们以理性来做权衡的时候，我们就是在以理性解决情绪的问题——边沁走的就是这条路，只是走得太过头了；康德反其道而行之，所以难免总会遇到捉襟见肘的窘境。

沿着休谟的这个方向走下去，我们就会发现奥地利学派在经济学上对"价值"的重新定义——即抹杀了价值的客观属性而赋之以全部的主观属性——完全可以扩展到全部的人类行为。蒙田举过一个相当极端的例子：斯巴达国王阿尔吉姆问修昔底德，他与伯里克利交手哪个会赢？"这个嘛，"他答道，"是很难验证的，因为我把他打倒在地之后，他只要让在场的人相信他没有倒地，他就赢了。"[1]

这个故事的深意远远超出了它本来所要表达的反讽味道。那么按照这个逻辑推论下去，譬如我们看过许多这样的感人故事：一位高尚之士在一番激烈的思想斗争之后，终于为了国家利益而牺牲了极大的私利。但这样的表达方式，就属于错误地理解了"利益"（或"幸福"）一词的含义。[2]

但休谟没能很好地保持理论的一贯性，他提出"人类所有的福利共有三种：一是我们内心的满意；二是我们身体的外表的优点；三是对我们凭勤劳和幸运而获得的所有物的享用"。[3]

除了第一点把福利归诸内心感受之外，第二点所谓"我们身体的外表的优

---

[1] [法]蒙田《蒙田随笔全集》上册，潘丽珍等译，译林出版社，1996：431。

[2] 当代仍有学者试图从学理上做出明确界分，斯马特就提出过伦理快乐主义和心理快乐主义的区别，他应该会把我归类为一个心理快乐主义者。

[3] [英]休谟《人性论》，关文运译，商务印书馆，1996：528。

点"，这句话犯了循环论证的毛病，我们的身体特征完全是中性的，仅仅是生物性上的某种事实，只有当我们对之满意的时候，当它成为一种福利的时候，我们才会视之为优点。譬如一个女人裹了一双完美的三寸金莲，在古人看来这是优点，当代人只会觉得厌恶。所以，这依然是一个内心感受的问题。至于第三点，和第二点是同样的道理。

利益是人对福祉的主观评价，不具有任何客观属性。意中人的会心一笑和整个国家的年度财政收入哪个更"有利"，老葛朗台会不由分说地选择后者，梁山伯却很可能选择前者。

我们知道，老葛朗台要那么多钱并不是用来花的，他一生最大的乐趣恐怕就是清点自己窖藏的金币。金币带给他的并不是任何实际的购买力，而只是一种甜蜜的心理感受，甜蜜得或许并不亚于梁山伯对祝英台的爱情。

迈克·桑德尔讲过一个捕捉龙虾的故事：假如你我达成了一个协定，你为我去捉一百只龙虾，我付给你一千美元，当我吃完龙虾之后拒不付款，你会认为我欠了你一千美元——因为：（1）我们有过协定；（2）协定要求你做的事情你已经全部做完了。——让我们继而想象这样一个情景：当我们达成协定之后，我立刻后悔了，于是，我赶在你尚未开始任何工作之前就通知你协议作废，那么，我到底欠不欠你呢？[1]

桑德尔在讨论到这里的时候，因为完全关注于契约理论，所以使问题变得有些复杂难解了。但只要我们采取主观价值论，问题一下子就会变得简单起来——是的，你就是欠了我的，因为你的违约行为令我深深地感到了失望，你这是用不道德的手段伤害了我。

因为自己的合理"期待"遭受了他人的打击，这很可以令人生出讨还公道的念头。约伯对命运的怨怼正是如此，平常人确实难以理解他以自己的善行与

---

[1] Michael J. Sandel, *Justice: What's the Right Thing to Do*, Penguin Books, 2010：144-145.

第八章
康德的失误

虔敬为义有任何可以指摘的地方。

在中国的信史里，晋人戴安道就曾经历过约伯式的困扰。戴安道是一位佛教徒，终生隐居不仕，过着谨言慎行、积德行善的日子。但他终于对佛教的因果报应理论产生了怀疑，于是写信给当时的名僧慧远，谈到自己做了一辈子好人却受了一辈子的磨难，如今已是白首之年，才晓得人生祸福自有定分，所谓善恶报应恐怕只是劝教之言罢了。（《与远法师书》）

这实在是再合情合理不过的质疑，然而慧远主张的是无神论的佛教，便无法以某个至高神祇的"任意性"来为戴安道解惑。于是，慧远的方案是：善恶报应当然是分毫不爽的，只不过，你今生的苦难很可能是前世罪愆的业报。[1]

合情合理的期待是理应得到满足的，这是正义理论的不可或缺的一环。那么，对他人的期待的打击是否可以严重到"不道德"的地步呢？——穆勒就是这么看的，他把"破坏友谊"和"爽约"同等地视为"两种很不道德的行为"，其理由是：

这两件事所以为罪恶，主要就在于使人失所期望；可见使人失去期望这个行为在人类的祸害和罪恶中所占的重要位置了。人惯于恃赖并且完全信为可恃赖的东西到需要的时候却不来到，人受得了的损害很少比这个还大，并且没有什么损害比这个伤人心还厉害；很少罪恶比这个把持利益不给人还大；没有什么罪恶比这个会使受害的人或同情的旁观者激起更深的愤恨。[2]

显而易见，"希望"并不是某种实际的物质利益，然而合情合理的希望之被剥夺，至少在穆勒看来"人受得了的损害很少比这个还大"。是的，无论是价值还是利益，永远都是主观的，不存在个人主观感受之外的任何利益；物质

---

[1] [晋]慧远《三报论》，[梁]僧祐《弘明集》卷5。
[2] [英]约翰·斯图亚特·穆勒《功用主义》，唐钺译，商务印书馆，1957：65。

利益之所以成为利益,并不在于物质本身,而仅仅在于人赋予该物质的主观评价。爱尔维修在这一点上说对了:"肉体的感受力乃是人的唯一动力。"遗憾的是,爱尔维修在继而推论集体利益的时候没能很好地保持一贯性,而事实上,所有的集体利益在理论上都可以被完全分解为个人利益,作为独立物的集体利益并不存在。

个人与集体的关系,正如米塞斯《人的行为》一书的中译者夏道平在译序中指出的:"超越或脱离组成分子的集体,对于头脑清明的人而言,是不可思议的。可是,古今中外竟有各形各色的巫师,常能用某些法术,使某些集体名词对大众发挥魔力,因而使我们原可持久而全面分工合作、和平竞争的社会关系,经常受到严重破坏,乃至引起旷世浩劫。"[1]

这种界定表现在利益问题上,譬如"国家利益",这只是一个约定俗成的并不严谨的概念,因为"国家"没有生命,没有感受福祉的能力,国家利益只能被看作国民个人利益的总和。如果说有一项政策,为了增进国家利益而必须让所有国民的个人利益做出牺牲,这在概念本身就是不成立的。

利益既然是主观的,那么一个成熟而理性的人在经过审慎的权衡之后所做出的决定就必定是符合自身利益的,至少是符合当下自己所认为的自身利益(因为他可能会对情况判断失误)。一个毫无廉耻之心的享乐主义者把本国的军事机密出卖给敌国,在他看来是"值得"的;一个自幼接受集体主义教育的人为了集体荣誉而放弃了个人产业,在他看来也是"值得"的,个人产业带给他的幸福感比不上集体荣誉带给他的幸福感——如果我们把"取舍"表达为"交易",经济学原理告诉我们,任何基于自愿的交易,只要成交,就说明它对交易双方都是有利的。

在这样的理论框架下,道德所基于的义务感完全可以表述为利害权衡。孟子舍鱼而取熊掌,是因为在他的主观价值坐标里,熊掌比鱼更加"值得";舍

---

[1]夏道平"初版译者序",[奥]米塞斯《人的行为》,夏道平译,台湾远流出版事业股份有限公司,1991:31。

生而取义，是因为在他的主观价值坐标里，道义比生命更加"值得"——或者说，放弃道义比放弃生命更加令自己痛苦。

理性的权衡，永远是"两利相权取其重，两害相权取其轻"。在这一点上我相当赞同斯宾诺莎的评价："这条规律深入人心，应该列为永恒的真理与公理之一。"[1]并且，功利主义的计量方式用在这里会是相当妥帖无碍的。康德所设计的那位悲剧人物，他终于做出"履行道德义务"的决定，同样出自这样的利害权衡：克制心中的厌恶感而勉强去助人急难，比之顺从心中的厌恶感而对别人的急难默然旁观，这对他而言是更容易接受的一种选择；当他考虑是否应当选择后一种方案的时候，想到这样做会带来的沉重的良心谴责（或者其他什么不快的感觉），于是判断出还是前一种方案更可取些。

如果以经济学的语言表示，假设孟子只能在鱼与熊掌之间择取其一，而他选择了熊掌，那么鱼就是熊掌的机会成本；同样，生命就是道义的机会成本。所谓机会成本，就是为了得到某种东西而必须放弃的东西，是任何一项理性权衡中必然会计算到的成本。

当然，机会成本也和价值、利益一样完全是主观性的——思念家乡的莼菰、鲈鱼之美而辞官的张季鹰恐怕会舍熊掌而取鱼，秦桧之流则显然会舍义而取生。因此我们可以说，任何理性的、基于自愿的行为都是趋利的，尽管所趋之利在每个人心中会呈现出截然不同的形式。也就是说，孟子的舍生取义和秦桧的舍义取生，尽管表现形式完全相反，但只要满足理性的、自愿的前提，那么就可以说他们都是趋利的。这既是广义的"利益"，也是真实的"利益"，

---

[1]有必要把斯宾诺莎这句话的上下文一并引述："人性的一条普遍规律是，凡人断为有利的，他必不会等闲视之，除非是希望获得更大的好处，或是出于害怕更大的祸患；人也不会忍受祸患，除非是为避免更大的祸患，或获得更大的好处。也就是说，人人是会两利相权取其大，两害相权取其轻。我说人权衡取其大，权衡取其轻，是有深意的，因为这不一定说他判断得正确。这条规律深入人心，应该列为永恒的真理与公理之一。"[荷兰]斯宾诺莎《神学政治论》，温锡增译，商务印书馆，1996：214-215。

只有这种意义上的"利益"才能够真正增进人们的福祉，相反，GDP的数字和人的福祉不存在任何直接关系。

举一个稍稍有些极端的例子:英国《金融时报》的记者爱德华·卢斯在印度遇到了一个63岁的法国老人，后者是吠陀哲学的忠实追随者，沉湎于一个大型灵修场所的集体生活之中。卢斯很想知道，面对身边四处可见的贫困景象，这位老人真的可以不为所动吗？——"他望着我，有些恼羞成怒：'印度是最富有的国家，只有印度才能理解物质主义的虚幻。'"[1]

是的，无论是物质财富还是精神财富，到底"值多少钱"，仅仅取决于我们有多么看重它们。

「七」

迈克·桑德尔举过一个饶有趣味的例子：芝加哥一位寡居的老妇人发现马桶漏水，于是雇人来修，她和包工头签了一份合同，约定的维修费是5万美元，预付半款。当老妇人去银行取钱的时候，出纳员问她为什么要取这么大的一笔钱，她回答说家里有马桶要修。出纳员联系了警察，以诈骗罪逮捕了那个包工头。

订立契约的双方都是理性的、基于自愿的，假定这位老妇人的头脑足够正常的话，并且交易过程就是简单的"报价——同意"，那么她的失误只是因为对维修市场的行情缺乏了解罢了。但是，桑德尔认为，这样一份契约显然是不

---

[1][英]爱德华·卢斯《不顾诸神——现代印度的奇怪崛起》，张淑芳译，中信出版社，2007：5。

第八章
康德的失误

公平的。[1]

是的，看过这个故事之后，恐怕很少有人不会同情那位老妇人的，包工头似乎利用信息不对称欺骗了她（商家利用信息不对称欺骗消费者，这是市场经济中再常见不过的事情）。但是，这个案例恐怕并不像桑德尔所说的那样对自由主义的"同意原则"构成强烈冲击，而是因为包工头违反了比维修合同更高一级的、更具优先性的社会契约，所以才被法庭以诈骗罪处罚。

其实这一点也是很难确证的，包工头也许真诚地相信自己的维修手艺"就值这么多钱"，于是不带任何欺骗意图地向老妇人报出了那个价格。我想，如果让我来修这个马桶，我可能会报出更高的价格，因为对于我这个手工能力极差的彻头彻尾的外行人来说，修理一个马桶肯定会耗费无数的年月，经历无数次挫折。如果我一定要修好这个马桶的话，那么这很可能会成为我毕生的事业，如果不是毕生未竟的事业的话。

无论如何，我们还有必要看到事情的另外一面：设若更高一级的社会契约是不存在的，设若老妇人真的以5万美元的价格修好了马桶，也就是说，她和包工头签订的合同当真获得履行的话，她是不是从中获利了呢？是不是获得了她事先期望的那份利益呢？

答案当然是肯定的，因为这仍然符合经济学的基本原理：基于同意的、理性的交易会使交易双方共同获益。在任何审慎的考虑之下，尽管我们会做出错误的决策，但那一定是在现有条件下所能做出的最有利的决策。其获益额度是可以在理论上计算出来的，假定老妇人愿意在7万美元以内把漏水的马桶修好，而实际成交额是5万美元，那么差额的2万美元就是她获得的"消费者剩余"，她会觉得这笔买卖赚到了。当然，在信息完全对称的条件下，老妇人所获得的消费者剩余应该远远高于这个数字，但这只是赚多赚少的问题，而不是赚与赔的问题。

---

[1]Michael J. Sandel, *Justice: What's the Right Thing to Do*, Penguin Books, 2010：145–146.

利益的主观性使我们难以衡量修理这个马桶到底"应该"值多少钱，老妇人也许怀疑被收了高价，但她懒得去打听行情，也就是说，或许在她看来，打听维修行情所要付出的辛苦才是最不可忍受的，她甚至愿意花5万美元以免除这份辛苦；或者，她也许觉得这个包工头酷似自己的初恋情人，所以执意雇他来做维修工作，而无论他开出多高的价格。

至于包工头这一方，正如前述，假若他真诚地相信自己的维修手艺就是值这么多钱——也许是他觉得自己长得够帅，或者有纯正的高贵血统，或者认为自己是以艺术家的姿态来做维修工作的，总之，无论出于怎样荒唐的理由，他就是坚持这个价钱，并且将任何还价行为都视作对自己的侮辱，那么，在这个"报价—同意"的简单过程里，存在任何欺骗的成分吗？

最极端的体现利益主观性的商品恐怕要算"希望"，它的价格不仅是最主观的，或许也是最昂贵的。如果我们把维修马桶的交易换成买卖希望的交易，问题一下子就会凸显出来。

每个人都可以权衡一下：给佛像重塑一次金身到底该花多少钱？请气功大师发一次功又该花多少钱？请道士炼制一粒可以使人尸解升天的仙丹又该花多少钱？

在"希望市场"上，假设有10位大师同时在兜售希望，他们的皮包里堆满了一神论、多神论、无神论，以及各种各样的理想蓝图，谁能确定什么才是"合理的价格"呢？谁能确定某一种价格不是"欺骗性的价格"呢？

设想一尊开过光的佛像，在有些人眼里可能价值连城，在另一些人眼里可能一钱不值，究竟谁的评价才是可取的标准呢？假如那位美国老妇人去银行要求提取两千五百万美元，说是要买一尊毫无文物价值而仅仅被某"大师"开过光的佛像，银行出纳员会帮她报警吗？

想象一下，我们愿意以多高的代价换来千禧年的幸福生活呢，又愿意以多高的代价换来世界末日的公正审判以荣登天堂呢？——这看上去是只在基督教传统中才有的千禧年与末世论，其实却是普世人类的共同期望，譬如赫伯特·塞沃尔特在他研究中国民间宗教问题的著作中就特别提到过这两种信仰：

· 第八章 ·
康德的失误

"自汉代以后，尽管宗教势力部分地被政府控制下的'正统形式'所驯化，但仍有一些颇具群众基础的宗教暗流逃脱了政府与官方神职人员的控制。宗派主义背景产生了许多独立的宗教团体，而尽管多数团体都相当短命，却有一些特定的理念与象征始终绵延不绝，其中最为显著的就是千禧年信仰与末世论信仰，这两种信仰都关乎一个和平与正义的崭新时代的来临。"[1]

那么，只要我们认可利益或幸福的主观性，认可理性的审慎抉择意味着对不同程度的利益或幸福的权衡与取舍，也就会在任何一种哪怕声称与利益或幸福全然无关的正义理论里发现利益或幸福的踪迹。由此我们会越过程朱理学，越过陆王心学，越过康德和罗尔斯，越过卢梭和洛克，越过孔子和孟子，越过柏拉图和亚里士多德，从而回溯到一种相当古老的正义理论——这是一种相当刺耳，也相当为人所不齿的理论：正义，就是强者的利益。

---

[1]Hubert Seiwert, in collaboration with Ma Xisha, *Popular Religious Movements and Heterodox Sects in Chinese History*, Koninklijke Brill NV, Leiden, The Netherlands, 2003：14.

· 第九章 ·

正义的两个来源：强者的利益与人性的同情

然而在强弱悬殊的关系当中，强者对弱者的"绝对腐败"在强者看来往往并不是恶，而是理所当然的事情。譬如在柏拉图和亚里士多德这般卓然的智者看来，有些人天生就该是做奴隶的，他们和家畜只有极其微小的区别。

「一」

三国时期，蜀郡有一位占候名家张裕，善观天象。刘备入蜀取代刘璋政权之后，记恨张裕曾对自己无礼，又听说张裕私下议论刘氏政权将于九年之后灭亡，于是将他下狱，准备处斩。诸葛亮问刘备应该如何给张裕定罪，刘备的答复后来被传为名言，即"芳兰生门，不得不锄"。[1]

张裕以占候名家的身份私下散布颠覆现政权的言辞，入罪也算不枉，刘备的答复却并未就这一点出发，而是很显霸气，认为张裕虽然是一代才俊，但就像芳草和兰花虽然都是上佳的香草，一旦生于门庭，碍人出入，那也只好剪除殆尽了。

刘备的原则相当简单：谁碍我的事，我就除掉谁。事实上，碍事或不碍事，这个标准很难确定。譬如南唐后主李煜由衷地认为自己并不碍赵宋王朝的事，君在江北，我在江南，和平相处，岂不快哉。在赵匡胤看来，李煜似乎确实没有碍到自己——他不仅毫无威胁自己的意图和实力，还一再地卑躬屈膝，送礼进贡，对自己只有好处而没有坏处。但尽管如此，赵匡胤还是觉得李煜碍到自己了。

"卧榻之侧，岂容他人鼾睡"，这是宋太祖赵匡胤最广为人知的一句名言，彻底揭下了虚伪的道德面纱。人之常情是，能力越大，"卧榻"也就越

---

[1]《三国志·蜀志·周群传》。

第九章
正义的两个来源：强者的利益与人性的同情

大。用那位致力于"去中国化"的日本学者本居宣长的话说："人们的欲望是无穷无尽的，不知满足是人的本性，没有人真正会觉得现在就很满足了。有许多人说自己很知足，做出知足的样子，实际上只是中国式的装腔作势。从内心有这种感觉的人，千万人当中也难找出一人。"[1]

不知足，或曰贪婪，是基因的本质，是一切生物的天性，不如此则不足以在生存竞争中幸存下来。譬如骆驼的驼峰若只能储存一天的用水，它就应付不了沙漠的环境；它若是有能力储存一年的用水，也不会像现在这样只储存半个月左右的用水；也许按现在的生存环境，骆驼只需要一周用水量的储水能力就够，但是，谁也不知道未来会发生什么变故，一旦旱情恶化，那么，平日里对水越贪婪的骆驼就越有可能幸存下来。

这就像电影《2012》的故事所揭示的残酷性：如果环境不发生任何变故，那么知足常乐的人也可以很好地生存下去，而一旦灾变来临，那些最有权势、最有财富的人才最有幸存的机会。

我们永远也不知道明天会发生什么，所以一般来说，储备资源的能力越强，幸存的概率也就越高。除非我们像《圣经》里讲的那样得到上帝的承诺，不必为明天储存，不必为明天的事情忧虑，否则我们就总会在自己的能力范围之内尽可能多地储存一些，以备不时之需，就像幸存到今天的所有生物都会做的那样。

这是一个生物性的事实，不带有任何道德含义，只有当来自不同社会习俗的我们戴着不同的道德眼镜来看待它的时候，它才显示出不同的道德性状。

譬如一个正常的男人，他对自己妻子的欲念被我们称为爱欲，他对别人妻子的同样欲念被我们称为淫欲。在生物性的角度，爱欲与淫欲都是同样一种欲念，只是我们的婚姻制度界分出了这两种截然相反的道德概念。若这个男人的性能力彻底衰退了，因而对别人的妻子不再产生任何淫欲，那么对自己妻子的

---

[1][日]本居宣长《玉胜间》，卷11，《日本物哀》，王向远译，吉林出版集团有限责任公司，2010：347。

爱欲也会一并消失（当然，共同生活多年的情谊还是在的）。

人们不愿意接受这个残酷的真相，总是希望爱欲与淫欲"在事实上"而不仅仅是在道德评价上是两种不同的东西，于是辛苦构思出许多深奥繁复的哲学义理与似是而非的心灵鸡汤。"天理"与"人欲"之辩就是其中最著名的一例，直到明代大儒湛若水方才比较清醒地提出了"理欲只是一念"的命题，由此认为"知觉运动，视听饮食，一切情欲之类，原是天生来自然的"，人欲和天理不过是同一回事，关键是要把握分寸。[1]

至于分寸究竟如何把握，就只能言人人殊了。譬如谢灵运的名篇《山居赋》在极尽铺陈自家的大庄园生活之后，继而以豁达的口吻感慨"生何待于多资，理取足于满腹"，这等"知足常乐"的境界真不知道会令寒门庶族如何艳羡呢。[2]

侵略是贪求的一种高端形式，分寸问题也会相应地变得更加敏感和复杂，侵略战争的性质问题也引人注意。自古代以至近代，开疆拓土普遍被认为是一种激荡人心的荣誉，如唐人张绍《冲佑观》的颂词所谓："睿哲英断，雄略神智。拓土开疆，经天纬地。五岭来庭，三湘清彻。四海震威，群生怀惠。"泱泱王者之风不能不令人心荡神驰，似乎一点都难以感到其中有任何不妥的成分。

至于在赵匡胤所遇到的"卧榻"问题上，除了儒家"吊民伐罪"的传统理据之外，侵略者甚至还有可能以"自卫"的理由为自己辩护。

修昔底德在《伯罗奔尼撒战争史》里记述了雅典对弥罗斯的侵略，恰恰适合做赵匡胤"卧榻"问题的注脚。

雅典当时已经战胜了波斯，成为强大的雅典帝国，弥罗斯则是一个小小的岛国，人口主要是来自斯巴达的移民。弥罗斯人和其他岛民一样，不愿意隶属于雅典帝国，起初在雅典和斯巴达之间保持中立，后来因为遭受雅典的欺凌，

---

[1] [清]黄宗羲《明儒学案·甘泉学案五》《黄宗羲全集》第8册，浙江古籍出版社，1992：255-290。
[2]《宋书·谢灵运传》。

第九章
正义的两个来源：强者的利益与人性的同情

才公开成为雅典的敌人。

雅典远征军在正式发动进攻之前，首先派出使者和弥罗斯人交涉。我们不知道双方的唇枪舌剑究竟有多少是出自修昔底德的虚构，不过，即便这仅仅只是一幕戏剧，也是值得我们认真对待的。

这完全不是"狼和小羊"式的对话，雅典使者非常坦白地说，我们不必编什么理由，谎称你们损害了我们的利益，你们也不需要申诉自己的无辜，大家直接谈谈实际问题就好，"因为你们和我们一样，大家都知道，经历丰富的人谈起这些问题来，都知道正义的标准是以同等的强迫力量为基础的；同时也知道，强者能够做他们有权力做的一切，弱者只能接受他们必须接受的一切"。

雅典使者认为，他们之所以要征服弥罗斯是势所必然的，否则便会影响雅典帝国的稳定。因为弥罗斯如果保持中立而雅典竟然不加以制裁的话，其他城邦便会认为雅典软弱，而那些本来就对雅典的统治心怀不满的人更会因此而受到鼓舞，"这些人民可能轻举妄动，使他们自己和我们都陷入很明显的危险之中"。

任凭雅典使者如何晓以利害，但谈判还是破裂了，最后，雅典远征军围攻弥罗斯，"因为城内有叛变者，弥罗斯人无条件地向雅典人投降了。凡适合于兵役年龄而被俘虏的人们都被雅典人杀了；妇女及孩童则出卖为奴隶。雅典人把弥罗斯作为自己的领土，后来派了五百移民移居在那里"。[1]

雅典使者的论调以一种相当极端的方式解释了什么叫"进攻才是最好的防守"，而他们的顾虑的确有着充足的心理学依据。现代心理学关于"从众"现象的大量研究告诉我们，只要善于利用从众心理，那么颠倒黑白、指鹿为马其实是再容易不过的事情，事实上这也正是极权政府常常在做的工作。而最能够动摇这种从众的稳定局面的，莫过于个别强硬的少数派的出现。这正是"星星之火，可以燎原"，所以这"星星之火"必须被"扼杀在摇篮之中"。雅典人

---

[1] [古希腊]修昔底德《伯罗奔尼撒战争史》，谢德风译，商务印书馆，1985：412–422。

对弥罗斯人所要做的，正是这样的事情。于是，雅典人将侵略看作自保的必要手段，由此而使侵略行为获得了足够的道德价值。

所以，当弥罗斯人诉诸神祇的时候，雅典使者表现得非常坦然："关于神祇的庇佑，我们相信我们和你们都有神祇的庇佑。我们的目的和行动完全合于人们对于神祇的信仰，也适合于指导人们自己行动的原则。我们对于神祇的意念和对人们的认识都使我们相信自然界的普遍和必要的规律，就是在可能范围以内扩张统治的势力，这不是我们制造出来的规律；这个规律制造出来之后，我们也不是最早使用这个规律的人。我们发现这个规律老早就存在，我们将让它在后代永远存在。我们不过照这个规律行事，我们知道，无论是你们，或者别人，只要有了我们现有的力量，也会一模一样地行事。所以谈到神祇，我们没有理由害怕我们会处于不利的地位。"[1]

我们虽然很容易想象雅典使者是如何盛气凌人，但很难想象他们在神祇面前居然也可以问心无愧——从对话的上下文来看，他们应该是真心实意的。这番言辞会把一些相当有分量的政治哲学逼到一个尴尬的境地，譬如中国儒、道两家都主张为政应当效法天道，这是从对大自然的朴素观察中得来的体悟：日升月落，四时轮转，一切都是那么井然有序，不假雕琢，所以人类社会的有序政治应当像天道（自然规律）一样，顺之则昌，逆之则亡。

《老子》讲"天道无亲，常与善人"[2]，在《老子》的天道观里，虽然没

---

[1][古希腊]修昔底德《伯罗奔尼撒战争史》，谢德风译，商务印书馆，1985：417。

[2]《左传·僖公五年》记载了晋国著名的假虞伐虢的事情，宫之奇劝谏虞国国君，讲了很多唇亡齿寒之类的大道理。当虞君为自己找借口，说自己一向重视祭祀，鬼神一定会帮忙的时候，宫之奇引述《周书》，说"皇天无亲，惟德是辅"，否则的话，假如晋国灭了我们虞国之后把祭祀规格搞得更高，难道鬼神还会帮他们不成？——宫之奇这番话，可谓徘徊在有神论和无神论之间。《周书》"皇天无亲，惟德是辅"也正是周代开国先贤们的思想方针，现在被《老子》稍做改动地拿来用了，鬼神的色彩完全见不到了。

第九章

正义的两个来源：强者的利益与人性的同情

有人格神高踞苍穹之上俯瞰众生，惩恶扬善，但好人常常能得到好报，这是因为他的行为符合天地自然之道，受到了自然规律的回报。

孔子也表达过非常类似的观点："大哉，尧之为君也！巍巍乎，唯天为大，唯尧则之。荡荡乎，民无能名焉。巍巍乎，其有成功也。焕乎，其有文章！"大意是说："尧真是了不起呀！只有天最高最大，只有尧能够学习天。他的恩惠真是广博呀！老百姓简直不知道该怎样称赞他。"[1]

兼通儒、道两家的正始名士王弼在《论语释疑》里阐释孔子的意见说："大爱是无私的，所以不会对某人有特别的恩惠。尧效法上天，他的政治法则符合于万物的自然。他不偏袒自己的儿子，而是尊奉臣子（舜）为君，于是邪恶之人自动受到惩处，为善之人自然成就功业。但无论是功业、美名还是惩罚，都不是尧亲力亲为的。老百姓也不明白这背后到底是怎么回事，所以也就不知道该怎么来称赞尧了。"

这些内容完全适合用来阐释《老子》的"天地不仁，以万物为刍狗；圣人不仁，以百姓为刍狗"。其背后隐含的道理是：天什么都不做，什么都不说，却默默地使万物生长，欣欣向荣，这里边的道理纵然很难弄清，但有样学样一定没错。连《阴符经》这样的书在一开篇也提纲挈领地说："观天之道，执天之行，尽矣。"天怎么做，我们就怎么做，这就足够了。用《中庸》的名言来说，这叫作"君子之道，察乎天地"。

但是，只要拿开诗意的眼光，就会发现天道不仅仅是春花秋月、高山流水，还是物竞天择、适者生存。所以钱锺书批评《老子》所谓师法天地自然，不过是借天地自然来做比喻罢了，并不真以它们为师。从水的特性上悟到人应该"弱其志"，从山谷的特性上悟到人应该"虚其心"，这种出位的异想、旁通的歧径，在写作上叫作寓言，在逻辑学上叫作类比，可以晓喻，不能证实，更不能作为思辨的依据。举例以说明之：禽鸟昆虫也属于"万物"，但《老子》不拿来做例子，却以"草木"为示范，教人柔弱的道理，但是，鲍照《登

---

[1]《论语·泰伯》。

大雷岸与妹书》说道："栖波之鸟，水化之虫，智吞愚，强捕小……"杜甫《独立》也说："空外一鸷鸟，河间双白鸥。飘飖搏击便，容易往来游。草露亦多湿，蛛丝仍未收。天机近人事，独立万端忧。"杜甫这时候看到的是：高天大地，到处都潜伏着杀机；天上、河里、草丛里，飞鸟鱼虫都在实践着弱肉强食的道理。由此感叹"天机近人事"，自然界的这种现象和人类社会很像，让人越想越是忧愁。《中庸》明明说"万物并育而不相害"，而事实分明是"万物并育而相害"，这不正是达尔文进化论里的世界吗？如果"圣人"师法天地自然的这一面，立身处世一定和师法草木之"柔脆"很不一样吧。

甚至，师法草木就可以吗？《左传·襄公二十九年》载，郑国的行人子羽说"松柏之下，草木不殖"，陶渊明《归田园居》也说"种豆南山下，草盛豆苗稀"，可见草木为了争夺生存空间也不手软，其强硬程度不减鸟兽鱼虫。如果"圣人"看到了这个现象，恐怕就算取法草木，也不会去学草木的"柔脆"吧。[1]

以今人的知识，会晓得自然界的和谐状态是亿万年残酷血腥的生存竞争中所达成的一种动态的平衡，狼还是会吃羊，狮子还是会以爪牙捍卫自己的神圣领地，人类也从来不曾"爱人如己"。如果人类的政治当真需要效法自然规律，那么弥罗斯人在雅典使者面前实在也就无话可说了。

然而更为严峻的问题是：这一规律在人类社会里确确实实地存在着，并且是作为一种"自然"规律根深蒂固、难以磨灭地存在着，这才是正义理论所要面对的真实预设之一，而不是那些美丽而虚幻的独立、自由和平等。

荀子在两千多年前隐约地捕捉到了问题的真谛——其时他思考礼的来源，得出了如下的结论："人生来是有欲望的，当欲望得不到满足的时候，人必定会追求满足；当这种追求超过了一定的限度时，就必定产生纠纷；纠纷带来混乱，混乱带来耗竭；古代君王憎恶这种混乱，所以制定礼义来设置限度，在限

---

[1]钱锺书《管锥编》，中华书局，1979：433-438。

第九章
正义的两个来源：强者的利益与人性的同情

度之内满足人的欲望。"[1]当然，礼义的制定并不是古代君王的个人行为，但重要的是荀子的前半段话，它使我们知道，礼义源自博弈，道德源自欲望，而所谓的限度或分寸并非任何一种自然事实，而只是博弈中变动不居的疆界，并且，当地球上只有一个人的时候，是不产生任何道德问题的。

「二」

比雷埃夫斯港是古代雅典最重要的一座港口，在当地居民第一次为狩猎女神朋迪斯的献祭仪式举行盛大赛会的时候，苏格拉底也赶来参加了。当他做完了献祭、看完了表演而正要回城的时候，不想遇到了相熟的玻勒马霍斯，后者信心十足地想要挑战苏格拉底的辩才。

于是，在玻勒马霍斯的家里，苏格拉底与主人以及一众宾客就"正义"这个话题展开了连篇累牍的辩论。如果我们相信柏拉图是一个有着特殊本领以记述信史的人，那么这次辩论的内容就保存在《理想国》一书的全部记载里。

辩论没开始多久，诡辩派的色拉叙马霍斯便气势汹汹地提出了自己的观点："那么，听着！我说正义不是别的，就是强者的利益。"这当然是一个令人不快的观点，但色拉叙马霍斯是会自圆其说的："难道不是谁强谁统治吗？每一种统治者都制定对自己有利的法律，平民政府制定民主法律，独裁政府制定独裁法律，依此类推。他们制定了法律明告大家：凡是对政府有利的对百姓就是正义的；谁不遵守，他就有违法之罪，又有不正义之名。因此，我的意思是，在任何国家里，所谓正义就是当时政府的利益。政府当然有权，所以唯一

---

[1]《荀子·论语》。

合理的结论应该说：不管在什么地方，正义就是强者的利益。"[1]

在接下来的辩论里，苏格拉底和色拉叙马霍斯一致同意"正义是利益"，分歧在于，苏格拉底不认同在"利益"之前加上"强者的"这个限定。辩论的结果自然毫无悬念，不过色拉叙马霍斯与其说是输在了论点上，不如说是输在了辩论技巧上。继之而起的格劳孔是一副彬彬有礼的样子，他把当时的一种关于正义的流行意见煞费苦心地讲给苏格拉底，似乎他自己也不喜欢这种令人生厌的腐朽论调，只是它看上去是那么无懈可击，以至于非得借助苏格拉底的智慧才能把它击碎。以下就是格劳孔长篇陈述中的一个片段：

好极了。那就先听我来谈刚才提出的第一点——正义的本质和起源。人们说：做不正义事是利，遭受不正义是害。遭受不正义所得的害超过于不正义所得的利。所以人们在彼此交往中既尝到过干不正义的甜头，又尝到过遭受不正义的苦头。两种味道都尝到了之后，那些不能专尝甜头不吃苦头的人，觉得最好大家成立契约：既不要得不正义之惠，也不要吃不正义之亏。打这时候起，他们中间才开始订法律、立契约。他们把守法践约叫合法的、正义的。这就是正义的本质与起源。正义的本质就是最好与最坏的折衷——所谓最好，就是干了坏事而不受罚；所谓最坏，就是受了罪而没法报复。人们说，既然正义是两者之折衷，它之为大家所接受和赞成，就不是因为它本身真正善，而是因为这些人没有力量去干不正义，任何一个真正有力量作恶的人绝不会愿意和别人订什么契约，答应既不害人也不受害——除非他疯了。因此，苏格拉底啊，他们说，正义的本质和起源就是这样。

说到第二点，那些做正义事的人并不是出于心甘情愿，而仅仅是因为没有本事作恶……[2]

---

[1] [古希腊]柏拉图《理想国》，郭斌和、张竹明译，商务印书馆，1986：19。

[2] [古希腊]柏拉图《理想国》，郭斌和、张竹明译，商务印书馆，1986：46。

· 第九章 ·
正义的两个来源：强者的利益与人性的同情

这番两千多年前的古老见解的确切中了要害，比之后世种种过于"文明化"的理论更好地解释了"正义的本质和起源"。实际看来，在强弱悬殊的关系里是谈不到什么正义的，一切遵循自然法则。人的智力与体能都远远胜于鸡鸭，所以除非受到某些宗教禁忌的限制，否则人吃鸡鸭是不会生出任何"不正义"的负疚感的，人类天然认为自己对鸡鸭拥有着生杀予夺的权柄；上帝之于人类，其悬殊远大于人类之于鸡鸭，所以虔诚的信徒不会斗胆向上帝要求公平，不会在祈祷的时候对上帝说："你凭什么让我生在这个险恶的人间，凭什么让我饱受生活的折磨，凭什么我必须对你顶礼膜拜，凭什么我们不能平等相待？"

一名无神论者可不可以这样想：父母生下了我，养育了我，所以就有权拥有我？——《旧约》多次提到，以色列的土地和人民都是"耶和华的产业"，以世俗观点来看，上帝对其选民是拥有"产权"或"所有权"的。《旧约·出埃及记》20:2记载了上帝的吩咐说："我是耶和华你的神。"《研读版圣经》注释"你的神"说："由于神创造与救赎，祂就有权拥有以色列人。"[1]

这种"拥有"的权利似乎是财产权的一种——亚里士多德就是以"欠债者应当还债"为根据来论证儿子对父亲应当承担永远的义务。[2]让我们对照一下洛克对财产权的经典描述："谁把橡树下拾得的橡实或树林的树上摘下的苹果果腹时，谁就确已把它们拨归己用。谁都不能否认，食物是完全应该由他消

---

[1]《研读版圣经》，环球圣经公会有限公司，2008：133。
[2]亚里士多德认为："儿子永远不可以不认父亲，尽管父亲可以不认儿子。因为，欠债者应当还债，而儿子不论怎么做也还不完父亲给他的恩惠。所以儿子永远是个负债者。但是债权人可以免除负债者的债务，所以父亲可以不认儿子。"（[古希腊]亚里士多德《尼各马可伦理学》，廖申白译，商务印书馆，2003：257）

受的。"[1]生产性的活动更是如此，谁若是在一小片贫瘠的土地上种下一颗麦粒，整个季节辛苦耕耘，种出来的麦子是不是完全应该由他消受呢？

如果那颗麦粒也有智慧的话，或许并不会认可这种理论，无神论者往往也不会认同父母对自己的所有权。那么，仅仅因为创造，或者因为创造和救赎，就可以顺理成章地使上帝"有权拥有以色列人"吗？

如果仅仅因为这个原因，那么人类对于上帝的僭越之心就不会是很难理解的。当然，天使可能比人类走得更远。

天使的能力远胜于人，所以曾经贵为天使的撒旦便勇于为自己争取权利，试图和上帝分庭抗礼。在弥尔顿的长诗《失乐园》里，撒旦被描绘得简直像是争取民主自由的革命志士一般，对上帝进行着不屈不挠的、轰轰烈烈的抗争。他在一次战败之后如此鼓舞着同伴们的斗志："我们损失了什么？并非什么都丢光：不挠的意志、热切的复仇心、不灭的憎恨，以及永不屈服、永不退让的勇气，还有什么比这些更难战胜的呢？他（上帝）的暴怒也罢，威力也罢，绝不能夺去我这份光荣。经过这一次战争的惨烈，好容易才使他（上帝）的政权动摇；这时还要弯腰屈膝，向他哀求怜悯，拜倒在他的权力之下，那才真正是卑鄙、可耻，比这次的沉沦还要卑贱……"[2]这样的语言，简直令人在诗人的文学魅力的迷惑下，不由得钦佩撒旦的情操，哀怜撒旦的失败。[3]

更有甚者，意大利诗人卡尔杜齐在1876年写过一首长诗，单是标题已经耸人听闻地叫作《撒旦颂》，内容更是不遗余力地把撒旦当作理想中的革命英雄来讴歌。在诗人看来，无惧于上帝的绝对威权的撒旦无疑是可钦可敬的。

---

[1] [英]洛克《政府论》下篇，叶启芳、瞿菊农译，商务印书馆，1996：19。

[2] [英]弥尔顿《失乐园》，朱维之译，上海译文出版社，1984：8。

[3] 威廉·布莱克在《天堂与地狱的婚姻》里有这样一番评价："弥尔顿写天使和上帝时，是戴着镣铐的；写魔鬼和地狱时，却自由了。原因在于：他是一个真正的诗人，属于魔鬼一党而不自知。"

第九章
正义的两个来源：强者的利益与人性的同情

但是，这真的可以被看作一种美德吗？——至少基督徒不会这么想。[1]

诚如阿克顿勋爵的那句名言所说的："权力导致腐败，绝对权力导致绝对腐败。"在强弱悬殊的关系当中，强者对于弱者自然拥有着"绝对权力"，那么除了至善至公的上帝，任何强者的"绝对腐败"便都是可以预期的了。

然而在强弱悬殊的关系当中，强者对弱者的"绝对腐败"在强者看来往往并不是恶，而是理所当然的事情。譬如在柏拉图和亚里士多德这般卓然的智者看来，有些人天生就该是做奴隶的，他们和家畜只有极其微小的区别。[2]

在强弱悬殊的时候，"绝对服从"甚至会被服从者自己看作一种可歌可泣的崇高品德，譬如《旧约·创世记》里的亚伯拉罕，这位义人的楷模，终生对上帝保持着无比的虔诚，对上帝的任何指令都无条件顺服——甚至当上帝试探他，让他杀掉独生子以撒作为献祭的时候。

「三」

在上古的观念里，杀子祭神是相当合乎逻辑的。神是最受尊崇的对象，那么对神的祭祀理所当然地要用上最珍贵的东西，而对亚伯拉罕来说，百岁高龄

---

[1] 似乎确实有人对上帝也是睚眦必报的——蒙田这样记载道："我年轻时听到过这样的传说：我们邻国的一位国王，曾受上帝的鞭打，发誓要报复，命令臣民十年不祷告，也不谈论上帝，只要他还在位，就不能信仰上帝。通过这则故事，人们主要想描写民族的自豪感，而非国王的愚蠢。这些恶习相辅相成，当然，那位国王的行为与其说是愚昧无知，不如说是妄自尊大。"（[法]蒙田《蒙田随笔全集》上册，潘丽珍等译，译林出版社，1996：22）

[2] [古希腊]亚里士多德《政治学》，吴寿彭译，商务印书馆，1983：13–16。

才生下的独子当然是再珍贵不过的。而从《旧约》的记载来看，亚伯拉罕从接到指令到举刀要杀以撒，整个过程没有丝毫的犹豫和不安。当然，在最后关头，上帝派天使制止了亚伯拉罕。天使说："你不可在这童子身上下手，一点不可害他。现在我知道你是敬畏神的了，因为你没有将你的儿子，就是你独生的儿子，留下不给我。"（《创世记》22:12）

在世俗道德里，我们恐怕很难接受亚伯拉罕的做法。当然，我们可以心甘情愿地把最珍贵的东西献祭给神，比如全部的家产，但是，献祭亲生儿子就是另外的问题了。毕竟我们对金钱没有伦理义务，对亲生儿子却存在着伦理义务。于是，宗教和伦理在这里不可避免地发生龃龉了。

1843年，克尔凯郭尔以"沉默的约翰尼斯"的笔名发表了《恐惧与颤栗》，以全部篇幅讨论亚伯拉罕的杀子难题。克尔凯郭尔为读者设计了这样一个场景：某人"回到家里，也想要做亚伯拉罕所做过的事情，因为儿子毕竟就是那最好的东西。但如果教士发现了这一切，他也许会走向他，并且会调动所有的教会尊严，吼道：'你这卑鄙小人，社会渣滓，鬼迷心窍到如此地步，竟要谋杀你的儿子。'这位教士，在宣讲亚伯拉罕时从未发热冒汗过，此刻会惊讶地发现自己竟能以雷鸣般的声音将真诚的愤怒倾泻在那个可怜的人身上……那么，当那罪人镇静而又带着尊严回答道'毕竟你星期天所讲的就是这些'时，他就会失掉他的信心。牧师怎么可能想到事情竟会这样，但事情就是这样，他的唯一的错误在于他对他所讲的并不理解"。[1]

因为与世俗伦理的巨大冲撞，亚伯拉罕问题引发出许许多多的神学辩论。人们总是试图调和世俗的伦理与超世俗的信仰，但是，几乎任何一种调和之论都会导致新的两难境况。

譬如，如果说亚伯拉罕相信上帝的至善至公，于是推断上帝肯定不会做出让自己杀掉亲生儿子的事情，那么，一来这意味着亚伯拉罕的献祭仅仅是一种

---

[1][丹麦]克尔凯郭尔《恐惧与颤栗》，刘继译，贵州人民出版社，1994：6。

·第九章·
正义的两个来源：强者的利益与人性的同情

装模作样，因此他不配义人的称号，二来意味着上帝始终依据理性原则办事，然而若认为上帝的行为是可以被人类以理性加以预测的，这就抹杀了上帝行事的任意性，也就抹杀了恩典的意义。

再如，若说亚伯拉罕冀望于儿子以撒因献祭牺牲而获得天堂的永生，那么这一来与《旧约》的普遍观念违背，二来意味着以撒之死不仅不是损失，反而是某种甚大的利益，那么所谓对亚伯拉罕的考验也就无从谈起了。

基督徒会搬出耶稣的训诫说："人到我这里来，若不爱我胜过爱自己的父母、妻子、儿女、弟兄、姐妹和自己的性命，就不能做我的门徒。"（《路加福音》14:26）也就是说，一个人若想做耶稣的门徒，若想进天堂、得永生，就必须使自己对神的爱超过对亲人的爱；儒家则会很自然地反驳说：一个连至亲骨肉都不爱的人，怎么可能爱别人，怎么可能爱神？

易牙的故事是儒家的经典理喻：齐桓公宠信易牙，因为易牙曾经不惜杀了儿子给齐桓公吃肉尝鲜，管仲却说：爱子之情是人之常情，一个人要是连儿子都忍心去杀，又怎么会真的亲爱国君呢？[1]《孝经·圣治章》明白训诫："故不爱其亲而爱他人者，谓之悖德；不敬其亲而敬他人者，谓之悖礼。"[2]

这悖德与悖礼即便在基督教传统下的社会里也不是很好解释的，所以对于

---

[1]《史记·齐太公世家》颜师古注。
[2] 耶稣还有一段训诫说："因为有生来的阉人，也有被人阉的，并有为天国的缘故自阉的。"（《马太福音》19:12）这一训诫引起过相当广泛的争议，活跃于公元3世纪的基督教哲学家奥立金在年轻时正是因为耶稣的这句话而自阉，并终生奉行贫困，但他从教会那里得到的谴责更多于景仰，教会更愿意把"阉"这个词阐释为一种对独身生活的比喻。但即便只是一种比喻，儒家知识分子也不会赞同这种说法。《史记·齐太公世家》颜师古《正义》在易牙的故事之后还讲到齐桓公信任竖刀，理由是竖刀不惜自阉来亲近自己。然而管仲的答复是："爱惜自己的身体本属人之常情，一个人要是连自己的身体都豁得出去，又会怎样对待自己的国君呢？"

亚伯拉罕杀子的故事，克尔凯郭尔忠实于《圣经》文本，提出了一个"悖论"理论："亚伯拉罕的故事包含着这样一个悖论：他对以撒关系的伦理表达是，父亲必须热爱儿子；然而，与同上帝的绝对关系相对照，这种伦理关系却是相对的。"

克尔凯郭尔正是以《路加福音》里的耶稣基督的那段教诲作为佐证的："人到我这里来，若不爱我胜过爱自己的父母、妻子、儿女、弟兄、姐妹和自己的性命，就不能做我的门徒。"（《路加福音》14:26）克尔凯郭尔认为，我们需要以理解悖论的方式来理解这段内容："绝对义务可以引领人去做为伦理学所不容的事情，但绝不能引领信仰的骑士停止去爱。亚伯拉罕证明了这一点。他要是真恨以撒，他就会确信上帝不会向他提出那一要求，因为他和该隐完全不同。他必须用他的全副身心去爱以撒。既然上帝索要以撒，他必须——如果可能的话——更加爱以撒，结果就是只有献出以撒，因为使他做出献祭的行动，并与他对上帝的爱形成相反对照的正是他对以撒的爱。但是，此悖论中的灾难和不安是，从人的角度讲，完全无法使人理解。"[1]

对于克尔凯郭尔这番颇为奇妙的论证，我们若仅以世俗的智慧理解，似乎只能认为信仰高于伦理，而信仰的爱（爱神）与世俗的爱（爱子）的圆融无间，确实只能是一种埋藏在亚伯拉罕个人心中的无法言传的奥秘，"从人的角度讲，完全无法使人理解"。

对于亚伯拉罕这位完美义人的如此义举，我们似乎只好放弃普遍性的理解，放弃以世俗伦理加之以任何约束。然而事实上，无论我们证之以如何繁复隐晦的奥义，其核心理由却出人意料的简单：我们打交道的不是和我们对等的"人"，而是上帝。

---

[1][丹麦]克尔凯郭尔《恐惧与颤栗》，刘继译，贵州人民出版社，1994：47,50。

「四」

上帝要求人的绝对服从，而在另一种强弱悬殊的关系里，人也要求狗的绝对服从。虔诚是人对上帝的美德，忠诚是狗对人的美德。服从强者，这就是弱者的美德，甚至是弱者自诩的美德。我们不妨设想一下，人若与上帝势均力敌，亚伯拉罕便会成为同胞们的笑柄；狗若有了人一般的智力，恐怕也会向主人造反，吁求与人类同等的权利。

是的，只有当强弱对比缩小的时候，博弈才会产生，各自争取各自的利益，在反复磨合之后终于达成某种程度的妥协。所谓天赋人权从来不是天然存在的，而是在这样的博弈过程中艰难争取来的。这样的关系正是正义的一大基础，亦即将他人或多或少地当作对等的人加以看待，契约观念正是由此产生的。

《旧约·创世记》记载洪水之后，"神晓谕挪亚和他的儿子说：'我与你们和你们的后裔立约，并与你们这里一切的活物，就是飞鸟、牲畜、走兽，凡从方舟里出来的活物立约。我与你们立约，凡有血肉的，不再被洪水灭绝，也不再有洪水毁坏地了。'神说：'我与你们并这里的各样活物所立的永约是有记号的。我把虹放在云彩中，这就可作我与地立约的记号了。'"（《创世记》9:8-13）

上帝是无求于人的，并且上帝与人强弱悬殊，所以上帝与人订立契约是出自纯然的恩典。然而在世俗领域，这样的契约是不可想象的，道理正如格劳孔说的："任何一个真正有力量作恶的人绝不会愿意和别人订什么契约，答应既不害人也不受害——除非他疯了。"

格劳孔言语中所谓的"作恶"是站在旁观者角度而言的，而在立约的双方本身，至少在强势一方而言，是没道理觉得自己"作恶"的，譬如我们踩死蚂蚁通常不会被看作恶行，再如亚里士多德的信徒惩处奴隶，或者如第5章第4节里举过的例子，王夫之评点傅介子诱杀楼兰王这段历史，认为楼兰是夷狄，夷狄是"非人"，既然不是人类，就不配得到只有人类才能得到的尊重，所以"歼之不为不仁，夺之不为不义，诱之不为不信"。[1]仁、义、信，这些道德标准，在这里起不到任何作用了，或者说是不适用于这样的场合。和鸡鸭、奴隶、夷狄讲正义，这是无比荒谬的。也就是说，所谓"恶"，仅仅在"对等者"之间才可能存在，亦即先有了对"对等身份"的认知，而后才会有对"恶"的评估。

蒲鲁东在1840年发表了成名作《什么是所有权》，书中以相当的篇幅讨论人的社会性的不同层级，认为"第二级的社会性是正义，人们可以把它理解为'承认别人具有一种和我们平等的人格'"[2]。

蒲鲁东指出了问题的关键。的确，正义的核心是公平，而公平必然意味着对等，不对等则无公平可言。譬如奉行"己所不欲，勿施于人"的儒家士人是普遍具有参政意识的，但为什么不曾设身处地为女人想想：如果我自己不愿意被人剥夺参政的权利，为什么偏偏剥夺了女人参政的权利呢？

这是一个在儒家士人看来匪夷所思的问题——女人当然没有参政的权利，因为"牝鸡无晨"，男女两性各有天职，正如公鸡的天职是报晓，母鸡的天职是下蛋，这是自然秩序，不可搅乱，如果反过来，那就是"牝鸡之晨，惟家之索"[3]，是会带来祸害的。同理，男人可以三妻四妾，女人则必须恪守妇道。

亚里士多德也有着同样的古老智慧，只是论证手段要精巧得多。他认为灵魂在本质上含有两种要素，一是主导，一是附从，前者主要表现为理性，后者主要表现为非理性。这两种要素在不同的灵魂里有着不同的组合，所以有的人天生就该成为统治者，有的人天生就该成为从属者。奴隶完全没有理性，女人

---

[1][清]王夫之《读通鉴论》卷四。
[2][法]蒲鲁东《什么是所有权，或对权利和政治的原理的研究》，孙署冰译，商务印书馆，1982：245。
[3]《尚书·周书·牧誓》。

和儿童有着不多或不成熟的理性。[1]

这一类的理论,心理学上称之为"合法性神话"(legitimizing myths),是优势群体为了巩固自己的优势地位而编造出来的。所以难怪一位女权运动的先驱者,18世纪的英国女作家玛丽·沃斯通克拉夫特,在写给前奥顿主教塔列朗-佩里戈的信里,语带奚落地说道:"假如不许妇女分享天赋人权,不许她们有发言权,那么为了抵赖自相矛盾和不公平的罪名,首先就必须证明她们缺乏理性……"[2]

但是,"合法性神话"的编造者和鼓吹者们未必都是骗子,相反,他们很可能是一些像孔子和亚里士多德这样的饱含真诚的学者。如果我们不是站在较晚的时代以及较新的道德立场上来回望他们的话,我们很可能也会发自肺腑地赞同他们的道理。

「五」

平等从来都只是平等者内部的平等——请原谅我用了这个涉嫌循环论证的表达方式。相应地,公平也只是平等者内部的公平,尽管"平等者"的范围会随着世易时移变化。

譬如洛克在1690年出版的《政府论》,至今仍是西方政治体制的重要理论基石之一,书中论述人是平等和独立的,任何人不得侵害他人的生命、健康、自由或财产。洛克的推理过程是这样的:人是上帝的造物,上帝既然赋予人们同样的能力,使人们在同一个自然社会里共享一切,那么人只能从属于上帝,

---

[1] [古希腊]亚里士多德《政治学》,吴寿彭译,商务印书馆,1983:39。

[2] [英]玛丽·沃斯通克拉夫特《女权辩护》,王蓁译,商务印书馆,1996:12。

而彼此之间不能有任何从属关系。以下是洛克的原话:"……不能设想我们之间有任何从属关系,可使我们有权彼此毁灭,好像我们生来是为彼此利用的,如同低等动物生来是供我们利用一样。"[1]——在洛克眼里,低等动物是和土地划为同一个类别的。[2]

洛克的隐含道理是:我们都是高等动物,不该彼此利用,但低等动物因其比我们低等,所以我们有权利用它们;上帝则比我们高等,所以他也有权利用我们。当然,上帝很可能出于其至善与全能的属性而不会利用我们,但这只能说明他拥有利用我们的权利而不加利用罢了。

这样的逻辑与分类形式虽然出自一位近代哲人的笔下,实则远不是近代观念。中世纪的波斯智者玛阿里著书教育自己的独生子,认为对真主应有如此的态度:"当说道'我是你的奴仆'时,要真如戴上了奴隶的镣铐;当说道'你是一切的主宰'时,必须真心对他俯首听命;假如说道'你的奴仆完全顺从于你'时,便不能表现出一丝的违忤。"接下来的话更加耐人寻味,这是玛阿里阐述如此行事的理由:"因为你若对真主不敬,你的奴仆也会对你叛离。"显然,这也是一种"己所不欲,勿施于人"的道德推理,与儒家伦理颇有共通之处。[3]

在无神论的儒家传统里,上帝的角色被君亲取代。荀子这样讲道:"君子有'三恕',自己不能侍奉君主,却要求自己的臣下听从自己的驱使,这不是恕道;自己的父母不去奉养,却要求儿子孝顺自己,这不是恕道;自己不敬兄长,却对弟弟发号施令,这也不是恕道。士只要明白这'三恕',就可以端正品行了。"[4]

---

[1][英]洛克《政府论》下篇,叶启芳、瞿菊农译,商务印书馆,1996:6。

[2]Ibid., p.19. "土地和一切低等动物为一切人所共有……"

[3][波斯]昂苏尔·玛阿里《卡布斯教诲录》,张晖译,商务印书馆,2001:9。

[4]《荀子·法行》。

第九章
正义的两个来源：强者的利益与人性的同情

无论在玛阿里的有神论背景下，还是在荀子的无神论背景下，均可见出"己所不欲，勿施于人"这样一条即便在今天仍然被推崇为"黄金规则"的伦理标准，其适用性是相当独特的，不仅不追求平等，反而坚强捍卫着等级秩序。就此，亚里士多德的概念是值得参照的：虽然正义就是平等，但这个平等要分为"数量相等"和"比值相等"两种情况，男人和女人的权利悬殊之所以是正义的，就是因为两者都得到了各自按其价值"配得"的事物。基于同样的逻辑，就连穆勒都认为在一个民主社会里，知识精英应当比平民大众享有更多的投票权，而不应该是简单的"一人一票"。

所以我们才会看到，女人不是与我对等的人，所以我所不欲的可以施之于女人；奴隶不是与我对等的人，所以我所不欲的可以施之于奴隶；夷狄不是与我对等的人，所以我所不欲的可以施之于夷狄。"己所不欲，勿施于人"甚至算不得一种会被社群主义支持的共同体内部的伦理标准，而只是阶层内部的伦理标准罢了。一个人要想获得这样的伦理待遇，就有必要先使自己成为该阶层当中的一员，成为一个可以被该阶层中的其他成员"对等看待"的人。如果我们认同在国际关系中"弱国无外交"，那么我们也就很难否认在人际关系中"弱者无伦理"。

在这样的情形下，设若一位学习过康德哲学的儒家士人正在考虑要不要阻止一位女性参与政务，他会应用的定言令式不会是"我是否愿意使'禁止他人参政'成为一条普遍规律"，而会是"我是否愿意使'禁止女性参政'成为一条普遍规律"。我们当然可以责备他忽视了"人人平等"这个前提，但他也有十足的理由反驳我们："男主外，女主内，这毫无不平等可言，而是两性不同的天职使然。如果我是女人，我也甘愿大门不出、二门不迈地相夫教子。难道你认为让乌龟和兔子赛跑，让猫和牛一起拉犁才是公平的吗？"

事实上，今天我们执行那些保障妇女、儿童权益的法案正是基于同样的理由，只是程度不同罢了。我们不会认为在重体力劳动领域让女人和男人同工同酬是公平的，而古人基于他们当时的认识能力，不认为女人适合参政，这看上去也是无可厚非的。至于三妻四妾的问题，那位古代儒生同样能够以天职理论为男人辩护："我们看看狮子或者海象的生活群落，就会知道这实在是一种自然状态。"道家也会为他帮腔："正如《老子》所谓'人法地，地法天，天法道，道法自然'，顺应天地自然之理，这难道有什么不对吗？"

诚然，只有当我们有了"对等"的意识，才有可能向对方争取权利。当然，我们也可以期待恩典、慈悲、怜悯、施舍，正如在漫长的历史中老百姓对君主们所期待的那样。只不过，一旦我们意识到君主也是和我们一样的"对等"的人，我们的期待就不一样了。譬如费希特在1793年匿名发表了一篇"挑衅性"的文章，题目叫作《向欧洲各国君主索回他们迄今压制的思想自由》。他在文章里对君主呐喊道："不，君主，你不是我们的上帝。从上帝那里我们期待的是幸福，从你那里我们期待的是对我们权利的保护。你不必对我们发慈悲，你应当公正。"[1]

「六」

"公正"除了建立在"身份对等"这个前提之上，还有其天然的社会原因和心理原因。所谓天然的社会原因，看上去是一个自相矛盾的概念，实则我是用这个概念来指称群居动物在自然状态下所特有的生物性。

1755年，卢梭参加了第戎科学院举办的一次征文活动，文章题目是《论人类不平等的起源和基础》，其中一个重要观点是被后来的马克思主义者们大为赞扬的，即"谁第一个把一块土地圈起来并想到说：这是我的，而且找到一些头脑十分简单的人居然相信了他的话，谁就是文明社会的真正奠基者"。[2]

---

[1][德]费希特《向欧洲各国君主索回他们迄今压制的思想自由》，梁志学主编《费希特著作选集》第1卷，商务印书馆，1990：143。

[2][法]卢梭《论人类不平等的起源和基础》，李常山译，商务印书馆，1997：111。

· 第九章 ·

正义的两个来源：强者的利益与人性的同情

如果仅仅从其对私有制的比喻意义来看，这一观点还算有几分道理，但是，如果我们就文本本身加以理解的话，借助卢梭所不曾学习过的现代学术，我们反而会发现，这与其说是"人类不平等的起源"，不如说恰恰就反映了人类天然的关于"平等"的心理机制。仍然是蒲鲁东切中了问题的要害：正义观念"一方面从社会本能、另一方面从平等的观念产生"。[1]

"平等"的观念来源于它的对立面，即"不平等"。不是因为平等状态被打破而产生了不平等，而是因为有些人出于对不平等状态的不满而产生了对平等的幻想。"不平等"是一种天然的生物秩序，帕累托以朴素的眼光观察过这点，却不曾觉察到两者之间的因果关系："无论下等人，还是上等人，都有等级的情感；在动物界可观察到它，在人类社会更为普遍；甚至由于人类社会相当复杂，似乎缺乏这些情感，它们就不能继续存在。"[2]

如果我们稍加仔细地观察猴群的社会结构，就会发现它和人类社会有着惊人的相似性。猴群里会有一个猴王，过着"穷奢极侈"的奴役同胞的生活，同胞们得来的食物先要敬献给它；它还霸占着三妻四妾，作威作福得很，直到强有力的反叛者出现，以暴力革命推翻它的专制统治，将它放逐到猴群之外。

由此可见，猴群里的资源分配是非常不平等的，但我们似乎不能说，当猴王霸占了最精美的食物以及最年轻貌美的雌性，并以猴子的特有方式对同胞们表达"这些都是我的"，还能使全体头脑简单的同胞都相信了这番鬼话的时候，这位猴王"就是文明社会的真正奠基者"。

所有权是天然存在的，即便仅仅是卢梭所谓的圈地，其实大到狮子，小到犬类，都会划分自己的领地，并且用气味做出明显的标识——我们称之为动物的"领域行为"。蒲鲁东曾经对1793年的法国《人权宣言》感到不满（这份宣言是由罗伯斯庇尔提出并在国会宣读的），他这样说道："《人权宣言》

---

[1][法]蒲鲁东《什么是所有权，或对权利和政治的原理的研究》，孙署冰译，商务印书馆，1982：252。

[2][意]帕累托《普通社会学纲要》，田时纲等译，三联书店，2001：153。

把所有权列为人们的天然的和不因时效而消灭的权利之一，这类权利共有四种：自由权、平等权、所有权、安全权。1793年的立法者在列举这些项目时所采取的是什么方法呢？什么方法都没有……一切都是他们胡乱地或匆忙地制订的。"[1]那么，在这所有的权利当中，至少所有权可以看成是群居动物的一种自然状态，尽管其分配形式是如此不平等。

在群居动物的社会生活里，所有权是必然存在的，否则的话，群体生活便无法想象。在逻辑上，只有率先存在了所有权，才会接踵而来地存在"公平"的问题，无所有权则无所谓公平。即便在理想模式的公有制里，只要某种资源是稀缺的——无论是财产、名誉、配偶、生命——就必定存在所有权的问题，也就相应地存在公平问题。资源的稀缺性必定导致竞争，竞争是一种博弈行为，公平总是在博弈过程中艰难地争取来的。

但这个说法看上去会被一种普遍存在的现象所颠覆——人类是充满同情心的，一个掌握了大量资源的人很可能会出于同情心而对匮乏者做出施舍的行为，或者仅仅出于对"众暴寡、强凌弱"的同情而去锄强扶弱。这正是"公平"的一种心理基础，即本书第一章提到的穆勒的结论：报复的欲望"自发地出自两种情感，一是自卫冲动，二是同情心，两者都是极为自然的情感，都是本能，或者类似于本能"。[2]康德也持类似的看法："我认为法律上的反坐法（以牙还牙的惩罚）从形式上作为刑法原则还一直是唯一的、由先验决定的观念。"[3]当然，这种心理并不仅仅表现在报复的问题上。

同情心似乎是与生俱来的，孟子就这样证明过：譬如看到一个小孩子就要掉到井里了，任何人此时此刻都会产生"怵惕恻隐之心"，而之所以会产生这

---

[1] [法]蒲鲁东《什么是所有权，或对权利和政治的原理的研究》，孙署冰译，商务印书馆，1982：69-70。

[2] [英]约翰·斯图亚特·穆勒《功利主义》，徐大建译，上海人民出版社，2008：52。

[3] [德]康德《法的形而上学原理——权利的科学》，沈叔平译，商务印书馆，2008：200。

第九章
正义的两个来源：强者的利益与人性的同情

种心理，既不是要和小孩子的父母攀交情，也不是为了在乡里、朋友之间博取名誉，更不是因为厌烦小孩子的哭声。孟子继而指出，恻隐之心、羞恶之心、辞让之心、是非之心，这都是人天生具备的，是为"四端"。四端与仁、义、礼、智分别相连，即"恻隐之心，仁之端也；羞恶之心，义之端也；辞让之心，礼之端也；是非之心，智之端也"。人之有四端，就像有四肢一样，是与生俱来的。只要把这四端"扩而充之"，就可以安定天下。[1]

孟子的这个理论直启陆王心学，在中国思想史上影响极大，在西方思想史上则切合于从柏拉图直至摩尔一系的直觉主义伦理观。从同情心上我们似乎看到了所谓"天良"，即先天具有的良知。但首先要澄清的是，任何先天的禀赋都不具有道德属性，在道德上都是中性的，也就是说，无论我们说人性善、性恶，或是善恶参半，都是以后天的道德概念来评价先天的生物性禀赋。这种评价总是缺乏一贯性，譬如贪欲是人的（也是所有生物的）先天禀赋，但我们总会贬低对金钱的贪欲，而推崇对知识的贪欲，认为前者是可鄙的，后者是高尚的。再如佛法修行首重戒贪，但对佛果的不懈追求难道不是一种更大的贪婪吗？

就最后这个话题，刘宋年间，佛教学者宗炳与反佛名人何承天发生过一场论战，其缘起是慧琳的《黑白论》批评佛教修行是妄图一本万利。宗炳提出反驳，认为涅槃境界是"以无乐为乐"；何承天作答道：如果佛教修行真的无利可图，那么勤苦修为究竟是为了获得什么呢？[2]——宗炳的意见显然有误，而且是一种很有代表性的谬误，即将"利益"仅仅局限于物质利益与感官享乐。

---

[1]《孟子·公孙丑上》。
[2]《弘明集》卷三《答何衡阳书》《释均善论》。

「七」

接下来需要讨论的是，人的同情心颇有一些奇怪的表现，这是孟子不曾看到的。

1792年8月10日，法国废除了君主立宪政体，德国上流社会对此愤愤不平，汉诺威枢密院秘书雷贝格站在这个立场上发表了一部《法国革命研究》，书中的论调大大激怒了半生都在与卑微、贫寒艰苦作战的德国思想家费希特，促使后者发表了《纠正公众对于法国革命的评论》，对雷贝格反唇相讥。

费希特的书里特别讨论到同情心的问题，他说："我们思维方式中的一种令人瞩目的无逻辑性在于，我们对于一位偶尔没有新亚麻布的王后的困苦总是那么敏感，而对于另一位为祖国也生了许多健康孩子的母亲的贫困，对于她自己衣衫褴褛，看着孩子们在自己眼前赤身露体地走动，同时由于缺乏生活费用，体内的营养正在枯竭，这使新生婴儿无力地嘤泣——对于这种贫困，我们则认为是理所当然的事情——'这些人已习惯于此，他们不知道什么是更好的东西'，那酒足饭饱的纵情享乐者，一边咂着美味好酒，一边用臭嘴这么说。"[1]

费希特很好地为我们揭示了同情心的作用范围，这似乎有点不可思议：看上去明明更值得同情的人，远远更值得同情的人，反而得不到同情，这是怎样的心理机制使然呢？

然而，费希特本人同情那些贫困的母亲，不同情那位偶尔没有新亚麻布的王后，其实也部分地出于和他所反对的上流社会"无逻辑性"的家伙们同样的

---

[1] [德]费希特《纠正公众对于法国革命的评论》，《费希特著作选集》第1卷，梁志学主编，商务印书馆，1990：317-318。

第九章
正义的两个来源：强者的利益与人性的同情

心理机制：他熟悉那些贫困的母亲，他和她们是同一个阶层的人。至于王后，那就太悬殊了。

费希特这里所谓的"王后"并不仅仅是一个符号而已，而是实有所指的，她就是法王路易十六的王后玛丽·安托瓦内特。正是玛丽王后的穷奢极欲使法国王室背负了巨额赤字，以至于当时人们很容易做出一种相当合理的推测：如果不是玛丽王后的话，温和节俭的路易十六是不可能把国家财政搞坏的，因而也就不会被革命群众推上断头台了，国王最大的错误就是约束不住自己的妻子。

费希特对玛丽王后语多讥讽："那位王后还只缺少一个昂贵的项链；但请你相信，她的苦楚并不亚于你那位还缺一件颜色鲜艳的衣服的时髦夫人的苦楚。"[1]

"项链"在这里并不是一个随便的比喻，而是实有其物。玛丽王后的这一串"昂贵的项链"简直可以说就是法国大革命的一束导火索。

这串项链确实价值连城，但事实上，玛丽王后并没有得到它，也不曾想要得到过它，整个事件都是拉穆特夫人精心设计的一桩骗局，是她设计骗走项链以便打发自己的债主。这件事情后来对簿公堂，成了举国关注的第一大案。

玛丽王后确实是冤枉的，但贪婪、挥霍确实就是她的个性，以至于很少有人相信她的冤枉，更有甚者，人们对王室的积怨被这件事刺激到了临界点上。拉穆特夫人后来逃到英国，靠出版回忆录大发其财，字里行间当然不会对玛丽王后有多少正面的描写，而费希特正是从这些回忆录里了解到"项链事件"的。

接下来，我们有必要了解一下这位拉穆特夫人，在项链事件当中她表现出

---

[1][德]费希特《纠正公众对于法国革命的评论》，《费希特著作选集》第1卷，梁志学主编，商务印书馆，1990：318。

了惊人的诈骗天赋，所以她的身世难免会引起人们的好奇。当然，我们这里关注的仅仅是"同情心"这个主题，拉穆特夫人恰恰是因为别人的同情心才改变了自己的命运。

遗憾的是，对于这段颇有心灵鸡汤味道的情节，我们只好仰仗于文学作品。是的，"项链事件"的戏剧性自然会引起文学家的兴趣。茨威格以玛丽王后的生平写过一部传记作品《一个平凡女人的肖像》（中译名叫作《断头王后》），"项链事件"是其中的重头戏；大仲马则专门写过一部《王后的项链》，其中并不令人意外地虚构了一些激动人心的爱情元素。

在茨威格的笔下，布兰维利埃侯爵夫人曾经在路上遇到了一个行乞的女孩子，她只有六七岁大，正在用催人泪下的声音喊道："请可怜可怜一个瓦卢瓦后代的孤儿吧！"小女孩的话很难让人信以为真，因为瓦卢瓦是一个地位崇高、历史悠久的贵族家系，但是，在侯爵夫人的详细探问之下，竟然发现小女孩说的全是真话，她的确出身于这个显赫家族，只不过酗酒父亲败了家业，母亲则是个放荡的女仆，这就致使她从小便无人管教，只好流落街头，靠乞讨为生。于是，侯爵夫人动了恻隐之心，带走了她，供她读书学艺。

侯爵夫人的这种恻隐之心正是为孟子和费希特所忽略的——她为什么偏偏带走了"一个瓦卢瓦后代的孤儿"呢？街上有那么多行乞的孩子，她也许冷冷地走过，也许给上几个铜板，但只有拉穆特和她自己一样有着贵族血统，她们本该是同一个群体的人，所以她见不得她的沦落。

中国京剧《锁麟囊》为同情心给出了另外一种说明：一位富家小姐风光无限地坐上花轿，不期遇到一名在同一天出嫁的贫家女子，于是同情顿生，赠之以不菲的财物。我们看到，这两名女子的社会阶层本应该泾渭分明，但是，"出嫁"这个共同点拉近了她们的距离，使富家小姐可以设身处地感受到贫家新娘的困窘。

「八」

人的同情心是如此不同：雷贝格同情玛丽王后，布兰维利埃侯爵夫人同情童年的拉穆特夫人，费希特同情贫苦的母亲们，以及《锁麟囊》里一种偶然的共同境遇造就的同情。当然，他们的同情心也有可能会扩展到所有的人，但肯定不会对所有的人都一视同仁，而是对本群体的人给予的同情最多，对那些最远离本群体的人给予的同情最少，这也正是中国儒家的仁学所讲的"爱有等差"的道理。

儒家主张对本群体的爱应当不断向群体之外扩展开去，也就是孟子所谓的"扩而充之"。虽然我们很少看到正统儒家在实际行为上会对夷狄如此这般地"扩而充之"，但至少在理论上，这不但可以扩充到"对所有人"，甚至可以扩充到"对所有物"。

王阳明便如此发挥过这一理论，其论证分析是从作为"四书"之首的《大学》发端的。何谓"大学"，王阳明认为"大学"就是"大人之学"，何谓"大人"，就是以天地万物为一体的人。

王阳明说，大人以天地万物为一体，视天下如同一家，视所有的中国人皆如一人。如果分出你我他来，那就是小人之心了。其实大人之心和小人之心在本质上都是一样的，两者很自然地都会生出这种整体性的眼光。就算是小人，看到陌生的小孩子掉进井里，也一定会生出同情心来，可见其心中之仁和这个小孩子是一体的。小孩子毕竟是人，但小人看见小鸟、小动物哀鸣颤抖，也会生出不忍之心，可见其心中之仁与鸟兽也是一体的。鸟兽毕竟是有知觉的，但小人看见草木摧折也会生出怜悯之情，可见其心中之仁与草木也是一体的。草木毕竟有生命，但小人看见瓦石损毁也难免生出顾惜之情，可见其心中之仁与瓦石也是一体的，这就是所谓"一体之仁"。"一体之仁"即便在小人的心里也一定存在着，它根植于"天命之性"，自然明白，不使泯灭，这就是所谓

"明德"。[1]

虽然这只是神秘主义的典型见解,虽然我们早已从庄子乃至于约翰·多恩那里熟稔了相似的语言,但难得的是,王阳明是有一套至少看上去颇为缜密的论证过程的。[2]

那么,这番论证是否足够严密呢?老百姓诉诸常识,恐怕难以接受,但一些古代学者确实有过"万物一体"的神秘体验,越过王阳明的推理步骤而直接到达结论了。不过也有学生本着常识来请教王阳明,说既然您爱讲"万物一体",那么杀猪孝敬父母应不应该呢?

王阳明的回答是:好比有人打我的头,我下意识地就会抬手去挡,头和手都是我身体的一部分,但我这不就是重头而轻手了吗?重父母而轻猪羊,这是一样的道理。

这样看来,王阳明的博爱仍在儒家一贯的"等差之爱"的理论体系之内,不曾偏入墨家的"兼爱"中去。这倒是合乎人性的,同情心的基础也就在这里。

同情心的心理基础,我以为主要在于相似度与熟悉度,最轻微的相似感或熟悉感就可以产生最低限度的同情——阿尔贝·加缪有一部描写俄国革命者的戏剧,叫作《正义者》,在第一幕里,两个革命者正在商议着刺杀某位反动大公的事情,卡利亚耶夫将在大公出行的途中冲上去投掷炸弹,在这一刻他会"亲眼看到"那位大公,虽然"不过一秒钟的工夫"。接下来是一段耐人寻味的对话,发生在负责制造炸弹的多拉和负责投掷炸弹的卡利亚耶夫之间:

---

[1][明]王阳明《大学问》,《王阳明全集》,上海古籍出版社,1992:968。

[2]即便在现当代学术里也有着同样的推理方式,斯马特"普遍化仁爱"的观点就是一例,即认为血缘感情是一种"有限的仁爱",是一种自然的感情,一些文化环境会扩展这种"有限的仁爱",从氏族推衍到国家天下,从人类推衍到一切有感觉的动物。这样的观点显然暗合于中国儒学。

第九章
正义的两个来源:强者的利益与人性的同情

多拉:"在一秒钟里,你要看他!喂!雅奈克,应当让你知道,应当事先告诫你!毕竟都是人。大公也许有一对和善的眼睛。你会看见他搔耳朵,或者开心地微笑。天晓得,他脸上也许被刮胡刀割了一个小口子。恰巧在那时,他要是看你呢……"

卡利亚耶夫:"我杀的不是他,而是专制政权。"

多拉:"当然了,当然了,专制政权该杀。我制造炸弹,在上雷管的时候,要知道,在最困难的时刻,神经高度紧张,然而,我心里却有一种奇异的幸福感。是的,我不认识大公,如果在制造过程中,他坐在我的对面,那事情就不容易了。你呢,你要在近处看见他。靠得非常近……"

卡利亚耶夫(激烈地):"我不会看见他。"

多拉:"为什么?你要闭上眼睛吗?"

卡利亚耶夫:"不是。然而,上帝保佑,在节骨眼上,仇恨一定会来遮住我的眼睛。"[1]

要想成功地完成刺杀任务,就有必要把刺杀对象陌生化——他将不再是一个活生生的人(哪怕是一个罪恶滔天的活生生的人),而是专制政权的化身,是一个非人的东西。

相似度与熟悉度会产生心理学所谓的圈内人偏袒效应(ingroup favoritism effect)(Taifel, Billig, Bundy, & Flament, 1971)。以前述例证来看,布兰维利埃侯爵夫人会对童年的拉穆特的遭遇感同身受,对别的乞丐则淡然处之;雷贝格会对玛丽王后的遭遇感同身受,对贫苦的母亲们则不以为然。彼此越是相似,越是熟悉,同情度也就越高。

相似度与熟悉度都与人生经验有关。我们会发现,小孩子普遍缺乏同情

---

[1][法]阿尔贝·加缪《正义者》,李玉民译,漓江出版社,1985:180。

心，甚至充满暴力倾向，喜欢虐待昆虫和小动物，这尤其表现在男孩子身上，更尤其是那些身体强壮、精力充沛的孩子。这是天性使然，只有当他们渐渐长大，接触了、经历了越来越多的苦难，同情心才开始萌芽、滋长。

心理学家劳伦斯·柯尔伯格在1963年发表过一篇经典论文，研究道德准则的生成过程，提出了道德标准的形成要经历六个阶段。

在第一阶段，小孩子是以行为的后果作为是非的标准，判断一件事是对是错，取决于做了这件事之后是会被奖励还是被责打；第二阶段，自我中心开始形成，判断是非的依据就是单纯的个人好恶。这两个阶段被称为"前道德水平"，意味着道德标准还没有真正发展起来。

到了第三阶段，小孩子开始重视别人的态度和利益了，知道了能让别人高兴的事也是好事，尽管这件事情不一定对自己有利；第四阶段则有了责任和义务的意识，乐于维护现有的社会秩序和法律规范，认为凡是遵纪守法的行为都是好的。这两个阶段被称为"遵从习俗角色的道德水平"，《悲惨世界》里的沙威看来就停滞于这个阶段，没能继续发育下去。

沙威如果能把道德水平发育到第五个阶段，就会承认这社会上既有合法而不合情理的事，也有合情合理而不合法的事，至少某些法律比另外一些法律更好，遇到冲突的时候不妨遵循某种特定的程序寻求对法律的一些改善，对冉阿让就不会那么紧逼不舍；我们普通人比沙威强一点，但也只能达到第五阶段，在第六阶段，良知完全凌驾于任何社会习俗与法律法规之上，柯尔伯格认为只有一些伟人，比如圣雄甘地、马丁·路德·金，道德感才发展到了这一阶段。这两个阶段被称为"自我接受准则的道德水平"，是人类道德标准发展的顶点。

那么，参照本书序言里对侦探文学的分析，我们似乎可以根据柯尔伯格的意见得出西方的道德发展普遍高于东方的结论。当然，之所以会得出这样的结论，是因为忽略了文化传统的因素：东方世界的法律无疑更具权威性，譬如就在周桂笙的时代，东方的法律是"制定"的，西方的法律则在相当程度上是"商定"的，两者的权威性不可同日而语，而西方世界在世俗法律之上还有一个上帝的律法，甚至对于上帝的律法，新教传统也一直牢记着马丁·路德的那

· 第九章 ·
正义的两个来源：强者的利益与人性的同情

句名言："勇敢地犯罪。"

在做了这一必要的补充说明之后，让我们继续思考柯尔伯格的意见。柯氏认为，道德的这六个发展阶段是不可能被跨越的，也就是说，一个正处在第一阶段的小孩子，无论你怎么教育他，他也不可能不经由第二阶段而直接跨入第三阶段。柯尔伯格尤其强调的是，这六个阶段分别都是独一无二的道德推理方式，而不是小孩子在一步步地加深着对成年人道德观念的理解。（Kohlberg, L., 1963）

柯尔伯格所谓的"前道德水平"恰恰揭示了人类最为本质的心理机制，孟子的天良理论在这里显然碰壁。"恻隐之心"的多寡与同类体验成正比，对某一种不幸的熟悉度越高，同情心也就越重。这只是一个生活常识而已。譬如就在最近，我听到一个颇有身份的人在酒桌上感叹如今政府官员才是弱势群体，因为在媒体监督之下他们动辄得咎。在座的小职员们直听得目瞪口呆，只有一位年高德劭的长者"同声相应"。

至于圈内人偏袒效应，正是我们每个人再熟悉不过的，所谓集体荣誉感、爱国主义，心理机制上的根源都在这里。在普世范围内，多数人都会认为爱国主义是一种美德，许多国家的人都为自己的国家而自豪，认为自己的国家是最好的，在看国际新闻的时候时常偏袒本国立场，抱有一种"帮亲不帮理"的高尚态度。当然，更多的人总是直观地相信，"理"总是在祖国这边。

但是，爱国主义的理由并不总是像我们想象的那样伟大。随机找来一群人，随机分为两组，"爱国主义"就会自然产生。艾伦和维尔德做过这样一个试验：告诉一些学生，说要按照每个人在艺术欣赏上的偏好把大家分成两组，在分组结束之后，大家都认为自己和本组的人更相似，甚至在与艺术无关的问题上，他们也认为本组的人和自己会有更相似的看法。然而事实上，艾伦和维尔德说谎了，分组完全是随机的。（Allen & Wilder, 1979）

大量的心理学研究巩固了这一点认识，只要我们觉得自己是某个群体中的一员，我们就会对群体内部的成员更好，对群体以外的成员更差，哪怕我们和内部人员的交往并不愉快，和外部人员的交往没有任何的不愉快。

正是由于人类这种特殊的心理机制，所以一般来说，国际主义者总是一些极少数的具有强大理性的特殊人士——詹姆斯·乔伊斯的小说《一个青年艺术家的肖像》中的主人公，说过这样一段掷地有声而又人神共愤的话："我不要侍奉那我不再信仰的，不管它们自命为我的家园、我的祖国，或是我的教会；我要做的是，尽可能自由地，尽可能完整地，在某种生活模式或艺术模式中表达我自己，用我唯一允许自己的武器来为我自己辩护——沉默，流亡，心机。"[1]

这段话似乎可以被看作乔伊斯本人的立场宣言，因为他真的自绝于祖国和人民，带着女友离开了爱尔兰，从此在欧洲大陆过上了自我流放的生活。这种叛逆的姿态在常人看来是如此触目惊心，以至于当他在1941年病逝于苏黎世的时候，爱尔兰一度拒绝让他的遗体回国安葬。

这实在是人情使然，托马斯·潘恩的名言"我的国家是世界，我的宗教是行善"直到今天依然会引起很多人情感上的不快[2]，而近现代世界的国际主义

---

[1][爱尔兰]詹姆斯·乔伊斯《一个青年艺术家的肖像》，《都柏林人，一个青年艺术家的肖像》，徐晓雯译，译林出版社，2003：462。

[2]按照儒家的逻辑，这种不快的感觉应当是"等差之爱"的自然体现，帮亲不帮理是人的天性，帮理不帮亲反而容易受到道德谴责，所谓"证父攘羊"即是。休谟在《人性论》里表达过极其相似的看法："在我们原始的心理结构中，我们最强烈的注意是专限于我们自己的；次强烈的注意才扩展到我们的亲戚和相识；对于陌生人和不相关的人们，则只有最弱的注意达到他们身上。因此，这种偏私和差别的感情，必然不但对我们在社会上的行为有一种影响，而且甚至对我们的恶和德的观念也有一种影响；以至于使我们认为显著地违反那样一种偏私程度（不论是把感情过分扩大或过分缩小），都是恶劣的和不道德的。在我们关于行为的通常的判断中，我们可以看出这一点来：一个人如果把他的全部爱情集中在他的家庭，或者竟然不顾他的家人，而在利害冲突之际，偏向了陌生人或偶然的相识，我们就责备他。"[英]休谟《人性论》，关文运译，商务印书馆，1996：529。

第九章

正义的两个来源：强者的利益与人性的同情

运动也都以"民族国家"宣告收场。

对于后者，米歇尔斯在为他的名著《寡头统治铁律——现代民主制度中的政党社会学》1915年第2版所作的序言中，谈到德国社会主义运动的马克思主义领导人之所以会在自身地位改变之后迅速转变了立场，是因为"党的生存是……第一位的……该党出于自保的需要，很快抛弃了国际主义信念，并转变成一个爱国主义政党"。[1]这一观点不断得到历史的验证以及新一代有识之士的共鸣[2]，以至于我们甚至可以由此推测，无论是中国儒家所梦想的大同世界，还是西哲如但丁所鼓吹的世界帝国，即便终有成功的一天，那样的世界恐怕也不会是我们真正想要的。

事情的另一面是，米歇尔斯虽然言之成理，却不曾虑及"圈内人偏袒效应"这一至关重要的心理因素，即便那些政党领袖都有圣贤一般的品德，但国际主义很难赢得普罗大众的长期好感。

18世纪的法国哲人费内隆曾对历史学家提出过一项离经叛道的要求，即历史学家应该在祖国与外国之间保持中立，当然，政治家最好也能够具备

---

[1] [德]米歇尔斯《寡头统治铁律——现代民主制度中的政党社会学》，任军锋等译，天津人民出版社，2003，p.7。该书中译者在下文归结道："从大多数社会主义政党对第一次世界大战所作出的反应中，我们不难看出：在社会主义政党领袖眼中，政党组织的存继要比他们的信条重要得多。"

[2] 譬如麦金泰尔在讨论到底是韦伯思想还是马克思主义才是占主流地位的"当代世界观"时这样反驳他的论敌说："当马克思主义者组织起来向权力进军时，即使仍保留着马克思主义的言辞，他们总是而且在实质上已经变成了韦伯主义者；因为我们知道，在我们的文化里，没有一个组织起来朝向权力的运动，其所迈向的权力不是官僚政治和管理模式的，而且我们还知道，没有一个对权威的论证不是韦伯式的。假如这对于还在奔向权力途中的马克思主义来说是真实的，那对于获得权力的马克思主义就更是如此。所有权力都趋于占有，绝对的权力是绝对地占有。"（[美]麦金泰尔《德性之后》，龚群、戴扬毅等译，中国社会科学出版社，1995：137）

这种道德素养。如果我们从全人类的角度来看，这的确是一种伟大的博爱情怀，但换到民族国家的角度来看，可想而知，会有太多人痛斥这种离心离德的谬论。

更为我们当代同胞所欣赏的是钱穆在《国史大纲》的序言里开宗明义的著名主张："凡读本书请先具下列诸信念：当信任何一国之国民，尤其是自称知识在水平线以上之国民，对其本国以往历史，应该略有所知。所谓对其本国以往历史略有所知者，尤必附随一种对其本国以往历史之温情与敬意。（否则只算知道了一些外国史，不得云对本国史有知识。）"[1]

人们更容易喜爱钱穆而厌憎费内隆，这实在是天性使然。人若脱离社会组织便会感觉到无所依托——依照涂尔干的研究结果推测，这甚至会使得自杀率显著上升。所以，抱持国际主义态度的人，不仅需要有强大的理性，还需要有强大的意志力。

「九」

一个更加有趣的现象是，在利益受到威胁的时候，人们对本群体利益的敏感程度甚至会高于对个人利益的敏感程度。精明的政客都会知道，如果想要煽动群众，苦口婆心地去描述后者作为"个人"将会遭受的不公正待遇，其效果明显不如去描述其作为一个"群体"将会遭受的不公正待遇。

那么，出于同情心而对公平的诉求，诚如亚当·斯密所言："由于我们同情同伴们交了好运时的快乐，所以无论他们自然地把什么看成是这种好运的原因，我们都会同他们一起对此抱有得意和满足之情……同样，由于我们不论何

---

[1]钱穆《国史大纲》，商务印书馆，1994：1。

第九章
正义的两个来源：强者的利益与人性的同情

时见到同伴的痛苦都会同情他的悲伤，所以我们同样理解他对引起这种痛苦的任何因素的憎恶。"如果同伴被杀害了，那么"人们想象经常出现在凶手床边的恐怖形象，按照迷信习惯想象的、从坟墓中跑出来要求对过早结束他们生命的那些人进行复仇的鬼魂，都来自这种对死者想象的愤恨所自然产生的同情。对于这种最可怕的罪恶，至少在我们充分考虑惩罚的效用之前，神就以这种方式将神圣而又必然的复仇法则，强有力地、难以磨灭地铭刻在人类心中"。

这种"神圣而又必然的复仇法则"——如果我们将斯密的"神"仅仅视作一种修辞手法的话，这就意味着人类的一种天然的心理机制了。这样的同情心，如果我们有能力将之完全实现的话，无疑是会相当快慰的。普通人缺乏这样的能力，所以这种快慰往往只是属于超人或剑侠的，也就是说，存在于大众心理期待的投影当中。譬如在古龙所塑造的种种深入人心的武侠形象里，剑神西门吹雪酣畅淋漓地描述过这种快感："这世上永远都有杀不尽的背信无义之人，当你一剑刺入他们的咽喉，眼看着血花在你剑下绽开，你若能看得见那一瞬间的灿烂辉煌，就会知道那种美是绝没有任何事能比得上的。"（《陆小凤》）

西门吹雪的这种似乎有几分病态的快感，正是得自他的近乎超人的能力，可以使他不打折扣地将"神所赋予的神圣而又必然的复仇法则"执行到底。所以若在康德看来，这位剑神的行侠仗义实在没有任何道德价值可言，然而康德若是暂时放下哲学家的身份，和我们这些普罗大众一起仅仅作为小说读者，那么，想来他也会和我们一样，跟着梦幻中的西门吹雪体验到了那种杀伐之美。

通俗文学之所以流行，一个必不可少的因素就是要以最直接的手法来迎合大众心理的普遍诉求，让读者不假思索地欣然接受（这也是通俗文学之所以不是"高雅艺术"的一个重要原因）。是的，在今天这样一个文明程度如此之高的时代，我们心中的复仇法则依然"神圣而又必然"。如果舍弃了这一点而侈谈正义,就将会遭遇所有违背人性的美好理论所遭遇过的那种困难。[1]

---

[1]参见[英]洛克《政府论》下篇,叶启芳、瞿菊农译,商务印书馆,1996:7。洛克的完整论证如下:"因此,在自然状态中,一个人就是这样地得到支配另一个人的权力的。但当他抓住一个罪犯时,却没有绝对或任意的权力,按照感情冲动或放纵不羁的意志来加以处置,而只能根据冷静的理性和良心的指示,比照他所犯的罪行,对他施以惩处,尽量起到纠正和禁止的作用。因为纠正和禁止是一个人可以合法地伤害另一个人、即我们称之为惩罚的唯一理由。罪犯在触犯自然法时,已是表明自己按照理性和公道之外的规则生活,而理性和公道的规则正是上帝为人类的相互安全所设置的人类行为的尺度,所以谁玩忽和破坏了保障人类不受损害和暴力的约束,谁就对于人类是危险的。这既是对全人类的侵犯,对自然法所规定的全人类和平和安全的侵犯,因此,人人基于他所享有的保障一般人类的权利,就有权制止或在必要时毁灭所有对他们有害的东西,就可以给予触犯自然法的人以那种能促使其悔改的不幸遭遇,从而使他并通过他的榜样使其他人不敢再犯同样的毛病。在这种情况下并在这个根据上,人人都享有惩罚罪犯和充当自然法的执行人的权利。"

第十章

人的真实与必然的处境：
不自由，不独立，不平等

我们这里所考察的所谓"天赋人权"的种种内涵——独立、自由、平等——都不是人类天然具有的，反而是不独立、不自由、不平等的层级秩序才真的称得上"天赋"。

「一」

人类的上述心理特质尽管与崇高无缘,却可以从社会生物学的角度得到相当有说服力的解释:这会使人类更好地适于群居生活,从而在大自然严酷的生存竞争中幸存下来。

人类对这个问题的思考由来已久——和野兽相比,人类似乎没有任何优越性可言,没有锋利的牙齿,没有尖锐的爪子,没有保暖的皮毛,也没有飞速的腿脚,但人为什么就能比野兽活得更好呢?《列子·杨朱》认为人的核心竞争力在于智慧,亦即"任智而不恃力"[1];《吕氏春秋·恃君》认为关键在于人类可以群居,依靠群体的力量制胜[2]。西方哲人们不约而同得出了类似结论,并在这一结论的基础上思考什么才是人类社会最合理的组织结构。

一个显而易见的问题是,群居动物并不止人类一种,那么人类在所有群居

---

[1]《列子·杨朱》:杨朱曰:"人肖天地之类,怀五常之性,有生之最灵者也。人者,爪牙不足以供守卫,肌肤不足以自捍御,趋走不足以从利逃害,无毛羽以御寒暑,必将资物以为养,任智而不恃力……"

[2]《吕氏春秋·恃君》:"凡人之性,爪牙不足以自守卫,肌肤不足以扞寒暑,筋骨不足以从利辟害,勇敢不足以却猛禁悍,然且犹裁万物,制禽兽,服狡虫,寒暑燥湿弗能害,不唯先有其备,而以群聚邪?群之可聚也,相与利之也。利之出于群也,君道立也。故君道立则利出于群,而人备可完矣。"

第十章
人的真实与必然的处境：不自由，不独立，不平等

动物当中的优势何在呢？亚里士多德认为人类具有发达的语言机能，所以能够比其他群居动物所组成的团体达到更高的政治组织形式。亚里士多德进一步说明道："至于一事物的是否有利或有害，以及事物的是否合乎正义或不正义，这就得凭借言语来为之说明。人类所不同于其他动物的特性就在他对善恶和是否合乎正义以及其他类似观念的辨认（这些都由言语为之互相传达），而家庭和城邦的结合正是这类义理的结合。"[1]

三位先贤的观点分别切中肯綮，人类超常的语言能力造就了超常的群体协作能力。但群居天性会让我们遇到一个相当令人不快的现实：只要存在群体生活，就会出现社会分层。这一"事实"会使我们对那种自启蒙时代以来就流行于世的某种论调感到困惑，这种论调，譬如洛克所说的"人类天生都是自由、平等和独立的"，是迄今以来的许多正义理论的基本预设。[2]

但是，如果我们认可人类是一种群居动物的话，那么看看我们的同伴，亦即其他的群居动物，无论是狼群还是猴群，我们都观察到了太多的等级秩序，其复杂程度是完全当得起"社会"这个词的。就连老鼠也不例外。而事实上，老鼠作为人类最喜爱的实验动物，不但被自然科学家们用以试验药物及生理反应，也被社会科学家们研究出了值得人类借鉴的"社会行为模式"。

默瑞做过一项研究，发现那些未经世事的小孩子只要彼此接触过三四次之后，就会自然而然地在群体里建立一些正式的规则，比如每个孩子应该坐在什么位置，玩具怎么分配，游戏的次序怎么安排（Merei, F., 1949）。这三四次的简单接触，事实上正是一种相当简单而模糊的对"群己权界"的博弈过程，简单的社会规范就是这样简单地建立起来的。

至于对这一现象的解释，以及这个小群体将会怎么发展，怎么扩大，这就退出了心理学的视野而进入社会学的研究领域了。我们可以借助彼得·布劳

---

[1][古希腊]亚里士多德《政治学》，吴寿彭译，商务印书馆，1983：8。
[2][英]洛克《政府论》下篇，叶启芳、瞿菊农译，商务印书馆，1996：59。

（1964）的理论来做出一些推测：在这个小群体初步形成的时候，个人一般都会表现出自己对于群体的价值。既然每个人的能力、偏好、热心程度不同，对群体的贡献自然也不相同，地位分化就开始出现了。而当小群体扩大之后，就会形成复杂的分层系统。这一演进过程，以中国传统学术的语言来说，就是《管子·枢言》所谓的"法出于礼，礼出于俗"。

这里尤其值得我们注意的是——用彼得·布劳的话来说："在一个集体情境中，权力的分化引起了两种不同的活跃的力量：一种是合法化的过程，它们有助于把努力方向一致的个体和群体组织起来；另一种是抵消性的力量，它们否认现存权力的合法性，促进反抗和分裂。在这些力量的影响下，合法组织的范围扩大了，从而把更大的集体都包括进来了。但是，反抗和冲突不断地重新划分着这些集体，并促使它们沿着不同的路线重新组织。"[1]

作为群居动物的人类，自从一降生起就生活在一个分层井然的社会秩序里，不是作为个体，而是作为社会网络中的一个节点而存在的，不独立，不自由，不平等。

这里只有"自由"的概念需要稍加辨析，因为"自由"在哲学的历史上——尤其是政治哲学的历史上——从来都是一个充满歧见的、飘忽不定的神秘字眼。人们常常把五花八门的观念貌似理所当然地归于自由或自由主义的名下，然而事情往往会如阿克顿勋爵在论及法国启蒙运动思想家的时候所讽刺的那样："……所有这些看法却被认为属于自由主义：孟德斯鸠是自由主义者，因为他是一个聪敏的托利党人；伏尔泰是自由主义者，因为他严厉地批判了教士；杜尔哥是自由主义者，因为他是个改革家；卢梭是个自由主义者，因为他是个民主主义者，狄德罗是个自由主义者，因为他是个自由思想家。然而，这些人唯一的共同点是：他们都对自由本身漠然置之。"[2]

---

[1][美]彼得·布劳《社会生活中的交换与权力》，孙非、张黎勤译，华夏出版社，1988：27。

[2][英]阿克顿《法国大革命讲稿》，秋风译，贵州人民出版社，2004：21。

第十章
人的真实与必然的处境：不自由，不独立，不平等

应当正是有鉴于此，哈耶克在《自由宪章》里，才一开篇便用了整整一章的篇幅来给"自由"下定义。简而言之，自由是一种不受他人武断意志的强制的状态。哈耶克颇为明智地补充道："一个生活在人群之中的人，只能希望逐渐接近这种状态，而不能完全达到它。"因此，"一种自由政策尽管不能完全消灭强制及其恶果，但应该尽量将之缩小到最低限度"。[1]或者用石里克的话说："自由是强制的对立面。只要一个人是行动不是被强制的，他就是自由的。"

这的确是一种相当精到的描述，也是一种如此美好的期待，一种值得人们为之努力的方向。但当我们将视线从未来转向过去的时候，不得不承认即便是这种把强制减到最低限度的自由，在人类的自然状态下也是不存在的。也就是说，我们这里所考察的所谓"天赋人权"的种种内涵——独立、自由、平等——都不是人类天然具有的，反而是不独立、不自由、不平等的层级秩序才真的称得上"天赋"。

人类社会的自然状态，就像其他群居动物如猴群、狮群一样，尽管可以是和谐有序的，但必定是井然分层的。其中原则除了如默瑞在1949年以实验所揭示的之外，米歇尔斯在1911年论述的"寡头统治铁律"也向我们道出了任何组织形式的悲哀宿命——少数人终于会凌驾于多数人之上，即使是强烈信奉社会民主原则的社会主义政党也不例外。虽然米歇尔斯的研究对象是近现代

---

[1] [英]哈耶克《自由宪章》，杨玉生等译，中国社会科学出版社，1998，p.29。参见洛克的观点："自由并非像罗伯特·菲尔麦爵士所告诉我们的那样：'各人乐意怎样做就怎样做，高兴怎样生活就怎样生活，而不受任何法律束缚的那种自由。'"（《亚里士多德〈政治论〉述评》，第55页）处在政府之下的人们的自由，应有长期有效的规则作为生活的准绳，这种规则为社会一切成员所共同遵守，并为社会所建立的立法机关所制定。这是在规则未加规定的一切事情上能按照我自己的意志去做的自由，而不受另一人的反复无常的、事前不知道的和武断的意志的支配，如同自然的自由是除了自然法以外不受其他约束那样。"（[英]洛克《政府论》下篇，叶启芳、瞿菊农译，商务印书馆，1996：16）

的社会组织，但若与默瑞的研究结合来看，是很可以说明人类社会的自然状态的。

事实上，米歇尔斯的发现在前贤那里已经被朴素地觉察到了。米歇尔斯在其著作的最后一节引述了卢梭《社会契约论》里边的一段话作为题记："就民主这个词的严格意义而言，真正的民主制从来就不曾有过，而且永远也不会有。多数人统治而少数人被统治，那是违反自然的秩序的。"[1]

自然秩序本身并没有任何道德意义，也就是说，少数人统治多数人，甚至一个人奴役所有人，在自然秩序的层面上讲，既无所谓善，也无所谓恶。一切的道德评价都是我们基于任何"现行的"道德标准所做的衡量的结果。但是，我们有信心坚持自己的正确性吗？——巴厘岛的居民们相信让三位王妃蹈火殉夫是再正确不过的，圣依纳爵·罗耀拉相信无条件地服从上级是基督徒的重要美德……道德准绳是如此的世易时移，以至于我们不由得设想：几百年后的人来看我们今天的坚持，会不会就像今天的我们看19世纪80年代的巴厘岛人一样呢？当我们自以为坚守了良知的时候，我们到底坚守了什么？

「二」

就人类的天性而言，独立、自由、平等的预设统统是站不住脚的。若我们仔细观察的话，就会发现人类事实上同时存在着两种截然相反的追求：一是对独立、自由、平等的追求，一是对被奴役、被主宰和不平等的追求。后者的力量即便不比前者更强，两者至少也是旗鼓相当的。其心理机制上的根源，就是人类对稳定性或确定性的需要以及嫉妒心的作用。

---

[1][德]米歇尔斯《寡头统治铁律：现代民主制度中的政党社会学》，任军锋等译，天津人民出版社，2003：350。

第十章
人的真实与必然的处境：不自由，不独立，不平等

人的天性是喜欢稳定而厌恶改变的。让我们来看这样一个场景：这是一座熙熙攘攘的大厅，看上去像是商家在搞的什么促销活动，主办方正在忙着向人们发放礼品。礼品共有两种，巧克力和马克杯。两者的价值大体相当，随机发放，不许人们挑选。可想而知的是，肯定会有不少偏爱马克杯的人却拿到了巧克力，另一些人则相反。所以，在所有礼品发放结束之后，主办方给了大家一个很贴心的建议：可以随意用手中的礼品去交换另一种礼品。

现在，我们已经了解了整件事情的经过，那么试想一下，会有多少人做了这种交换呢？

很多被问到这个问题的人都会回答说，大约会有一半人交换了礼品。是的，这在概率上也许没错，但事实是，交换了礼品的人还不到10%。

这项活动的"幕后黑手"是几名心理学家，他们用这项实验表达了人们维持现状的动机有多么强大。约翰·哈蒙德等人（J. S. Hammond, R. L. Keeney, H. Raiffa, 1998）把这种心理机制称为"维持现状陷阱"（Status-Quo Trap），并提醒人们注意：一个人面临的选择越多，维持现状的吸引力也就越大。

那么我们接下来试想一下，一个人的手里到底拿的是马克杯还是巧克力，这个"现状"仅仅是几分钟前才随意形成的罢了，其影响力就已经如此之大，如果换作积年累月形成的"观念"，人们又会做出怎样的选择呢？

举一个例子来看：为什么有那么多的人会对历史翻案文章深恶痛绝呢，这些人还总是乐于怀疑文章作者到底是何居心？

一个不通文墨的乡下少年会用真诚而笃定的口吻说："岳飞是我的英雄，我的偶像。"而一名历史学家的说法却很可能是这样的："若现有史料为真，并且基本完善的话，那么岳飞是我的英雄，我的偶像。不过，如果将来有新材料出现，我也可能会相应地修正原先的看法。"——假若现在发起一个投票，问大家在这两个人里喜欢谁、讨厌谁，结果一定毫无悬念。许多人都会讲出如下的理由：岳飞已经是我们民族精神的象征了，是一个激励着一代代人的精神符号，即便真有什么新材料出现，搞这种研究又有什么意义呢，难道要把我们

的英雄一个个地毁掉不成？

但历史学家自有一套理由，他们会说：我们的许多知识并不是得之于事实，而是从一些公认的假设当中推演出来的。可想而知的是，如果哪一天发现了新的材料，推翻或者修正了原来的假设，那么原来的结论自然也会随之修改。所以，历史研究中比较常见的表达方式是这样的："根据某某史料，则……"看上去言之凿凿，但其实这样的表达方式只是一种简化的版本，其完整形式应当是："若某某史料为真，则……"

所以，历史学家的心里装着的往往不是一些确定的知识，具有确定性的只是某种方法论罢了，这就导致他们心里那种不确定性要比普通人更强。但他们可以较好地承受这种不确定性，这是多年来的专业训练的结果，是普通人并不具备的。

但是，若其他条件相同，普通人对幸福的感受必定来得比这位历史学家更强，也更轻易，因为所谓心理陷阱，其实只在少数时候才会对人们的决策产生负面的影响。作为千万年演变下来的"百姓日用而不知"的心理定式，在日常生活中所发生的积极作用肯定要更大一些，那位历史学家其实只是在用理性违逆天性罢了。

儒家的理想圣君周文王有一种特殊的行为模式，即"不识不知，顺帝之则"，不去想、不去懂，完全按照天帝给出的准则办事，因此而深得天帝的赏识。[1]这仿佛是《旧约》义人模式的翻版，只有当一个人陷入严重的惶惑不安的时候，才会晓得这是一种何等值得企慕的心灵高度。

当生活中面临一些重要决策的时候，如何消除不确定性就会变成相当严峻的问题。《左传·桓公十一年》，郧国人驻军蒲骚，准备与四国联军一道攻打楚国，楚国的莫敖（官名，相当于大司马，最高军事长官）为此忧心忡忡。斗廉信心十足地向莫敖献策，但莫敖始终犹豫不决。后来，莫敖见实在说服不了

---

[1]《诗经·大雅·皇矣》。

· 第十章 ·
人的真实与必然的处境：不自由，不独立，不平等

斗廉，便提议举行一次占卜来预测此战的吉凶。大战之前，必先占卜，传统一贯如此，所以莫敖的提议也没有什么可以指摘的，但斗廉很坚决地说："卜以决疑，不疑何卜！"意思是说：占卜是为了解决疑惑，但按照我的策略一定可以打赢，既然如此，我们又何必占卜呢？

商周两代的占卜观念与后世相当不同，认为占卜之所以灵验，不在于占卜方式本身（比如《周易》的演算原理），而是借助占卜媒介（甲骨或蓍草）的灵性来沟通祖先神灵，由能力比我们更强的祖先神灵来揭示我们的未来命运。所以无论是甲骨卜法还是《周易》占筮，其原理和今日一些农村地区跳大神的传统是如出一辙的。《周易》变为一种注重演算模式的占筮方式，这是汉代易学形成的传统，已经在本质上背离了商周古道。

我们看到，这位莫敖就可以算是哈耶克标准之下的一个自由的人，他甚至不是一个自由的普通百姓，权势、地位绝对不容小觑。但即便是这样一个角色，也会面临自由所带来的最大的危害，即在重要选择面前的患得患失、无所适从。唯一能够使他心安的，就是抛下自由人的尊贵身份，做一名谦卑的奴仆，听任祖先神灵安排一切——这也正是宗教的重要意义之一，即在充满不确定性的世界里提供一些人们必不可少的确定性。

知识精英可以选择另外一条道路，譬如正统儒家是以道义来解决不确定性的问题，只要义所当为，就不必顾虑成败，此即董仲舒所谓"正其谊（义）不谋其利，明其道不计其功"。[1]虽然并不反对事功，但认为事功只应当是道义的派生物。[2]所以像莫敖这样的人，虽然担心的是重大的国家利益，却得不到

---

[1]《汉书·董仲舒传》。《春秋繁露·对胶西王越大夫不得为仁第三十二》作"正其道不谋其利，修其理不急其功"。

[2]清儒陈确辨析《大学》之伪，在义理一途上正是以此为出发点的，认为《大学》的修齐治平之道充满功利色彩，是为了平天下而治国，为了治国而齐家，为了齐家而修身，完全不似《孟子》以修身自然而然过渡到平天下。以《大学》对照《孟子》，境界之高下立现。参见[清]陈确《大学辨》，《陈确集》下册，中华书局，1979：555。

正统儒家的尊敬。

如果黑格尔观察到的中国人都是莫敖这一类型的话，那么他的以下这段对中国人的语带讥讽的总结倒也不能说是全无道理："中国人永远畏惧一切，因为一切外在之物对于他们都有意义，都是权力，都可能对他们使用暴力，都可以侵害他们。特别是占卜术在那里广泛流行，每一个地方都有许多人从事于占卜。他们为坟墓寻找合适的位置、定点、看风水，——他们整个一生都专营此道……个人没有任何自己的决定，没有主观自由。"[1]

事实上，黑格尔举证的这个风水传统也是被中国的知识精英们一再批评的。明清之际，刘宗周的著名弟子陈确甚至专门为此著书，说凡是谈论祸福的书都是妖书，其中以葬书为甚；凡是谈论祸福的人都是妖人，其中以葬师为甚。[2]然而，陈确虽然煞费苦心地论证了风水术的虚妄，但问题的关键是，真正能以道义解决不确定性的人实在凤毛麟角，这需要极高的修养才行，普罗大众不可能具备这个素质。[3]

这个道理同样可以用来质问黑格尔。无论如何，黑格尔的上述意见太嫌武断——倒不是说这意见不适合中国人，而是说它其实适合于整个人类。对选择的恐惧，对不确定性的恐惧，是人类与生俱来的心理机制。宗教——如果站在无神论者的立场——不是起源于无知，而是起源于对不确定性的

---

[1] [德]黑格尔《中国的宗教或曰尺度的宗教》，[德]夏瑞春编《德国思想家论中国》，陈爱政等译，江苏人民出版社，1995：109。

[2] [清]陈确《葬书》，《陈确集》下册，中华书局，1979：489。

[3] 这正如针对现代社会里宗教信仰普遍缺失的状况，雅斯贝尔斯提出哲学是人的唯一的避难所，人们可以在此寻找非宗教的信仰。假如雅斯贝尔斯的这个意见当真成立的话，那么人们所依赖的哲学也必然不会是传统意义上的哲学，而是打着"人生哲学"旗号的各式各样的心灵鸡汤。

第十章
人的真实与必然的处境：不自由，不独立，不平等

恐慌。[1]

然而也有极少数人相信，宗教也是会给人带来不确定性的。是的，如果神总是超越自然法则来干涉我们的世界，难道不正是这样吗；人们怕死，部分地是出于对死后世界究竟是好是坏的忐忑不安，难道不也是这样吗？——这是古希腊哲学家伊壁鸠鲁的观点，所以伊壁鸠鲁虽然信神，却同样相信神并不干涉我们的生活；他相信灵魂会随着肉身的死亡而朽灭，如此一来，则死后的世界也就是为我们所确知的了。

显而易见，伊壁鸠鲁的论调不可能流行起来，论证是否足够严密从来不是问题的关键，人们只是需要更加赏心悦目的理论罢了。

一般而言，人类有两种途径来缓解这种由不确定性带来的恐慌，除了宗教之外，还有信念——这两者的区别远比一般人们想象的为大：宗教在社会功能上的最本质的意义是通过特定的仪式行为来提高群体凝聚力，即把个体更好地融入集体之中，这是涂尔干在《宗教生活的基本形式》一书中提出

---

[1] 这个说法与涂尔干宗教研究的著名结论并不像看上去的那样构成冲突。涂尔干提出："人们往往认为，之所以会产生最初的宗教概念，是因为人们在与世界发生接触时，被虚弱、无助的感觉和恐惧、苦难的感觉牢牢地攫住了。作为他们自己制造的梦魇的牺牲品，人们相信自己被怀有敌意、令人敬畏的力量包围着，他们的仪式就是要努力安抚这些力量。但现在我们已经表明，宗教的最初起源根本不是这么一回事。'世界上的神最初源于恐惧'这个著名说法没有任何事实根据。原始人并没有把他的神视为陌生人、敌人或者是必须不惜任何代价让它满意的名副其实的恶毒的东西。恰恰相反，诸神是朋友，是亲戚，是他天然的保护者……可怕而褊狭的神是在宗教发展的过程中慢慢出现的。"（[法]涂尔干《宗教生活的基本形式》，渠东、汲喆译，上海人民出版社，1999：294-295）在我看来，人们对不确定性的恐惧并不等同于"相信自己被怀有敌意、令人敬畏的力量包围着"，而另一方面，原始人在为事物寻找因果关系的过程中很容易形成各式各样的迷信——对此，斯金纳所做的动物实验可以作为佐证（Skinner, B. F., 1948），参见本书第七章第三节。

的卓越洞见；至于信念，我以为弗洛姆的分析是最为精到的："'信念'这一术语如同它在《旧约》中的用法——Emunah——一样表示着'坚定性'的意思，因而表示着一种人的经验的确定性质、一种品格特性，而不是表示一种对某物的信仰内容。"[1]也就是说，宗教是社会性的，信念是个体性的。

　　人们虽然常会混淆这两种途径，但总是或多或少地认识到它们对于缓解不确定性恐慌的重要意义。有着"刚强不屈的正统信仰"的第美亚——这是休谟在《自然宗教对话录》里所塑造的一个角色——这样说道："生活中即使是最好的景况也是如此的懊恼和烦厌，所以未来始终是所有我们的希望和畏惧的对象。我们不息地向前瞻望，又用祈祷、礼拜和牺牲，为求解那些我们由经验得知的，足以磨折和压迫我们的不知的力量。我们是多么可怜的生物啊！假如宗教不提出些赎罪的方法，并且平复那些不息的刺激和磨难我们的恐怖，那么在这人生的数不清的灾难之中，我们有什么办法呢？"[2]

　　所以古希腊哲人梭伦劝告志得意满的克洛伊索斯国王，说一个人是否幸福只能盖棺论定，因为还在活着的时候，谁也无法逆料未来的命运。后来克洛伊索斯果然迎来了意想不到的噩运，做了波斯国王居鲁士的俘虏。他在临行之时想起了梭伦的话，不由念叨起梭伦的名字，居鲁士问明缘由，赞赏梭伦的警告，饶恕了克洛伊索斯。[3]

　　古希腊的哲人们并不乏这种洞见，戏剧家欧里庇得斯在《特洛伊妇女》一剧里着力刻画了特洛伊老王后赫卡柏的心理活动——在特洛伊沦陷

---

[1][美]弗洛姆《自为的人》，万俊人译，国际文化出版公司，1988：175。

[2][英]休谟《自然宗教对话录》，陈修斋、曹棉之译，商务印书馆，1989：62。

[3][法]蒙田《蒙田随笔全集》上册，潘丽珍等译，译林出版社，1996：84。[古希腊]希罗多德《历史》上册，王以铸译，商务印书馆，1997：13-16。

第十章
人的真实与必然的处境：不自由，不独立，不平等

之后，王室女眷沦为胜利者的奴隶，就连赫卡柏也没有摆脱这样的悲惨命运，于是她哀哭着说："当一个有福的人还没有死的时候，切不要说他是幸福的。"[1]

命运是如此诡谲难料，死亡与灾祸的阴影永远犹如坦塔罗斯头顶上的那块摇摇欲坠的岩石——在希腊神话里，坦塔罗斯是吕底亚的一位国王，因为把儿子剁碎祭神而触怒了宙斯，被罚永世活在一块岩石之下，岩石随时都像要落下来把他压死的样子——这真是对无常命运的最贴切的比喻。贺拉斯的诗句说道："危险时刻存在，凡人防不胜防。"如果我们能够对未来的危险有相当程度的预见，那么我们的忐忑之情一定会舒缓不少。

公元4世纪的罗马皇帝尤里安应当是一个比较适宜的例子：他笃信占卜，临死之时，"特别对神祇表达了他的感激之情，感谢他们没想对他突然袭击，而是早就告诉了他死的地点和时间"。他是在战场上受箭伤而死的，年仅31岁。[2]

所以，对于一般人来说，不求神问卜通常只有一个前提，即现实生活具有了足够的确定性——《左传·昭公二十年》记载了晏子劝谏齐景公的一番话，其中谈到晋国的名臣士会，"其家事无猜，其祝史不祈"，家里没有猜疑不定的事情，负责占卜、祈祷的家臣不向鬼神祈求什么。当然，这只是凤毛麟角的榜样式人物，对于绝大多数的普通人来说，即便有莫敖那样的地位，在面临巨大的不确定性的时候，还是难免会陷入焦虑不安、无所适从的境地。

是的，现实生活的确定性往往是很不稳固的。提出"境遇伦理学"的弗莱彻一直反对着压缩人们自由空间的律法主义，但他也发现所谓"压缩自由"

---

[1]这部戏剧表面上写的是希腊联军对特洛伊的战争，实际影射的是本书第九章所提及的雅典对弥罗斯的侵略，欧里庇得斯似乎试图以此剧引起希腊人对侵略战争的反思。

[2][法]蒙田《蒙田随笔全集》中册，潘丽珍等译，译林出版社，1996：377-379。

对于许多人而言并不是一个缺点:"我们由此想起了陀思妥耶夫斯基的小说《卡拉马佐夫兄弟》中宗教法庭庭长的传说。传说讲的是自由的可怕负担。基督回到人间,西班牙宗教法庭庭长从观看宗教队伍的人群中认出了他,当即逮捕了他。深夜,庭长暗访了基督,窘迫地解释说,大多数人不想要自由,他们要的是安全。庭长说,倘若你真爱世人,那就使他们幸福,而不是让他们自由。坦率地说,自由是危险的。他们要律法而不要责任;他们要规则带来的神经安逸,而不要做决断的精神开放的地位。他们宁要绝对而不要相对。他说,基督断不可回来重操旧业,宣扬什么自由、恩典、义务、责任。一切听其自然,一切听凭教会(律法)处理。请他走开吧。"弗莱彻的口气似乎有点失落:"从心理学上说,这位庭长的托词是适合于多数人的,但也有许多人不是这样。"[1]

另一方面,神学家米尔恰·伊利亚德在各种原始信仰之中发现了确定性与虔信之间的反比关系,并且,"这种现象并不仅仅只在原始人中间才发生。每当古希伯来人度过了一段和平与繁荣的时光后,他们就会把耶和华遗弃,而转向他们邻邦的民族神,即转向巴力神(Baals)和亚斯他录神(Astartes)。只有历史上的灾难才迫使古希伯来人不得不重新回归耶和华神。于是,'他们就呼求耶和华说:我们离弃耶和华,侍奉巴力和亚斯他录,是有罪了。现在求你救我们脱离仇敌的手,我们必侍奉你'"。

巴力和亚斯他录等等神祇是那种"锦上添花型"的神祇,他们是生育之神、财富之神、生命完善之神,当一个民族处于危急存亡之秋,这些神祇的重要性也就自然降低了。所以当我们看到宗教宽容精神正在今日世界成为主流思潮的时候,该当知道这种现象在历史上是一再上演过的,而一旦现实社会的形势窘迫,宗教的"不宽容"便大有卷土重来的可能。

看着人类如此这般地反复无常,如果神(无论是耶和华还是巴力和亚斯他

---

[1][美]约瑟夫·弗莱彻《境遇伦理学》,程立显译,中国社会科学出版社,1989:65。

第十章
人的真实与必然的处境：不自由，不独立，不平等

录）具有和我们一样的感情，难免会为此感到伤心乃至愤怒。"希伯来人在遭遇到历史的灾难和在历史所注定的毁灭的威胁下，他们才会转向耶和华神，同样的，原始人只是为了提防宇宙的灾难才会记住他们的上帝。"[1]

詹姆斯·乔伊斯的小说《伊芙琳》把人的这种情绪描绘得惟妙惟肖：伊芙琳是都柏林的一名普通少女，她生活中的一切都是乏味、沉闷、令人厌倦的，她要维持拮据的家庭生计，忍受仇人一般的父亲，回忆过世的母亲的悲惨一生。如果没有水手弗兰克带来的突如其来的爱情，伊芙琳的生命恐怕不等盛开就要在那个逼仄的生活空间中彻底地霉烂掉了。

她要跟弗兰克走，登上弗兰克的船，驶向大海，驶向大海那边的布宜诺斯艾利斯，"她为什么就该没有幸福？她有权获得幸福。弗兰克会用双臂接住她，用双臂抱住她。他会救她"。但是，在临上船的那一刻，"不！不！不！这不行。她的双手疯狂地抠住铁栏杆。在海水中她发出一声惨叫！……他冲过了栅栏，叫她跟上去。人家冲他吆喝，要他上船，可他却还朝她喊着。她苍白的面孔定定地对着他，满面无奈，像一只无助的动物。她看着他的目光中，没有爱的迹象，没有告别的迹象，也没有相识的迹象"。[2]

伊芙琳在最后关头还是选择了留下，留在她所厌倦甚至痛恨的生活里。大约就在这篇小说刚刚在爱尔兰发表的时候，乔伊斯带着女友诺拉，和伊芙琳一般年纪的诺拉，决定一起出走，离开祖国，到欧洲大陆去。这是乔伊斯漫长的自我流放生涯的开始。但现实生活的芸芸众生无力追慕创作了伊芙琳的那位实实在在的作家本人，而是或多或少地重复着伊芙琳的虚幻而

---

[1] [罗马尼亚]米尔恰·伊利亚德《神圣与世俗》，王建光译，华夏出版社，2002：69。

[2] [爱尔兰]詹姆斯·乔伊斯《伊芙琳》，《都柏林人，一个青年艺术家的肖像》，徐晓雯译，译林出版社，2003：28-32。

怯懦的道路。[1]

「三」

这样的决策困难不止发生在卑微困顿的伊芙琳身上，也不止发生在位高权重的莫敖身上，就连清心寡欲的修行者也会遇到。藏传佛教有一部经典，叫作《柱间史》，传说是阿底峡尊者在拉萨大昭寺一根柱子的顶端发现的伏藏，内容为松赞干布亲笔所撰。书中就藏人的起源讲了一个猕猴禅师的故事，大意是说，罗刹之境的楞伽城里，十颈罗刹王与罗跋那天王同时爱上了一位美丽的仙女，两人因此失和，掀起了一场巨斗。在这场争斗当中，观音菩萨的一名弟子大力猴陷入了不知何去何从的窘境，便逃回了普陀山。观音问他是否愿意去北方的雪域高原继续修炼，在得到同意之后，便授他以居士之戒，传他以博大精深的佛法，以神通力使他转眼之间便到了喜马拉雅的高山之上。从此，这位大力猴便成了雪域中赫赫有名的猕猴禅师。

修行者从来都要抵御各种各样的诱惑，猕猴禅师也不例外。这一天，当猕

---

[1] 美国社会学家霍弗对群众运动的研究可以在一定程度上解释伊芙琳的心态："不是所有穷人都是失意者。有些身陷城市贫民窟的穷人会对自身的处境安之若素。劝他们离开他们所熟悉的泥淖，他们会怕得发抖。哪怕是有骨气的穷人，要是他们陷入贫困已经有一段比较长的时间，一样会不思改变。他们相信事物的秩序是永远不变的，对现状又敬又畏。除非来了一场灾难——战火、瘟疫或集体的危机——他们才会明白所谓'永恒秩序'的易逝不居。会被失意感刺痛的穷人，一般都是新近才陷入贫困的，即所谓的'新穷人'。美好生活的记忆像火焰般在他们血管里燃烧。他们是失去继承权和遭剥夺的人，每有群众运动出现，就会忙不迭振臂相迎。"（[美]埃里克·霍弗《狂热分子》，梁永安译，广西师范大学出版社，2008：46）

第十章
人的真实与必然的处境：不自由，不独立，不平等

猴禅师正在坐禅入定的时候，一名罗刹女打扮的雌猴跑到他的面前，一会儿扬土捣乱，一会儿温存妩媚，极尽诱惑之能事，如是者七天七夜。

到了第八天，雌猴央求猕猴禅师与自己成婚，见他始终不为所动，便威胁道："你要是不答应我，我也觉得没有生趣了，只好自杀，从此永堕恶途。"

这可让猕猴禅师为难了：要是答应了她，与她成婚，势必违背戒律；若是不答应她，岂不是眼睁睁断送了她的性命？猕猴禅师左思右想，只觉得进退维谷，实在想不出"不负如来不负卿"的双全之法。

这个难题终于得到了解决：正如莫敖准备以占卜的方式请祖先神灵拿主意，猕猴禅师施展神通术，回到普陀山请观音菩萨定夺。观音菩萨准许了这门婚事，还当即给了猕猴禅师三样奖赏：一是五谷的种子，二是为雪域的宝藏开采作了加持，三是认其后代为佛的嫡系子孙。

从社会学的意义上看，观音菩萨的存在意义就是给猕猴禅师提供了生活的确定性，为他免除了重要抉择所必然带来的难以承受的责任压力。会令弗洛姆以及存在主义者们摇头叹息的是，在那个抉择的当口，猕猴禅师很可能并不愿意做一个"自由的人"。他越是"被迫"遵从观音菩萨的命令，就越是容易卸下心头的重担。

猕猴禅师的心灵问题是一种典型的现代病，弗洛姆为猕猴禅师这样的人划出过两条道路：一是通过爱与劳动把自己和世界联系起来，在保持积极自由的前提下实现自己、自然与他人的融合；二是放弃自由，恢复与世界的统一性（即人与世界的"原始关系"）来克服孤独无助的感觉。不难想见，弗洛姆本人是主张第一条道路的，并认为第二条道路对于已经"获得自由"的现代人来说已经不再可能。[1]

过于浓郁的理想主义色彩使弗洛姆不曾看到，所谓不再可能的道路事实上是广泛存在的。譬如今天有很多上了一些年纪且一辈子在城市生活的国人特别

---

[1] [美]弗洛姆《逃避自由》，刘林海译，国际文化出版公司，2002：20–21。

怀念计划经济时代的社会秩序，那个时候尽管物质匮乏，但人们生活得相当安稳，从毕业后的工作分配到工作后的住房分配，乃至婚姻大事，一切都由组织安排，生活的不确定性被减少到了最低限度，自我免责的水平由是而发展到了一个相当的高度。

对于当时的绝大多数人来说，这是一种相当令人满意的生存处境，是一种相当体现社会优越性的社会秩序。[1]经常是仅仅在外人或个别特立独行的人看来，这才算不得一种可欲的生活方式。[2]所以常有学者说，西方有自由民主的传统，而中国人就是喜欢父家长制，并且久已习惯于父家长制，所以不可照搬西方观念。

这话似乎甚有道理，何况事实上西方也曾有过同样的观念，其两千多年历史中几乎所有的乌托邦或多或少都是父家长制的，充斥着数学一般的计划性、不留情面的文艺审查制度和基于优生学的婚姻法。那些乌托邦的设计者无不怀着理想主义的激情，以至于种种在今天看来泯灭人性、扼杀自由的设计意图非

---

[1]可资参照的是古希腊的一些解放奴隶的法令，如哈耶克谈道："已经发现的一些解放奴隶的法令能使我们领悟到其中的基本要点。一般而言，实现自由应该具备四项权利，而那些释奴令给予前奴隶的权利也是四项：第一，'一个受保护的社会成员的法律地位'；第二，'免于随意的逮捕'；第三，'自行选择工作的权利'；第四，'自行选择迁徙的权利'。这已经包括了18—19世纪公认的自由的基本条件，其中未提私有财产权，这是因为当时的奴隶已经能够拥有自己的财产。"（[英]哈耶克《自由宪章》，杨玉生等译，中国社会科学出版社，1998：41）

[2]在自由主义者看来，全盘的计划经济也算是一种强制状态。因为，"在一个完全社会化的国家里，存在着对就业的全面垄断，国家作为唯一的雇主以及一切生产资料的所有者，拥有不受约束的权力。列·托洛茨基最终揭示了这一事实，他写道：在一个国家是唯一雇主的国度中，反抗便意味着会慢慢被饿死，'不劳动者不得食'这一古老的法则已为一条新的法则所代替：'不顺从者不得食'"。（[英]哈耶克《自由宪章》，杨玉生等译，中国社会科学出版社，1988：195）

第十章
人的真实与必然的处境：不自由，不独立，不平等

但看上去一点都不骇人，反而极具魅惑。

即便有些骇人也没有什么不对，因为——譬如远在民主制度的发源地，古代希腊，赫拉克利特就相信芸芸众生其实看不清自己真实利益之所在，正如驴子宁要草料而不要黄金，所以，唯有强力才能迫使人类为自己的利益而行动，正如每种牲畜都是被鞭子赶到牧场上去的那样。

赫拉克利特之所以说得如此决绝，除了天性刻薄之外，很可能也是出于一种激愤——他亲眼看到为自己家邦谋福利的改革家赫尔谟多罗，这个"最优秀的人"，在民主运动中惨遭放逐。假如赫拉克利特有权确定城邦制度的话，他很可能会让赫尔谟多罗像一位全权的父家长一样统治整个城邦，替每一个人判断利弊、规划生活。

父家长制确乎存在着某种令人难以抗拒的魅力，可以给人以最大限度的心理依靠。既然今天的人们久已放弃了孔德、斯宾塞或马克思所描绘的社会发展阶段图式[1]，那么强调各种文化传统的独特性及其可能出现的迥然不同的发展

---

[1] 今天的主流看法是哈耶克或奥克肖特式的，譬如哈耶克这样谈道："当我们在与个人努力或有组织的尝试关联中来谈论进步时，它是指朝向一个已知目标前进。然而，在这个意义上并不能把社会发展叫作进步，因为社会发展并不是通过人类理智运用已知的方法去追求一个确定的目标而实现的。若将进步看作人类理智形成和修正的过程，或者看作已知的可能性与我们的价值观和愿望皆在不断变化的学习与适应的过程，可能更恰当一些。既然进步含有对未知之物的发现，所以它的结果必定是不可预知的。进步总是引导我们迈向未知世界，所以我们最多只能对产生进步的那些力量有某种了解。诚然，如果我们想为进步创造一些有利的条件，就必须对这个积累发展之过程的特点有总的了解，但这也并不能给我们提供使人们能够进行明确预言的知识。凡宣称能从这种了解之中得出我们必须遵循的演化规律的见解都是荒唐可笑的。人类的理智既不能预知未来，也不能着意塑造未来。它的进步表现在不断地发现错误。"（[英]哈耶克《自由宪章》，杨玉生等译，中国社会科学出版社，1998：66-67）

轨迹似乎就是合情合理的了。只是，我们这种"文化传统"和单纯的文教水平并没有直接联系，而这正是一个常常引起人们误解的地方。我们可以参照19世纪的英国，其国民教育水平远较今日的中国为低。当时的英国只有牛津和剑桥这两所大学，每年的招生人数仅在1000人左右，基础教育也一直没有成为义务教育。这种情形会令人想起罗素论及18世纪"君子政治"观念的瓦解，说原因之一就是"群众的教育给了人们以阅读和写字的能力，但并没有给他们以文化；这就使得新型的煽动者能够进行新型的宣传，就像我们在独裁制的国家里所看到的那样"。[1]

或许可以由此推论的是，从消极的一面来看，对于一切未臻成熟阶段的民族，专制政府是一种正当的统治形式——这是穆勒的意见，显然他不把自己理想中的自由主义原则当作一种普世性的原则。[2]所以，穆勒才会支持殖民主义，支持英国人对东方民族的统治。[3]看来殖民主义与民族主义虽然看上去处于对立的两极，实则观念的根源却大有共通之处。

从积极的一面来看，在道德意义上，父家长制未必尽如自由主义者所见的那般卑劣。君长爱民如子固然很有温情脉脉的一面，人民尊君长为父也并非一定就对不起膝盖和脊梁。宋儒李觏曾把君主、官吏和百姓的关系比作父母、保姆和子女的关系[4]，假定这一类比不曾有任何失实的话，那么敬爱并服从于保姆与父母在人格上的确不失尊严。除非像清人唐甄那样认识到君主也是和我们一样的人，没理由高高在上，所以政治上应该"抑尊"，经济上应该

---

[1][英]罗素《西方哲学史》上册，何兆武、李约瑟译，商务印书馆，1982：251。

[2]John Stuart Mill, *On Liberty and The Subjection of Women*, Penguin Books, 2006: 16–17.

[3]Hugh S. R. Elliot, *The Letters of John Stuart Mill*, V2, Longmans, 1910: 363.

[4][宋]李觏《安民策第七》，《李觏集》卷18，第177页。

第十章
人的真实与必然的处境：不自由，不独立，不平等

"均平"。[1]

可资参照的是，新渡户稻造在1899年撰述《武士道》一书，提出专制政治和父权政治是有区别的："在前者的情况下，人民只是勉勉强强服从，反之，在后者的情况下，则是'带着自豪的归顺，保持着尊严的顺从，在隶服中也是满心怀着高度自由的精神的服从'。"[2]

倘若让西方学者来看，譬如弗洛姆，很可能会把这种情形定性为权力主义伦理学，进而加以或多或少的贬损。[3]但必须承认的是，服从确实可以无妨于自豪和尊严——对宗教有基本常识的人都不会否认这点。

而从可行性的角度来看，新渡户稻造理想中的父权政治也并非只能沦为供人缅怀的历史陈迹，因为以当代的技术条件和政治智慧，国家机器在宣传、监察和暴力上所能达到的高度已经远非古代帝王所能想象。孟子所谓的"不仁而得国者，有之矣；不仁而得天下者，未之有也"[4]，只是在当时的生产力和技术水平上才能成立的。他不可能想到，暴虐的专制完全可以伪装成温情脉脉的父权。这样的父权政治，在局内人看来，依然无损于其自豪和尊严，这未必不

---

[1] [清]唐甄《潜书·抑尊》，续修四库全书第九四五册，影印湖北省图书馆藏清康熙王闻远刻本。

[2] [日]新渡户稻造《武士道》，张俊彦译，商务印书馆，1993：30。

[3] 弗洛姆认为："从形式上来说，权力主义伦理学否认人认识善恶的能力；规范的制订者总是一种超越个体的权力。这样一种体系不是建立在理性和知识的基础之上，而是建立在对权力的敬畏和主体的软弱与依赖性感情的基础之上；对权力放弃做出决定是源于权力的富于魅力的力量；人们不能，而且注定不能对权力的决定提出质疑。从物质上说，或者说根据内容而言，权力主义伦理学首先是按照对权力的利益，而不是按照主体的利益来回答什么是善或什么是恶的，尽管主体也可能从权力中得到可观的精神上或物质上的好处，但这种权力是剥削性的。"（[美]弗洛姆《自为的人》，万俊人译，国际文化出版公司，1988：8）

[4]《孟子·尽心下》。

是一幅更加值得期待的社会蓝图。[1]

1999年，中国社会科学出版社出版了哈耶克的名著《自由宪章》，作为主要译者的杨玉生先生撰写序言，一开篇就这样提醒读者："目前，中国社会生活的各个方面都正在与世界'接轨'。但是，社会构成中的'软件'部分——即思想文化，却没有也永远不可能谈什么'接轨'的问题……"[2]

---

[1]哈耶克对未来技术发展的忧虑纵使有几分杞人忧天的成分，至少也是值得参考的："我们说不定只是刚踏进一个时代的门槛，在这个时代当中，对他人心灵施加控制的技术可能性很可能会迅速增加，一些对个人的个性起作用的权力刚开头时可能看来是无害的，或是有益的，这些权力将受政府支配。对人类自由的最大的一些威胁，大概还在将来。很可能在不久将来的一天，当局会能够通过对我们的自来水增添上适当的药物或是通过别的某种类似的办法，来为了自己的目的，使全体居民的心情或则喜气洋洋或则垂头丧气，或者兴奋激昂或则麻痹瘫痪。"（[英]哈耶克《自由宪章》，杨玉生等译，中国社会科学出版社，1998：343-344）

[2]这个意见可谓相当有的放矢，因为就在该书的正文里，哈耶克这样谈道："我们文明的成就已经成为世界上其他地区人民向往和羡慕的对象，这个反映我们现实地位的新事实迫使我们不断前进。且不说站在某种更高的角度看，我们的文明是否真的就好一些，但我们必须承认只要人们一获悉我们文明的物质成就，便都会去孜孜以求。这些人可能不愿吸收我们的整个文明，但他们必定想从中挑选某些适合于他们的东西。即使在不同的文明仍然存在并支配着大多数人的生活的地方，领导地位却几乎总是落在那些吸取西方之知识和技术最为深入的人手中，对于这个事实，我们可能感到遗憾，但绝对不应忽视。"对此，哈耶克在注释里引述了克拉克《罕萨：喜马拉雅山消失的王国》的一段内容："与西方的接触，不管是直接的，还是间接的，已经波及居住边远的游牧人和最偏僻的山村，有超过10亿之多的人知道，我们比他们拥有更幸福的生活，从事更有趣的工作，并在身体上享受着更大的舒适。他们自己的文化没有给他们提供这些，但他们决心也拥有这些，绝大多数亚洲人都希望在尽可能不改变自己风俗习惯的前提下，获得我们所拥有的这些好处。"（[英]哈耶克《自由宪章》，杨玉生等译，中国社会科学出版社，1998：78-79）

第十章
人的真实与必然的处境：不自由，不独立，不平等

这个意见或许也可以被巴厘岛人殉事件的当事人们援以为据——是的，文化相对主义总是暗含着道德相对主义，这也正是中国古代两千年来斟酌未决的一个两难问题。同样是儒家经典，《春秋》规范出"万世大法"，《易经》阐发出"穷则变，变则通"的道理。董仲舒为此做出过大胆的调和之论：一方面"天不变，道亦不变"[1]，而另一方面"天下无二道，故圣人异治同理也"[2]。西方世界也有相应的道德直觉主义，譬如17世纪的学者库德华兹提出，道德原则就像几何定理一样，亘古恒存于宇宙之中。

无论存在着多少的龃龉和争议，至少人们更愿意相信"道"是永恒不变的；非认识主义的伦理立场——即认为道德问题不是事实问题，而是态度问题[3]——尽管在学术上可能是正确的，但绝对不会是普罗大众所喜闻乐见的。那么，在单纯心灵的想象中，永恒不变的"道"当然不应该仅仅是一种地方性知识，而是放之四海而皆准的真理。对于今人而言，由此可以想到的是，作为一切伦理与政治哲学之根底的基本人性应当是普世共通的，文化则属于地方性知识。[4]那么，人性基础和文化基础，哪一个才是最基层的根底呢？

---

[1]《汉书·董仲舒传》。

[2][汉]董仲舒《春秋繁露·楚庄王》。

[3]如查尔斯·斯蒂文森认为，伦理学的本质特征就是人们在态度上的一致和分歧。（Charles Stevenson, *Ethics and Language*, Yale University, 1944：17）

[4]19世纪的人类学家巴斯蒂安多次周游全球，他于自己的游历，愈发坚信凡所遇见的人类在根本上都是同一的，进而提出了"原始观念"和"民族思想"的区分，前者意指人类共同的心理机制，后者意指地方性的风俗习惯所培育出的思想观念。这并非什么新奇的见解，不过是"性相近，习相远"的西方式表达而已，但巴斯蒂安的结论建立在全球范围内大量的实地考察的基础上，不再是直觉性的见地了。

「四」

　　这应该是一个不难回答的问题，所以我们必须考虑这样一个基本事项：同样作为人类的成员，东方人与西方人在心理机制上并无二致。那么，我们对父家长制有一种由衷的向往，西方人其实也存在同样的向往，只是表现形式不同罢了。

　　道理一望可知，因为他们也会面对同样的不确定性的问题。东西方的差异只是层级观念的差异，一个是在上帝面前人人独立、自由、平等，一个是在父家长面前人人独立、自由、平等。上帝当然不会出错，所以是完全值得信赖的，而在几十年前的国人观念里，党组织也是不会出错的，也是完全值得信赖的。亚伯拉罕甘愿以独生子祭祀上帝，我们的同胞甘愿为了组织而检举、批斗父母妻儿，这在今天尽管可以有神学、哲学、道德、时代观念上的各种评判意见，但从心理机制来说，两者并无二致。这种心理机制是人类天然的、固有的，因而也是不可忽略的。

　　那么，在我们构思或审视任何正义理论的所有预设之前，必须首先确定这样一个预设，即适用这一理论的共同体的边界究竟何在。也就是说，这个共同体是包括了所有的人类，还是仅包括本国的合法公民，还是把猩猩或其他什么动物也纳入其中，抑或把上帝或父家长排除在外？这就像我们在应用"己所不欲，勿施于人"这条"黄金规则"之前所必须面对的那个前提一样。譬如从《旧约》来看，我们完全得不出"在上帝面前人人平等"的概念，以色列人作为上帝的选民显然和外邦人并不平等，上帝帮助以色列人东征西讨，攻城略地，把许多外邦人的城市无论男女老幼屠戮殆尽。

　　回顾色拉叙马霍斯的意见，我们发现完全无法在"事实上"反驳"正义就是强者的利益"，但这也就意味着，弱者如果想获得强者的利益，就必须使自

第十章
人的真实与必然的处境：不自由，不独立，不平等

己变成强者，和先前的强者成为身份对等的人，在身份的对等之下追求公平，以对等的身份和独立、自由的地位为资本去进行博弈，并以对等的身份（也只能以对等的身份）赢得他人的同情。独立、自由、平等不是人性的预设，不应该成为任何正义理论的预设，反而是正义理论应当追求的目标。

这才是问题最难解的地方，因为对人类的生活而言，如果正义是一种"作为公平的正义"，那么公平本身并不是人类生活所要追求的终极目标——生活的幸福感才是终极目标，公平被认为是达到这一目标的必要手段，正如独立、自由、平等被认为是达到这一目标的必要手段一样。然而这些手段必然会带来一些人们很不想要的东西，譬如为选择承担责任或根本无力选择，以及无所适从之感、生活的不确定性的加剧、缺乏终极的心理依归，等等。换句话说，人类天然就是带有奴性的，在心底深处总是敏感而脆弱的，对公平的追求因此而难于一以贯之。

从这层意义上讲，即便对公平的度量完全可以借助精确的数学运算，普遍的公平恐怕也不是一件可欲的事情。事实上，人们从来都只是在一个模糊而狭窄的界限内追求各自的"适度的公平"。

· 第十一章 ·

伟大的嫉妒心

"平等"的出处一点都不高贵,似乎完全体现不出人作为人的道德尊严,所以霍尔姆斯才说"我一点也不敬重追求平等的热情,在我看来,它似乎只是将妒忌理想化而已"。

「一」

有这样两段意义截然相反的诗句，参照来读别有一番趣味。一是卢克莱修的《物性论》："当狂风在茫茫大海上掀起波涛，在陆地上看别人受颠簸多么美妙。"一是斯威夫特颇带戏谑的《咏斯威夫特教长之死》："如果你有个最好的朋友，他参加了一场战斗，杀灭了强敌，缴获了战利，立下了丰功伟绩，与其让他就此爬到上边，你会不会盼望他失去桂冠。"

卢克莱修的诗句表达了一种幸灾乐祸的心态，那么，别人的不幸为什么会给我们带来快感呢？——这是一个古老的美学问题，据卢克莱修自己解释，这不是因为我们真的对别人的不幸感到快乐，而是因为我们庆幸自己逃脱了类似的灾难。但也有另外的解释，是将这种快感归结于我们从远古的祖先那里继承过来的嗜血和残忍的欲望——法国学者法格对此有一段著名的议论，说人只是稍稍有些变化的"野蛮的大猩猩"的后代，淫猥的大猩猩爱看喜剧，野蛮的大猩猩爱看悲剧。

美学家们一直对这个问题争议不休，但无论如何，人类这种幸灾乐祸的心态不管被怎样解释，总归是一种普遍的客观实在，我们就是喜欢看别人倒霉。如果偏偏别人过得比我们好，那么斯威夫特的诗句就开始熠熠发光了：我们会嫉妒他们，巴望他们倒霉，越早越好。

「二」

从哲学角度来看，《鲁滨孙漂流记》实在是一部耐人寻味的小说。如果要问，它究竟给了人们怎样的哲学启发，现代读者很容易会赞同书中所传达的"知足常乐"这一经典的心灵鸡汤式的"人生感悟"。

这并不奇怪，我们的大众文化一向都喜欢把任何思想形式尽力向着"知足常乐"的方向理解，无论是西方文学、国学经典，还是佛教义理、基督教神学，都在不遗余力地造就着千人一面的效果。在这个贫富差距不断挑战着人们心理极限的时代，出现这种现象倒也顺理成章。所以，《鲁滨孙漂流记》会被人们如此解读，这当然一点都不奇怪。以下举出的例子是周国平的一段解读：

在远离世界并且毫无返回希望的情形下，鲁滨孙发现自己看世界的眼光完全变了。他的眼光的变化，我认为最有价值的是两点。一是对财富的看法。由于他碰巧落在一个物产丰富的岛上，加上他的勤勉，他称得上很富有了。可是他发现，财富再多，他所能享受的也只是自己能够使用的部分，而这个部分是非常有限的，其余多出的部分对他没有任何实际价值。由此他意识到，世人的贪婪乃是出于虚荣，而非出于真实的需要。[1]

毫无疑问的是，如果我们也落在鲁滨孙的处境，那么虚荣也会被我们不假思索地弃置不顾。这时候如果还需要手表的话，那么可以想见的是，限量版劳力士对男士的吸引力并不大于一块普通的电子手表，至于女士，她们或许会觉得LV的新包并不如一只藤条编织的普通篮子。此外，我们的行住坐卧也渐渐不加检点，因为没有人会看到我们的透露着优良教养的彬彬仪态；如果岛上

---

[1]周国平《各自的朝圣路》，北岳文艺出版社，2004：121。

有丰富的美食，那么谁也不会为了保持身材而辛苦减肥。也就是说，无论任何人，只要过着孤岛独居的生活，那么很自然地就会或多或少地产生鲁滨孙的那种"人生感悟"（之所以不会完全如此，是因为我们还要考虑第九章讲到的那个因素，即这样一种生物性：在能力范围内尽可能多地储存资源以备不时之需）。

但是，一旦我们坚持把《鲁滨孙漂流记》读完，就会在结尾的地方读到鲁滨孙返回文明世界之后的生活，然后就会惊叹他的"非常有限的""只是自己能够使用的部分"的财产其实有多么惊人——重要的是，此时的鲁滨孙才是哲学意义上的一个真实的人，一个"社会成员"。

在社会生活当中，一颗无甚实用价值的钻石为何可以价值连城，这是孤岛上离群索居的人永远也无法理解的。在社会生活中，出于虚荣的需要就是一种"真实的需要"，不可辩驳地。

每个人都有足够的经验知道，出于虚荣的需要往往比出于维持基本生活的需要远来得强烈，这是嫉妒心使然。文人们常常形容嫉妒心"在燃烧"，这是一种很形象、也很贴切的修辞。

嫉妒心的作用有时会受到忽视，罗尔斯的《正义论》就是如此。在他对正义理论的预设里，嫉妒心是特地被排除在外的。在罗尔斯看来，一个理性的人不会受嫉妒心的影响，只要他相信别人并不是靠什么不正当的手段才领先自己，而且这种差距也没有突破一定限度。[1]

罗尔斯用了两节的篇幅来讨论嫉妒心的问题，因为这既是任何正义理论都无法回避的问题，也是他的"差别原则"难以解决的问题。"差别原则"意味着，资源分配的不平等只在一种情况下是允许的，即这种不平等对于社会上境况最差的人也是有利的。这其实是采用了功利主义的计算方式，只是没有把嫉

---

[1]John Rawls, *A Theory of Justice*, The Belknap Press of Harvard University Press, 1971：143.

妒心计算在内。

20世纪60年代,美国黑人贫民区频繁发生针对白人的暴动,初看上去这不是很好理解,因为这个时候黑人的社会地位和经济水平都获得了普遍的提高。研究者给出的结论是:虽然黑人的福利水平明显提高了,但提高的速度赶不上白人,这使黑人产生了一种被剥夺的感觉。这种"剥夺"作为事实是不存在的,作为感受却真实不虚。这不是纵向比较的结果,而是横向比较的结果,是一种"相对剥夺"(Sears & Mcconahay,1973)。

谁都不可否认社会在进步,不可否认我们的生存状况在变好,至少比石器时代要好很多——但很少有人会做这样的比较。人们自然的心理机制就像以下这个场景所揭示的:有100元钱给你和另一个人分,分配方案是他拿99元,你拿1元;但你可以选择:要么接受,要么干脆取消交易,谁也拿不到一分钱。被问到这个问题的人,绝大多数都选择了后者,尽管选择前者仍然是有净收益的——甚至,即便对方拿走了全部100元而你分文未得,但你并未受到任何实际损失,社会(两个人的小社会)的整体福利也大大提高了,这是一种帕累托改进,照常理说是会得到很多人的支持的。

这样一种分配,在过程上完全可以是公平的:两个人以抽签的方式决定谁拿99元,谁拿1元,只是拿1元的人永远掌握着最后的选择权。可想而知,程序正义解决不了嫉妒心的问题,两败俱伤的结果仍然会是最常见的。罗尔斯的正义理论所针对的是一种"资源中等稀缺"的社会,然而若把嫉妒心的问题真正考虑进去的话,任何可能形式的社会都会有相当多的资源是高度稀缺的。

「三」

让-雅克·阿诺执导的电影《兵临城下》(*Enemy at the Gates*,2001)讲述斯大林格勒战役中苏军狙击手瓦西里的故事,瓦西里在聊起战后生活的梦想时说:"我想去工厂里工作。小时候爷爷带我去过一次工厂,那时我看见有个人站在车间的天桥上,其他人都穿着蓝制服,而他没有。他手下的工人都不明白自己在做什么,只有他站在高处,对一切了如指掌。当时我就在想:有朝一日,我也要这样。"

显然,瓦西里想要的是一种很有自尊的生活,具体做什么倒不重要,重要的是必须"站在高处"。人天生就是追求"不平等"的,所以才会追求"平等"。

电影后来的情节向着一个俗套发展,瓦西里和他最好的战友——把他捧成传奇英雄的苏军政委丹尼洛夫——变成了情敌,丹尼洛夫在痛失所爱之后忧郁地对瓦西里讲了这样一番话:"我以前多傻呀,瓦西里,人性就是这样,没有什么例外。我们努力创造一个平等的社会,好让人不必再去嫉妒别人,可还是会有人嫉妒。一个微笑,一段友情,你所没有的而又特别看重的东西。在这个世界上,即使是在苏联,依然还是会有富人和穷人:或富于天赋,或贫于天赋;或富于爱情,或贫于爱情。"

丹尼洛夫曾经出于嫉妒,在上级面前极力诋毁瓦西里,如果他得手的话,不止对于瓦西里个人,甚至对于整个战役,都会造成不可估量的损失。这似乎在很大程度上印证了康德的观点,即嫉妒心是一种反人类的恶习。

然而蹊跷的是,人类一直在从事着这种反人类的活动,似乎我们天生就是自我毁灭的。我们不仅会嫉妒别人,同时也需要别人的嫉妒。远在罗尔斯之前就曾经有过许多伟大的思想家试图把嫉妒心从人生蓝图与社会蓝图当中尽可能地抹去。

譬如罗素,这位伟大的哲学家以一部《婚姻与道德》赢得了1950年的诺贝尔文学奖,书中条分缕析地批评了旧式的婚姻观念,当然,"嫉妒"不可避免地成为他矛头所向的一个目标。这也许不仅仅是一种理想,而至少可以在传说中的古代斯巴达人那里找到实证。根据普鲁塔克的著名记载,斯巴达的伟大立法者莱喀古士建立了一种新式的婚姻制度,"把人们从充满嫉妒的占有欲这种空虚的、女性的感情里解脱出来……比方说,一位年老而妻少的人,如果他看上而且器重一位俊美高贵的青年，老人就可以把他介绍给自己的妻子，把她同那么高贵的父亲生下的孩子当作自己的后代加以收养。再比方一位受人尊敬的男子，因为某个妇女给自己的丈夫生下了健美的孩子，因为她作为妻子举止端庄而赞美她、爱慕她；只要那妇女的丈夫同意，他就可以得到她的欢心。这样，可以说是在能够结出美丽果实的土壤里播下了种子，给自己生下气度不凡的儿子，血管里当然流着高贵的人的血液"。[1]

这样的乌托邦场景在今天看来即便不是高不可攀的，至少也是匪夷所思的。人们自然会质疑，一种不甚含有嫉妒成分的婚姻生活，一种近乎嬉皮士风格的对性与情的宽容态度，即便可以说服所有人，但究竟有几个人可以做到呢？

我们还可以从另一个角度审视一下这个颇有些棘手的问题，看一看威廉·葛德文的论述。葛德文在读过亚当·斯密《国富论》的第一章之后，对那个著名的制针业分工协作的案例大为光火，认为如此之高的工作效率分明是"贪得无厌"的产物，"其目的是，看看究竟下层阶级的劳动可以榨取到什么程度，以便更完全地掩盖起那些无所事事而又高高在上的人"。

葛德文不觉得劳动应当成为一种负担，然而劳动确实成为一种负担。解决方案其实非常简单："当人们懂得应该拒绝享受不合理的多余物品时，用这种手段实现集约劳动的实际意义就会大为减少。"[2]

方案的确简单，而且一点就透，任何人都能在顷刻之间想通其中的道理——如果足够多愁善感的话，还会立刻表示赞同。然而事实上，除了庄子和梭罗那样的隐士，以实际行动响应葛德文的人从来都找不出几个。人们或许口头上向往着"面朝大海，春暖花开"的闲适生活，但总是需要站在海滨别墅的宽敞阳台上"面朝大海"。

---

[1][古希腊]普鲁塔克《希腊罗马名人传》上册，黄宏煦主编，陆永庭、吴彭鹏等译，商务印书馆，1990：105。

[2][英]威廉·葛德文《政治正义论》，何慕李译，商务印书馆，1982：648-649。

葛德文的错误就在于对财富的意义做了太过天真的理解。财富的"基本功能"是满足一般意义上的生活需要，而其一则"重要功能"是为了招人嫉妒或者追赶自己所嫉妒的人。亚当·斯密在分析贵金属的意义时谈到过这个问题，他的见地是相当精辟的："在大部分富人看来，富的娱悦，主要在于富的炫耀，而自己具有别人求之不得的富裕的决定性标识时，算是最大的炫耀。"[1]

人们对于这样一种观念有了较为明确的认识主要并不是通过亚当·斯密，而是通过凡勃伦在1899年发表的成名作《有闲阶级论》。凡勃伦认为古典经济学的一个常见谬误就是习惯于把人类对财富的竞争说成是一种生存竞争，而当生产效率已经使得人们的所得明显超过了维持生存的基本限度的时候，又把对财富的竞争解释成提高生活享受的竞争。不，凡勃伦认为，真正的动机是"竞赛"。[2]

事实上，凡勃伦对自己这一理论的适用范围的考虑仍然显得保守了些，他认为那些古典经济学家的解释对于"生产事业还处于初期发展或效率较低的阶段"还是大体中肯的，然而马塞尔·莫斯考察了西北美洲的两个部落社会，特林基特和海达，谈到他们有一种"夸富宴"，或者更准确地命名为"竞技性的总体呈献"。在这种疯狂的活动中，"人们为了压过与之竞富的部落首领及其盟友（往往是那位首领的祖父、岳父或女婿），甚至不惜将自己积攒下来的财富一味地毁坏殆尽……这种呈献使首领处在一种极其突出的竞技状态。它在本质上是重利而奢侈的，人们聚在一起观看贵族间的争斗，也是为了要确定他们的等级，这一等级将关乎整个氏族的最终收益"。[3]

---

[1][英]亚当·斯密《国民财富的性质和原因的研究》，郭大力、王亚南译，商务印书馆，1983，上卷第166页。

[2][美]凡勃伦《有闲阶级论》，蔡受百译，商务印书馆，1964：20-29。

[3][法]马塞尔·莫斯《礼物》，汲喆译，上海人民出版社，2002：7-9。

「四」

平心而论，嫉妒与其说是康德所谓的"一种反人类的恶习"，不如说它正如贪婪一样，其本质只是一种生物性的事实而已，是基因客观存在的一种求生倾向。缺乏嫉妒心的动物会被自然律轻易淘汰，而嫉妒心的道德价值则是被人为赋予的，是被放在社会规范下加以衡量的结果。

当嫉妒表现在学习和工作上的时候，往往是受到鼓励的，人们不会称之为嫉妒心，而代之以"上进心"或"拼搏精神"，除非处于劣势的竞争者在情急之下采取了两败俱伤的竞争手段。所以霍布斯试图在概念上区分"竞赛"和"嫉妒"："由于竞争者在财富、名誉或其他好事方面未取得成功而感到忧愁，同时又奋力自强以图与对方相匹敌或超过对方，就谓之竞赛；但如果同时力图排挤和妨碍对方，则谓之嫉妒。"[1]——虽然在概念上我们可以像霍布斯这样强做区分，但不可否认的是，两者的心理动机是一般无二的。

人总是需要在横向比较中获得优越感，就像这样一则幽默故事里讲的：某甲和某乙在森林里不幸遇到了一头熊，某甲迅速换上了一双跑鞋。某乙大惑不解："就算换上跑鞋，难道你能跑得过熊？"某甲的回答是："我不需要跑得过熊，我只需要跑得过你。"

如果某乙当真被熊吃掉了，这正是自然律的胜利：头脑和身体更加灵敏的某甲逃得了性命，比某乙有更多的机会找到配偶并生儿育女；于是，是某甲的"优质基因"而不是某乙的"劣质基因"被自然律选择，在漫长的时间线里赢得了继续复制自己的机会。

那么，若从这个角度上看，亚里士多德的目的论便不应该被抛进人类思想

---

[1] [英]霍布斯《利维坦》，黎思复、黎廷弼译，商务印书馆，1986：43。

的历史博物馆里，基因的目的有多么明确，生命的目的就有多么明确。

但是，事情还有另外一面：即便我们不诉诸道德，仅仅从生物社会学的角度来看，某甲并不一定是自然律之下的最佳幸存者，因为人类是群居动物，发达的协作能力才是生存的最佳保障，一个完全没有利他之心的人很容易遭到群体的排斥——他即便跑得过所有人，也难以势单力薄地在严酷的自然环境里生存下去。所以我们会很容易理解为什么利他倾向和利己倾向一样是与生俱来的，同情心就是一个显例。

再者，群居生活必须有一定的规范，也必然会自发形成一定的规范，这种规范就是道德，就是最自然的正义。从这层意义上讲，任何群居动物都是具有道德感的，如果哪个成员做了"不道德"的事情，一经发现，理所当然会受到惩罚，只有这样才会形成井然有序的群体，才可能发挥出分工协作的优势。所以"不道德"也可以表达为"出轨"或"犯规"。

于是，一方面是每个群体成员作为群居生物的一员都有规矩要守，另一方面是基因所注定的嫉妒心使大家势必要做横向的攀比和竞争，这两种力量合流的结果就是"规则之下的竞争"。

这在动物世界里一般表现为单打独斗以及当对手仰面朝天表示屈服的时候不再穷追猛打，在人类社会则表现为骑士精神以及"取之有道"的君子之风。当然，并不是说只有骑士和君子才有这种做派，只不过他们有足够的身份和话语权特意标榜自己而已。

「五」

嫉妒心不仅是社会发展的动力源泉之一，也是人类争取平等的心理动机。我们会在生活中轻易得到如下的经验：你会为朋友某甲拿到了设计大赛的金奖而由衷地喜悦，也会为朋友某乙出色的短跑成绩而耿耿于怀，原因很简单，你自己是一名短跑运动员。如果你只是市一级的选手，那么你一般不会妒忌世界冠军，也不会妒忌退了役的前辈名将。同理，一位权倾一时的专制君主有可能妒忌一位敌国的皇帝，但不太可能妒忌一名专权的县令，也不可能妒忌全能的上帝。也就是说，嫉妒心永远被限定在"平等"的范围之内。

在独立、自由、平等这三者之中，先有了平等，才会有独立和自由。这里的"先"，是逻辑意义上的"先"。你之所以认为自己是自由的，是不该被别人的专断意志强迫的，是因为你首先认识到你和其他人是平等的；你之所以认为自己是独立的，是享有完整主权的，同样是因为你首先认识到你和其他人是平等的。平等既是独立、自由的逻辑基础，也是嫉妒心的永恒的诉求。

"王侯将相，宁有种乎"，陈胜、吴广这句极富煽动力的口号所表达的正是对"平等"的一种朴素认识：虽然有的人贵为王侯将相，虽然我们自己卑为下僚甚至贫民，但我们都是平等的人，王侯将相所享有的好处我们也有同样的权利享有。

在秦始皇的豪华排场面前，刘邦感叹"嗟乎，大丈夫当如此也"，项羽感叹"彼可取而代也"。比之碌碌众生，他们认识到自己和秦始皇虽然境遇判若云泥，但彼此都是同样的人，是完全"平等"的。既然彼此平等，那么你有的我为什么不可以有？

于是，晚唐诗人罗隐如此评价刘、项二人的"英雄之言"：想来他们未必没有退逊之心、正廉之节，大约是看到了秦始皇的靡曼骄横，然后才起了上述念头。刘、项这样的英雄人物尚且如此，何况常人？[1]

如果没有这种平等意识，不把对方看作和我一样的人，而是看作高于自己这个等级的某种存在，那么即便受到对方的虐待，往往只会激起敬畏之情而不是感到自尊受挫。

---

[1][唐]罗隐《英雄之言》，《谗书》卷二，《罗隐集》，中华书局，1983：205。

这样看来,"平等"的出处一点都不高贵,似乎完全体现不出人作为人的道德尊严,所以霍尔姆斯才说"我一点也不敬重追求平等的热情,在我看来,它似乎只是将妒忌理想化而已";所以罗尔斯也曾以相当不以为然的口吻谈道:"许多保守主义作家认为现代社会运动中的对平等的追求不过是嫉妒心的表现,所以他们贬损这种倾向,认为这会危害整个社会。"[1]

然而不可否认的是,对平等的热情确实只是嫉妒心的理想化而已,也确实会对社会造成一定程度的危害,正如它同样会促进社会的发展一样。

无知之幕下的协商者们大约很愿意在新社会里把嫉妒心的危害减到最低,譬如加大社会多元化就是很有帮助的,可以使怀揣各种理想的人有太多的领域可以发挥才干,实现自尊。但是,丹尼洛夫的担忧依然是避不开的,因为无论怎样的社会,总会有一些"你所没有的而又特别看重的东西"。

是的,你可以成为最好的短跑运动员,或者最好的裁缝、最好的政治家,你有与之相称的才干,也有足够你表现自己的舞台和足够公平的机会,但你偏偏想成为一名优秀的艺术家——尽管你不具备任何艺术天分,而艺术这种东西又是鲜有客观标准的。

「六」

无论如何,嫉妒心总是驱使弱者向强者看齐,反其道而行之的例子尽管不是绝无仅有,却永远都是凤毛麟角的。但显而易见的是,绝对的平等,无论是"结果平等"还是"起点平等",事实上都是不可能的。所以历来的"结果平等"和"起点平等"之争完全争错了方向,对平等的追求实则是对规则的追

---

[1]John Rawls, *A Theory of Justice*, The Belknap Press of Harvard University Press, 1971:538.

求，是试图建立一些规则，以便在规则面前"人人平等"，而规则意识之产生是人类在自觉或不自觉中反复博弈的结果。

我们最熟悉的一项规则就是法律，所谓在法律面前人人平等。这就意味着，人人不妨各自"或富于天赋，或贫于天赋；或富于爱情，或贫于爱情"，只要人们还没有对这些具体内容达成新的契约，那么这些不平等就是完全可以接受的，只有在法律面前，无论是富于天赋或贫于天赋的人，还是富于爱情或贫于爱情的人，一律同罪同罚。

我们也可以把金钱设成规则，即在金钱面前人人平等。这就意味着，无论是富于天赋或贫于天赋的人，还是富于爱情或贫于爱情的人，只要付出同样的钱，就可以买到同样的东西。至于自由市场的界限究竟何在，这又需要另外的规则，社会秩序正是由许多如此这般的规则的经纬交织起来的。

规则不是可以被任何正义理论合乎逻辑地推演出来的，因为它取决于人们的偏好，而人们的偏好总是随着社会结构与社会风尚的变化而迁流不居。

只有嫉妒心是永存不灭的天性，它促使人们产生"平等"的意识并萌发对"平等"的追求，后者又使人意识到自己的独立与自由，在（无论任何领域里）向强者看齐的过程中博弈出自己的权利。而这，在多大程度上是妒忌使然呢？

参考资料

李学勤主编：《十三经注疏》标点本，北京大学出版社，1999。
中华书局《新编诸子集成》丛书。
中华书局《点校本二十四史》丛书。
[晋]干宝《搜神记》，商务印书馆，1931。
[唐]罗隐《谗书》，《罗隐集》，中华书局，1983。
[宋]李觏《李觏集》卷二十九，中华书局，1981。
[明]王阳明《大学问》，《王阳明全集》，上海古籍出版社，1992。
[清]陈确《陈确集》，中华书局，1979。
[清]王夫之《读通鉴论》，《船山全书》，岳麓书社，1988。
[清]阎若璩《尚书古文疏证》，上海古籍出版社，1987，据乾隆十年眷西堂刻本影印。

白寿彝总主编《中国通史》，上海人民出版社，2004。
陈平原《千古文人侠客梦》，新世界出版社，2002。
钱穆《国史大纲》，商务印书馆，1994。
钱锺书《管锥编》，中华书局，1979。
王森《西藏佛教发展史略》，中国藏学出版社，2001。
王国维《红楼梦评论》，《静安文集》，《王国维遗书》第6册，上海古籍书店（据商务印书馆1940年版影印），1983。

王国维《教育小言》十则,《静安文集续编》,《王国维遗书》第6册,上海古籍书店(据商务印书馆1940年版影印),1983。

周锡银、望潮《藏族原始宗教》,四川人民出版社,1999。

张岩《审核古文尚书案》,中华书局,2006。

[古希腊]柏拉图《理想国》,郭斌和、张竹明译,商务印书馆,1986。

[古希腊]亚里士多德《尼各马可伦理学》,廖申白译,商务印书馆,2003。

[古希腊]亚里士多德《政治学》,吴寿彭译,商务印书馆,1965。

[古希腊]修昔底德《伯罗奔尼撒战争史》,谢德风译,商务印书馆,1985。

[古希腊]普鲁塔克《希腊罗马名人传》上册,黄宏煦主编,陆永庭、吴彭鹏等译,商务印书馆,1990。

[古罗马]凯撒《高卢战记》,任炳湘译,商务印书馆,1982。

[古罗马]马可·奥勒留《沉思录》,何怀宏译,三联书店,2002。

[古罗马]奥古斯丁《忏悔录》,周士良译,商务印书馆,1996。

[古罗马]奥古斯丁《教义手册》,《奥古斯丁选集》,基督教文艺出版社(香港),1986。

[波斯]昂苏尔·玛阿里《卡布斯教诲录》,张晖译,商务印书馆,2001。

[普鲁士]腓特烈大帝《中国皇帝的使臣菲希胡发自欧洲的报道》,[德]夏瑞春编《德国思想家论中国》,陈爱政等译,江苏人民出版社,1995。

[德]康德《法的形而上学原理——权利的科学》,沈叔平译,商务印书馆,1991。

[德]康德《论人的不同种族》,李秋零译,《康德著作全集》第2卷,中国人民大学出版社,2004。

[德]康德《道德形而上学原理》,苗力田译,上海人民出版社,1988。

[德]康德《单纯理性限度内的宗教》,李秋零译,中国人民大学出版社,

2003。

[德]费希特《向欧洲各国君主索回他们迄今压制的思想自由》，梁志学主编《费希特著作选集》第1卷，商务印书馆，1990。

[德]费希特《纠正公众对于法国革命的评论》，梁志学主编《费希特著作选集》第1卷，商务印书馆，1990。

[德]奥特弗里德·赫费《康德的纯粹理性批判——现代哲学的基石》，郭大为译，人民出版社，2008。

[德]莱布尼茨《人类理智新论》，陈修斋译，商务印书馆，1982。

[德]黑格尔《法哲学原理》，范扬、张企泰译，商务印书馆，1979。

[德]黑格尔《中国的宗教或曰尺度的宗教》，[德]夏瑞春编《德国思想家论中国》，陈爱政等译，江苏人民出版社，1995。

[德]叔本华《作为意志和表象的世界》，石冲白译，商务印书馆，1982。

[德]费尔巴哈《基督教的本质》，荣震华译，商务印书馆，1984。

[德]米歇尔斯《寡头统治铁律——现代民主制度中的政党社会学》，任军锋等译，天津人民出版社，2003。

[德]卡西尔《人论》，甘阳译，上海译文出版社，1985。

[英]阿克顿《法国大革命讲稿》，秋风译，贵州人民出版社，2004。

[英]霍布斯《利维坦》，黎思复、黎廷弼译，商务印书馆，1986。

[英]约翰·斯图亚特·穆勒《功利主义》，徐大建译，上海人民出版社，2008。

[英]约翰·格雷《人类幸福论》，张草纫译，商务印书馆，1984。

[英]亚当·斯密《道德情操论》，蒋自强等译，商务印书馆，1997。

[英]威廉·葛德文《政治正义论》，何慕李译，商务印书馆，1982。

[英]亚当·斯密《国民财富的性质和原因的研究》，郭大力、王亚南译，商务印书馆，1983。

[英]休谟《人类理解研究》，关文运译，商务印书馆，1981。

[英]休谟《人性论》，关文运译，商务印书馆，1996。

[英]休谟《自然宗教对话录》，陈修斋、曹棉之译，商务印书馆，1989。

[英]洛克《人类理解论》，关文运译，商务印书馆，1983。

[英]洛克《政府论》下篇，叶启芳、瞿菊农译，商务印书馆，1996。

[英]达尔文《人类的由来》，潘光旦、胡寿文译，商务印书馆，1983。

[英]弥尔顿《失乐园》，朱维之译，上海译文出版社，1984。

[英]托马斯·莫尔《乌托邦》，戴镏铃译，商务印书馆，1996。

[英]玛丽·沃斯通克拉夫特《女权辩护》，王蓁译，商务印书馆，1996。

[英]爱德华·吉本《罗马帝国衰亡史》，黄宜思、黄雨石译，商务印书馆，1997。

[英]哈耶克《自由宪章》，杨玉生等译，中国社会科学出版社，1998。

[英]哈耶克《致命的自负》，冯克利、胡晋华译，中国社会科学出版社，2000。

[英]摩尔《伦理学原理》，长河译，商务印书馆，1983。

[英]罗素《西方哲学史》上册，何兆武、李约瑟译，商务印书馆，1982。

[英]罗素《西方哲学史》下册，马元德译，商务印书馆，1982。

[英]罗素《伦理学要素》，万俊人译，《20世纪西方伦理学经典》第1册，中国人民大学出版社，2003。

[英]爱德华·卢斯《不顾诸神——现代印度的奇怪崛起》，张淑芳译，中信出版社，2007。

[美]威廉·克莱因、克雷格·布鲁姆伯格、罗伯特·哈伯德《基道释经手册》，尹妙珍、李金好、罗瑞美、蔡锦图译，基道出版社，2004。

[美]威廉·詹姆士《实用主义》，陈羽纶、孙瑞禾译，商务印书馆，1979。

[美]威廉·詹姆士《宗教经验种种》，尚新建译，华夏出版社，2008。

[美]凡勃伦《有闲阶级论》，蔡受百译，商务印书馆，1964。

[美]杨庆堃《中国社会中的宗教——宗教的现代社会功能与其历史因素之研究》，范丽珠等译，上海人民出版社，2007。

[美]霍夫亨兹、柯德尔《东亚之锋》，黎鸣译，江苏人民出版社，1995。

[美]威尔·杜兰《世界文明史》，东方出版社，1998。

[美]迈克尔·沃尔泽《正义与非正义战争——通过历史实例的道德论证》，任辉献译，江苏人民出版社，2008。

[美]本尼迪克特《菊与刀》，吕万和、熊达云、王智新译，商务印书馆，1996。

[美]吉尔兹《地方性知识——阐释人类学论文集》，王海龙、张家瑄译，中央编译出版社，2000。

[美]霍斯泊斯《自由意志和精神分析》，汪琼译，《20世纪西方伦理学经典》第1册，中国人民大学出版社，2003。

[美]约瑟夫·弗莱彻《境遇伦理学》，程立显译，中国社会科学出版社，1989。

[美]萨伯《洞穴奇案》，陈福勇、张世泰译，三联书店，2009。

[美]麦金泰尔《德性之后》，龚群、戴扬毅等译，中国社会科学出版社，1995。

[美]彼得·布劳《社会生活中的交换与权力》，孙非、张黎勤译，华夏出版社，1988。

[美]弗洛姆《逃避自由》，刘林海译，国际文化出版公司，2002。

[美]弗洛姆《自为的人》，万俊人译，国际文化出版公司，1988。

[美]埃里克·霍弗《狂热分子》，梁永安译，广西师范大学出版社，2008。

[意]马基雅维利《君主论》，潘汉典译，商务印书馆，1986。

[意]帕累托《普通社会学纲要》，田时纲等译，三联书店，2001。

[法]蒙田《蒙田随笔全集》，潘丽珍等译，译林出版社，1996。

[法]德尼·维拉斯《塞瓦兰人的历史》，黄建华、姜亚洲译，商务印书馆，1986。

[法]卢梭《论人类不平等的起源和基础》，李常山译，商务印书馆，

1997。

[法]伏尔泰《哲学辞典》，王燕生译，商务印书馆，1991。

[法]狄德罗《哲学思想录》，《狄德罗哲学选集》，江天骥、陈修斋、王太庆译，商务印书馆，1997。

[法]霍尔巴赫《自然的体系》上卷，管士滨译，商务印书馆，1964。

[法]蒲鲁东《什么是所有权，或对权利和政治的原理的研究》，孙署冰译，商务印书馆，1982。

[法]涂尔干《自杀论》，冯韵文译，商务印书馆，2001。

[法]涂尔干《宗教生活的基本形式》，渠东、汲喆译，上海人民出版社，1999。

[法]孟德斯鸠《论法的精神》，张雁深译，商务印书馆，1995。

[法]孟德斯鸠《罗马盛衰原因论》，婉玲译，商务印书馆，1995。

[法]列维-布留尔《原始思维》，丁由译，商务印书馆，1985。

[法]马塞尔·莫斯《礼物》，汲喆译，上海人民出版社，2002。

[罗马尼亚]米尔恰·伊利亚德《神圣与世俗》，王建光译，华夏出版社，2002。

[丹麦]克尔凯郭尔《恐惧与颤栗》，刘继译，贵州人民出版社，1994。

[奥]米塞斯《人的行为》，夏道平译，台湾远流出版事业股份有限公司，1991。

[荷兰]斯宾诺莎《伦理学》，贺麟译，商务印书馆，1997。

[荷兰]斯宾诺莎《神学政治论》，温锡增译，商务印书馆，1996。

[芬兰]韦斯特马克《人类婚姻史》，李彬、李毅夫、欧阳觉亚译，商务印书馆，2002。

[日]福泽谕吉《文明论概略》，北京编译社译，商务印书馆，1982。

[日]新渡户稻造《武士道》，张俊彦译，商务印书馆，1993。

[日]本居宣长《石上私淑言》，第85节，《日本物哀》，王向远译，吉林出版集团有限责任公司，2010。

[日]本居宣长《玉胜间》卷11，《日本物哀》，王向远译，吉林出版集团有限责任公司，2010。

[日]中江兆民《一年有半》，吴藻溪译，商务印书馆，1997。

中国基督教三自爱国运动委员会、中国基督教协会"神"字版《圣经》，2006。

环球圣经公会有限公司《研读版圣经》，2008。

Augustine. *Augustine Political Writings*, E.M.Atkins & R.J.Dodaro, ed., Cambridge Unversity Press, 2001.

Bossuet, Jacques-Benigne. *Politics drawn from the Very Words of Holy Scripture*, translated by Patrick Riley, Cambridge University Press, 1990.

Churchill, Winston S.. *The Second World War*, Vol.6, Houghton Mifflin Company, Boston, 1985.

Elliot, Hugh S. R..*The Letters of John Stuart Mill*, Vol.2, Longmans, 1910.

Hobbes and Bramhall. *Hobbes and Bramhall on Liberty and Necessity*, Cambridge University Press, 1999.

James, William. "The Moral Philosopher and the Moral Life,"*International Journal of Ethics*, April 1891.

Mill, John Stuart. "On Liberty", *On Liberty and The Subjection of Women*, Penguin Books, 2006.

Mill, John Stuart. *Writings of John Stuart Mill*, Ney MacMinn, J. R. Hainds, and James Manab, ed., Evanston, 1945.

Nozick, Robert. *Anarchy, State, and Utopia*, Blackwell Publishers, 1974.

Rawls, John. *A Theory of Justice*, The Belknap Press of Harvard University Press, 1971.

Sandel, Michael J.. *Justice: What's the Right Thing to Do*, Penguin Books, 2010.

Seiwert, Hubert. in collaboration with Xisha, Ma. *Popular Religious Movements and Heterodox Sects in Chinese History*, Koninklijke Brill NV, Leiden, The Netherlands, 2003.

Walzer, Michael. *Arguing about War*, Yale University Press, 2004, pp.76-77.

Walzer, Michael. *Thick and Thin: Moral Argument at Home and Abroad*, Harvard University Press, Cambridge, Mass, 1994.

Yetman, Norman R. ed,. *When I Was a Slave: Memoirs from the Slave Narrative Collection*, Dover Publications, Inc., 2002.

Jeff Hecht."Chimps Are Human,Gene Study Implies", *New Scientist*, 19 May 2003.

Kluger, Jefrey. "Inside the Minds of Animals", *Time*, Aug. 16, 2010.

后　记

一

爱伦·坡的《瓶中手稿》是一篇第一人称视角的小说，在小说的一开篇，主人公这样介绍自己说："关于故国和家人我没有多少话可说。岁月的无情与漫长早已使我别离了故土，疏远了亲人。世袭的家产供我受了不同寻常的教育，而我善思好想的天性则使我能把早年辛勤积累的知识加以分门别类。在所有知识中，德国伦理学家们的著作曾给予我最大的乐趣；这并非是因为我对他们的雄辩狂盲目崇拜，而是因为我严谨的思维习惯使我能轻而易举地发现他们的谬误。天赋之不足使我常常受到谴责，想象力之贫乏历来是我的耻辱，而植根于我观念中的皮浪之怀疑论调则任何时候都使得我声名狼藉。……大体上说，这世上没有人比我更不容易被迷信的鬼火引离真实之领域。我一直认为应该这样来一段开场白，以免下边这个令人难以置信而我却非讲不可的故事被人视为异想天开的胡言乱语，而不被看成是一位从来不会想象的人的亲身经历。"

我有时愿意想象，我这本书其实是出自这位小说人物的手笔，我只是被他雇用的一名诚实尽责的小抄写员罢了。这将赋予本书某种文学上的真实性。这是多么有趣的事情啊，并且他的资质绝对比我更加适合撰写这个主题。

那么，作为一名诚实尽责的小抄写员，我的记录将仅及于他话语的尽头，至于故事的尽头，根据《瓶中手稿》告诉我们的，主人公随着一艘幽灵船被卷入了地极的旋涡——那个旋涡也许像墨卡托绘制的地图所标示的那样：海洋从四个入口注入北极湾，并被吸进隐秘未知的地心。

爱伦·坡并不在意"我"和幽灵船究竟去了哪里，又会在何时何地、以何种姿态重新暴露于阳光之下，他只在意营造奇幻炫目的叙事效果。没办法，这就是他特殊的美学趣味，我们不能责怪他什么。

二

如果我也可以有一个梦想的话，那么我的梦想是，一切存有争议的问题都可以拿到一个平台上做公开而充分的讨论，任何人（只要他愿意）都可以参加讨论，并且可以认真地倾听并思考每一位讨论者的发言。除了不可以进行人身攻击以及必须遵循逻辑之外，讨论不受任何限制，无论是政策问题、法律问题、道德问题，无论是敌对的国民还是陷于误会的好友，都可以在这里，在所有的观众面前开诚布公。没有人审核他们的权利，没有人剪辑他们的发言，没有人制裁他们的立场，也没有人要求任何一场讨论都必须得出一个明确的结论。

是的，所谓正义，不过是在世人的磨合、博弈中诞生出来的一种观念产品，就像一块浑金璞玉，在如此这般的言辞的利刃中如切如磋、如琢如磨，越发被打磨成一个浑圆的球形。

古希腊人会认为这是一种完美的形式，我赞同他们的看法。

熊逸

© 民主与建设出版社，2025

图书在版编目（CIP）数据

正义从哪里来 / 熊逸著 . -- 北京：民主与建设出版社，2018.8（2025.2 重印）
ISBN 978-7-5139-2267-8

Ⅰ . ①正… Ⅱ . ①熊… Ⅲ . ①正义－通俗读物 Ⅳ . ① B82-49

中国版本图书馆 CIP 数据核字（2018）第 187028 号

正义从哪里来
ZHENGYI CONG NALI LAI

著　　者	熊　逸
责任编辑	韩增标
监　　制	于向勇
策划编辑	楚　静
营销编辑	时宇飞　黄璐璐　刘　爽
装帧设计	潘雪琴
出版发行	民主与建设出版社有限责任公司
电　　话	（010）59417747　59419778
社　　址	北京市海淀区西三环中路 10 号望海楼 E 座 7 层
邮　　编	100142
印　　刷	三河市中晟雅豪印务有限公司
开　　本	700 mm×995 mm　1/16
印　　张	19.5
字　　数	340 千字
版　　次	2019 年 4 月第 1 版
印　　次	2025 年 2 月第 2 次印刷
标准书号	ISBN 978-7-5139-2267-8
定　　价	62.00 元

注：如有印、装质量问题，请与出版社联系。